"十四五"普通高等教育本科部委级规划教材

纺织服装材料学
实验与检测方法

许兰杰　主　编

郭　昕　李　红　卢士艳　副主编

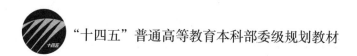

中国纺织出版社有限公司

内 容 提 要

本书系统地介绍了纺织服装材料的实验技术和测试方法，内容包括纺织标准，抽样和数据整理的基本方法，纺织纤维、纱线、织物、服装的安全及功能测试，织物综合性能测试及纺织材料大型测试系统等实验内容，对实验方法、检测原理、检测设备、技术要求及检测标准进行了阐述。全书共七章，有64个实验项目。

本书可作为纺织服装高等教育的实验教材，也可以供纺织领域科研、技术、检测及营销人员参考。

图书在版编目（CIP）数据

纺织服装材料学实验与检测方法 / 许兰杰主编；郭昕，李红，卢士艳副主编． --北京：中国纺织出版社有限公司，2022.10

"十四五"普通高等教育本科部委级规划教材

ISBN 978-7-5180-9766-1

Ⅰ．①纺… Ⅱ．①许… ②郭… ③李… ④卢… Ⅲ．①纺织纤维－实验－高等学校－教材②服装－材料－实验－高等学校－教材 Ⅳ．①TS102-33②TS941.15-33

中国版本图书馆CIP数据核字（2022）第147955号

责任编辑：孔会云 陈怡晓 责任校对：王蕙莹
责任印制：王艳丽

中国纺织出版社有限公司出版发行
地址：北京市朝阳区百子湾东里A407号楼 邮政编码：100124
销售电话：010—67004422 传真：010—87155801
http://www.c-textilep.com
中国纺织出版社天猫旗舰店
官方微博 http://weibo.com/2119887771
三河宏盛印务有限公司印刷 各地新华书店经销
2022年10月第1版第1次印刷
开本：787×1092 1/16 印张：15
字数：312千字 定价：59.00元

前　言

随着纺织科技的不断发展，大量纺织服装新材料、新工艺、新设备及新标准不断涌现。由于目前纺织材料实验教学内容、检测仪器及检测手段不断更新，急需一本适合纺织服装高等院校使用的纺织服装材料学实验教材，既能体现纺织服装高等院校人才培养目标的要求，又能满足新形势下纺织新工科发展的需要。为了培养纺织应用型人才，作者结合多年来的教学实践经验，编写了本教材。

教材采用归类法分章节介绍各个实验，将相近的内容加以综合。书中介绍了纺织、服装材料检测的基本知识以及纤维、纱线、织物等纺织材料的结构性能及实验方法，并增加新的检测仪器及检测方法、服装功能检测等内容。主要内容包括：

1. 纺织材料检测过程中的抽样及数据整理的基本方法。

2. 纺织服装材料学的实验原理及实验方法、纺织标准及与实验相关的基础知识。

3. 纺织纤维、纱线、织物、服装的安全及功能测试。

4. 织物综合性能测试实验项目。

5. 纺织材料大型测试系统。

本书在编写过程中综合考虑了纺织工程及服装工程相关专业的教学要求，可作为纺织服装高等教育实验教材。在实际教学中可根据不同阶段教学要求，以及具体的专业方向，选择相关的实验内容及课时数。

本书由辽东学院、大连工业大学、中原工学院联合编写，具体分工如下：

辽东学院许兰杰：第一章，第五章第一至第四节，第七章；

辽东学院张月：第二章第一至第八节，第四章第十七至第二十节；

辽东学院王宇宏：第二章第九至第十四节，第五章第五至第十二节；

辽东学院郭昕：第三章，第四章第一至第九节；

中原工学院卢士艳：第四章第十至第十三节；

大连工业大学李红：第四章第十四至第十六节，第六章。

全书由辽东学院许兰杰担任主编，由辽东学院郭昕、大连工业大学李红、中原工学院卢士艳担任副主编。

本书在编写过程中参考了标准、教材、专著、仪器说明书等，引用了许多相关图表、资料等，在此谨向各位作者表示诚挚的感谢。

限于编者的能力和水平所限，书中难免存在不足、疏漏和错误之处，敬请广大读者不吝赐教。

编者

2022年3月

教学内容及课时安排

章	课程性质	课时		课程内容
第一章 绪论	概述	4	2	第一节 纺织服装材料的概念及分类
				第二节 纺织标准概述
			2	第三节 纺织材料检验测试的程序、条件及准备
				第四节 纺织材料抽样及数据整理
第二章 纤维结构与性能 测试	纤维实验	28	2	第一节 用显微镜观察纤维的纵向形态
			2	第二节 纺织纤维切片的制作
			2	第三节 纺织纤维的鉴别
			2	第四节 烘箱法测试纺织材料的回潮率
			2	第五节 棉纤维成熟度测试
			2	第六节 棉纤维马克隆值测试
			2	第七节 棉纤维含糖量比色法测试
			2	第八节 羊毛纤维长度梳片法测试
			2	第九节 化学短纤维长度中段称重法测试
			2	第十节 化学短纤维线密度中段称重法测试
			2	第十一节 纺织纤维的卷曲性能测试
			2	第十二节 纺织纤维的摩擦系数测试
			2	第十三节 纺织纤维的拉伸性能测试
			2	第十四节 纺织纤维比电阻测定
第三章 纱线结构与性能 测试	纱线实验	12	2	第一节 纱线线密度测试
			4	第二节 纱线捻度测试
			2	第三节 纱线毛羽测试
			2	第四节 纱线强伸性测试
			2	第五节 纱线外观质量黑板检验法测试
第四章 织物结构与性能 测试	织物实验	44	2	第一节 织物长度、幅宽、厚度测试
			4	第二节 机织物密度与紧度测试
			2	第三节 针织物密度与线圈长度的测试
			2	第四节 织物单位面积质量测试
			2	第五节 织物缩水率测试
			2	第六节 织物强伸性能测试
			2	第七节 织物顶破性能测试
			2	第八节 织物撕破性能测试
			2	第九节 织物拉伸弹性测试
			2	第十节 织物耐磨性能测试
			2	第十一节 织物抗折皱性能测试

章	课程性质	课时	课程内容
第四章 织物结构与性能测试	织物实验	44	4　第十二节　织物悬垂性能测试
			2　第十三节　织物起毛起球性能测试
			2　第十四节　织物硬挺度测试
			2　第十五节　织物勾丝性能测试
			2　第十六节　织物透气性能测试
			2　第十七节　织物耐汗渍色牢度测试
			2　第十八节　织物耐洗色牢度测试
			2　第十九节　织物耐摩擦色牢度测试
			2　第二十节　织物耐光色牢度测试
第五章 服装安全与功能测试	功能性实验	24	2　第一节　纺织品吸湿性能测试方法与标准
			2　第二节　纺织品快干性能测试方法与标准
			2　第三节　防水透湿纺织品的防水性能测试方法与标准
			2　第四节　防水透湿纺织品的透湿性能测试方法与标准
			2　第五节　隔热保暖纺织品测试方法与标准
			2　第六节　抗菌纺织品测试方法与标准
			2　第七节　防螨纺织品测试方法与标准
			2　第八节　纺织品防紫外线测试方法与标准
			2　第九节　纺织品抗静电测试方法与标准
			2　第十节　纺织品抗阻燃性能测试
			2　第十一节　土工布孔径与孔隙率测试
			2　第十二节　土工合成材料耐静水压测试
第六章 织物综合性能测试	综合测试	20	4　第一节　棉本色纱线品质检验与评定
			2　第二节　棉织物品质检验与评定
			2　第三节　毛织物品质检验与评定
			2　第四节　针织物品质检验与评定
			2　第五节　化纤长丝品质检验与评定
			4　第六节　纺织品混纺比定量分析
			4　第七节　织物来样综合分析
第七章 纺织材料大型测试系统	大型仪器测试	24	4　第一节　AFIS单纤维测试系统
			4　第二节　XJ28快速棉纤维性能测试仪
			4　第三节　USTER 5型纱条均匀度仪
			4　第四节　CT3000条干均匀度测试分析仪
			4　第五节　KES织物风格仪
			4　第六节　FAST织物风格测试系统

注　各院校可根据自身的教学特点和教学计划对课程时数进行调整。

目　录

第一章 绪论

第一节 纺织服装材料的概念及分类

一、纺织服装材料学的概念

纺织材料学是研究纺织纤维、纱线、织物及其半成品的结构和性能，并研究其结构、性能与纺织加工工艺的关系等方面的知识、规律和技能的一门科学。通过了解纺织材料性能进而了解其应用。纺织材料根据最终用途可分为服用纺织品、装饰用纺织品及产业用纺织品。

服装材料学是研究服装面料、辅料及其有关的纺织纤维、纱线、织物的结构和性能，并研究服装面料鉴别、保养等知识、规律和技能的一门科学。服装面料包括机织物、针织物、编结物、非织造布等。

二、纺织材料的分类

（一）纺织纤维

纺织纤维是截面呈圆形或各种异形的、横向尺寸较细的、长度比细度大许多倍的、具有一定强度和韧性（可挠曲性）的细长物体。纺织纤维按照材料来源可以分为天然纤维和化学纤维。

1. 天然纤维

天然纤维指自然界原有的或从经人工种植的植物中、人工饲养的动物中直接获得的纤维，包括植物纤维、动物纤维和矿物纤维。

（1）植物纤维。种子纤维：棉、木棉、牛角瓜纤维等。茎纤维：（韧皮纤维）、亚麻、苎麻、大麻、黄麻等。叶纤维：剑麻、蕉麻、菠萝叶纤维。果实纤维：椰子纤维。维管束纤维：竹纤维。

（2）动物纤维。毛纤维：绵羊毛、山羊毛、骆驼毛、兔毛等。丝纤维：桑蚕丝、柞蚕丝、蓖麻蚕丝、木薯蚕丝等。

（3）矿物纤维。石棉。

2. 化学纤维

化学纤维指原料来自天然的或合成的高聚物以及无机物，经过人工加工制成的纤维，包括有机再生纤维，有机合成纤维和无机纤维。

（1）有机再生纤维。由天然聚合物或失去纺织加工价值的纤维原料，经人工溶解或熔融再抽丝制成的纤维。

再生纤维素纤维：黏胶纤维、铜氨纤维、醋酯纤维。

再生蛋白质纤维：酪素纤维（奶蛋白）、大豆纤维、花生纤维、甲壳素纤维。

（2）有机合成纤维。由石油、煤、天然气以及一些农副产品等低分子物为原料制成单体后经过化学聚合或缩聚成高聚物，再纺制成纤维。

聚对苯二甲酸乙二酯纤维（涤纶）、聚酰胺纤维（锦纶）、聚乙烯醇缩甲醛纤维（维纶）、聚丙烯腈纤维（腈纶）、聚氯乙烯纤维（氯纶）、聚丙烯纤维（丙纶）、聚氨酯弹力纤维（氨纶）等。

（3）无机纤维。包括玻璃纤维、金属纤维、碳纤维、岩石纤维等。

（二）纱线及其半成品

纱线是指由纺织纤维加工后得到细而柔软，并且有一定力学性质的连续细长条物质，包括短纤维纱、长丝纱、复合纱。纱线的品质在很大程度上决定了织物和服装的力学性能。

1. 短纤维纱

由短纤维（天然短纤维或化学短纤维）纺纱加工而成的为短纤维纱。

（1）单纱。由短纤维集合起来依靠加捻的方法制成的连续纤维束称为单纱。

（2）股线。两根及以上单纱合并加捻而成。

（3）复捻股线。股线再合并加捻而成。

2. 长丝纱

由很长的连续纤维（天然蚕丝或化纤长丝）加工制成的为长丝纱。

（1）普通长丝。

① 单丝。指长度很长的连续单根纤维，如单孔喷丝头所形成的一根长丝。

② 复丝。指两根或两根以上的单丝并合在一起，或由丝胶黏合在一起的丝束。

③ 捻丝。指复丝经过加捻而成的丝束。

④ 复合捻丝。指经过一次和多次合并加捻而成的丝束。

（2）变形丝。指化纤丝经过变形使之具有卷曲、螺旋环圈等外观特征呈蓬松性、伸缩性的长丝纱，包括高弹变形丝、低弹变形丝、空气变形丝、网络丝等。

3. 复合纱

复合纱是指由短纤维和长丝制成的纱。

（1）包芯纱。以长丝或短纤维纱为纱芯，外包其他纤维一起加捻而纺成的纱。

（2）膨体纱。利用腈纶的热收缩制成的具有高度蓬松性的纱。

（3）花式捻线。利用特殊工艺制成的，由芯线、饰线和固线捻合而成具有特殊外形和色彩的纱线。

（三）织物

由纺织纤维和纱线用一定方法穿插、交编、纠缠形成的厚度较薄、长度及宽度很大，基本以二维为主的物体称为纺织品，也称作织物。

织物种类包括机织物、针织物、非织造布、编结物及复合织物等。

1. 机织物

机织物是由互相垂直的一组或多组经纱和一组或多组纬纱在织机上按一定规律纵横

交织而成的制品。

2. 针织物

针织物是由一组或多组纱线弯曲成圈，纵向串套、横向连接而成的制品，包括经编针织物和纬编针织物。

3. 非织造布

非织造布是开松铺层的纺织纤维层片利用各种方式包括针刺、水刺、黏合剂黏结、热压黏结、纱线缝合等使层片稳定所形成的织物；或是由平行均匀排列长丝用膜片粘托的片层形成的织物。

4. 编结物

编结物是由纱线通过多种方法，如用结节互相连接或勾连而成的制品，包括网、席、草帽等。

5. 复合织物

复合织物是用以上四种织物和膜片中的两类或多类织物叠层复合而成，包括机织物与针织物并联交织而成的织物，机织物、针织物或非织造布与有机高聚物薄膜复合的织物等。

思 考 题
------

1. 纺织纤维如何分类？
2. 长丝纱如何分类？
3. 织物如何分类？

第二节　纺织标准概述

纺织标准是以纺织科学技术和纺织生产实践为基础制定的，由公认机构发布的关于纺织生产技术的各项统一规定。

纺织标准是纺织工业组织现代化生产的重要手段，是现代化纺织管理的一个重要组成部分。纺织标准是衡量纺织生产技术水平和管理水平的统一尺度，它为提高产品质量指明努力方向，为企业质量管理和考核提供依据，又为合理利用原材料创造条件。

一、纺织标准的种类

纺织标准大多为技术标准，根据内容可分为纺织基础性技术标准、产品标准和方法标准。

1. 基础性技术标准

基础性技术标准是对一定范围内的标准化对象的共性因素，如概念、数系、通则所做的统一规定。

纺织基础标准的范围包括各类纺织品及与纺织制品的有关名词术语、图形、符号、代号及通用性法则等内容。例如GB/T 3291—1997《纺织　纺织材料性能和试验术语》国家标准。

2. 产品标准

纺织产品标准是指对纺织产品的品种、规格、技术要求、评定规则、实验方法、检测规则、包装、储存、运输等内容的统一规定，是纺织生产、检验、验收、商贸交易的技术依据。如国家标准GB/T 15551—2016《桑蚕丝织物》规定了桑蚕丝织物的技术要求、产品包装盒标志，适用于评定各类服用的练白、染色、印花纯桑蚕丝织物、桑蚕丝及其他长丝、纱线交织物的品质。

3. 检测和实验方法标准

纺织方法标准是指对各种纺织产品的结构、性能、质量的检测方法所做的统一规定，具体内容包括检测的类别、原样、取样、操作步骤、数据分析、结果计算、评定与复验规定等。例如国家标准GB/T 4666—2009《纺织品　织物长度和幅宽的测定》。

二、纺织标准的表现形式

纺织标准按表现形式分两种：一种是仅以文字形式表达的标准，即标准文件；另一种是以实物为主，并附有文字说明的标准，即标准样品（标样）。标准样品是由制定机构按照一定技术要求制作的实物样品或样照，它同样是重要的纺织品质量检验依据，可供检验外观、规格等对照、判别之用。例如，生丝均匀、清洁和洁净样照，棉花分级标样都是评定纺织品质量的客观标准，是重要的检验依据。

三、纺织标准的级别

按照制定和发布机构的不同，可将纺织标准分为国际标准、区域标准、国家标准、行业标准、地方标准和企业标准六种标准级别。

1. 国际标准

国际标准是由众多具有共同利益的独立主权国组成的世界性标准化组织，通过有组织地合作与协商所制定、发布的标准。国际标准的制定者是一些在国际上得到公认的标准化组织，著名的国际标准化团体有国际标准化组织（ISO）和国际电工委员会（IEC），与纺织生产相关的有国际毛纺织协会（IWTO）和国际化学纤维标准化局（BISFA）等。

2. 区域标准

区域标准是由区域性国家集团或标准化团体，为其共同利益而制定、发布的标准。相关机构包括欧洲标准化委员会（CEN）、泛美标准化委员会（COPANT）、太平洋区域标准大会（PASC）等。区域标准的一部分也被收录为国际标准。

3. 国家标准

国家标准是由合法的国家标准化组织，经过法定程序制定、发布的标准。在该国范围内适用，如中国国家标准（GB）、美国国家标准（ANSI）、日本工业标准（JTS）等。

4. 行业标准

行业标准是由行业标准化组织制定，由国家主管部门批准发布的标准，适用于全国纺织行业的各个专业。对于一些需要制定国家标准、但未成熟的，可先制定行业标准，等完善后再申请国家标准。

纺织行业标准是必须在全国纺织行业内统一执行的标准，对那些需要制定国家标准，但条件尚不具备的，可以先制定行业标准进行过渡，条件成熟之后再升格为国家标准。

5. 地方标准

地方标准是由地方（省、自治区、直辖市）标准化组织制定发布的标准，仅在该地方范围内使用。制定地方标准的对象必须具备三个条件。

（1）没有相应的国家或行业标准。

（2）需要在省、自治区、直辖市范围内统一的事或物。

（3）符合工业产品的安全、卫生要求。

6. 企业标准

企业标准是由企业自行制定、审批和发布的标准，仅适用于企业内部。企业标准的主要特点如下。

（1）必须报当地政府标准化主管部门和有关行政主管部门备案。

（2）对于已有国家标准或行业标准的产品，企业应当制定标准，作为组织生产的依据。

（3）对于没有国家标准或行业标准的产品，企业制定的标准要严于有关的国家标准或行业标准。

（4）由于企业标准具有一定的专有性和保密性，故不宜公开。

四、纺织标准的执行形式

纺织标准按执行方式可分为强制性标准和推荐性标准。

1. 强制性标准

强制性标准是指国家在保障人体健康、人身财产安全、环境保护等方面对全国或一定区域内统一技术要求而制定的标准。国家制定强制性标准的目的是控制和保障的作用，强制性标准必须执行，不允许擅自更改或降低强制性标准所规定的各项要求。对于违反强制标准规定的，有关部门将依法予以处理。

强制性标准的内容范围：有关国家安全的技术要求；产品与人体健康和人身财产安全的要求；产品及产品生产、储运和使用中的安全、卫生、环境保护、电磁兼容等技术要求；工程建设的质量、安全、卫生、环境保护要求及国家需要控制的工程建设的其他要求；污染物排放限值和环境质量要求；保护动植物生命安全和健康的要求；防止欺骗、保护消费者利益的要求；国家需要控制的重要产品的技术要求；与以上技术要求相配套的实验方法等。

2. 推荐性标准

推荐性标准是指生产、互换、使用等方面，通过经济手段或市场调节而自愿采用的国家标准，企业在使用中可以参照执行。积极采用推荐性标准，有利于提高纺织产品质量，增强产品的市场竞争力。这类标准一经接受并采用，或经各方商定同意将其纳入商品、经济合同中就成为须共同遵守的技术依据，具有法律上的约束性，彼此必须严格贯彻执行。推荐性标准又称自愿性标准或非强制性标准。

推荐性标准的实施，从形式上看是由有关各方面自愿采用的标准，国家一般也不做强制执行要求，但作为全国和全行业范围内共同遵守的准则，国家标准和行业标准一般都等同或等效采用国际标准，从标准的先进性、科学性看，它们都吸收了国际上标准化研究的最新成果。

五、标准编号

标准编号通常由标准代号、标准发布顺序和标准发布年号构成。

强制性国家标准代号GB，推荐性国家标准代号GB/T，强制性纺织行业标准代号FZ，推荐性纺织行业标准代号FZ/T。标准代号之后是标准顺序号，在我国，通常标准顺序号没有特殊的含义，不表示任何分类信息，标准和其顺序号之间是一一对应的关系，一个标准只有唯一的顺序号。标准年代号是指标准发布或审定的年份。

标准复审是指对使用一定时期后的标准，由其制定部门根据我国科学技术的发展和经济建设的需要，对标准的技术内容和指标水平所进行的重新审核并确认。

思 考 题

1. 简要说明纺织标准的种类、表现形式。
2. 纺织标准的级别有哪些？
3. 纺织标准的执行方式有哪些？

第三节　纺织材料检验测试的程序、条件及准备

一、纺织材料检验测试的程序

为了使纺织、服装专业的学生具备良好的纺织材料检验测试能力，学生在实际操作训练时，应做好实验前、实验中、实验后三个阶段的有关工作。

1. 实验前

课前预习是做好实验的基础。学生需在掌握相关理论知识的基础上认真阅读有关实验教材与标准，明确实验的目的、要求、有关原理、操作步骤与注意事项，做到有的放矢。

准备好实验用纸、笔等工具，以便实验时及时、准确地做好原始记录。

2. 实验中

学生在实验过程中首先要掌握正确的取样与制样的方法，测试前通常要对实验仪器设备进行检定和调试，以减少误差。

实验中应严格遵守操作规程并重视注意事项。在使用不熟悉其性能的仪器和药品之前，要请教指导教师或查阅相关资料，不要随意进行实验，以免发生意外事故。

在进行实际操作时，要了解每一项操作的目的与作用、应出现的现象等，细心观察，随时把必要的数据和现象清楚准确地记录下来，以备分析。

实验中要保持实验室安静、整齐、清洁。实验完毕后清理仪器，该洗涤的及时洗涤，该放置的按要求各归其位，该关闭的电源、水阀和气路应及时切断或关闭。离开时使实验室处于安全、整洁状态。

3. 实验后

对实验所得数据和结果，按要求进行整理、计算与分析，并认真完成实验报告，及时归纳总结实验中的经验教训，认真回答思考题。

实验报告应包括实验项目名称、实验目的与要求、仪器用具与试样材料、实验原理与实验参数、简洁的操作步骤、实验的原始数据及结果分析等内容。写报告时，应注意记录和计算必须准确、简明、清晰，不允许私自拼凑数据和修改数据，要养成实事求是的、科学的实验观。

二、纺织材料检验测试的条件

纺织材料的物理性能和机械性能常常随测试环境而变化。为了减少误差，许多实验项目在实验前要对试样进行预调湿和调湿，并应在标准大气条件下进行实验。国家标准GB/T 6529—2008《纺织品　调湿和试验用标准大气》中，对预调湿、调湿和测试时的标准大气都做了规定。

1. 标准大气

标准大气是指相对湿度和温度受到控制的环境。纺织材料在此环境温度和湿度下进行调湿和实验。纺织材料调湿和实验用标准大气见表1-1。

表1-1　调湿和实验用标准大气

类型		温度/℃	相对湿度/%
相对大气		20.0 ± 2.0	65.0 ± 4.0
可选标准大气	特定标准大气	23.0 ± 2.0	50.0 ± 4.0
	热带标准大气	27.0 ± 2.0	65.0 ± 4.0

注　可选标准大气仅在有关各方同意的情况下使用。

2. 预调湿

为了使实验材料由吸湿状态下达到平衡，可能需要对材料进行预调湿。所谓预调湿就是调湿之前将试样放置于相对湿度10.0% ~ 25.0%、温度不超过50.0℃的大气条件下进行预烘处理。对于比较潮湿（实际回潮率接近或高于标准大气下的平衡回潮率）和回潮率影响较大的试样，都需要进行预调湿（即干燥）。

3. 调湿

在进行纺织材料的物理和机械性能测试前，应将试样在标准大气环境下放置一定时间，使其达到吸湿平衡，这样的处理过程称为调湿。在调湿期间，应使空气能畅通地流过试样，直至达到吸湿平衡为止。调湿时间的长短，由是否达到吸湿平衡来决定。除非另有规定，纺织材料的质量递变量不超过0.25%时，方可认为达到平衡状态。在标准大气环境的实验室调湿时，纺织材料连续称量间隔为2h；当采用快速调湿时，纺织材料连续称量间隔为2~10min，快速调湿需要特殊装置。通常，一般纺织材料调湿24h以上即可，合成纤维调湿4h以上即可。调湿过程不能间断，若被迫间断必须重新按规定调湿。

三、纺织材料检验测试的准备

试样准备一般是指试样测试前的调湿和可能需要进行的预调湿处理。但当试样沾有油污或加工中混入表面活性剂、浆料、合成树脂等物质，由此影响该试样的调湿或性能测试结果时，必须采用适当的方法，选择适当的溶剂，除去这些物质。这种处理称为试样精制或试样净化。因此，试样精制也是试样准备的一项重要内容。控制实验环境和做好试样准备，是确保纺织材料检验测试结果准确性的基础工作。

思 考 题

1. 纺织材料检验测试的一般程序是什么？
2. 纺织材料的测试条件有哪些？

第四节　纺织材料抽样及数据整理

一、抽样方法

纺织材料的抽样（也称取样），是根据技术标准或操作规程所规定的方法和抽样工具，从整批产品中随机抽取一小部分在成分和性质上都能代表整批产品的样品。抽样的目的在于用尽可能小的样本所反映的质量状况来统计、推断整批产品的质量水平。子样检验的结果能在多大程度上代表被测对象总体的特征，取决于子样试样量的大小和抽样方法。

在纺织产品中，总体内单位产品之间或多或少总存在质量差异，试样量越大，即试样中所含个体数量越多，所测结果越接近总体的结果（真值）。试样量多大才能达到检验结果所需的可信程度，可以用统计方法来确定。但不管所取试样蚕有多大，所用仪器如何准确，如果抽样方法本身缺乏代表性，其检验结果也是不可信的。

纺织材料检验测试时常用的随机抽样方法有简单随机抽样、系统抽样、分层抽样和阶段性抽样。

1. 简单随机抽样（纯随机取样）

简单随机抽样是指从总体中抽取若干个样品（子样），使总体中每个单位产品被抽到的机会相等，也称为纯随机取样。即从批量为N的批中抽取n个单位产品组成样本，共有C_N^n种组合，每种组合被抽到的概率相等。

简单随机抽样对总体不经过任何分组排队，完全凭着偶然的机会从中抽取。从理论上讲，简单随机抽样最符合抽样的随机原则，因此，它是抽样的基本形式。简单随机抽样在理论上虽然最符合随机原则，但在实际上有很大的偶然性，尤其是当总体的变异较大时，简单随机抽样的代表性就不如经过分组再抽样的代表性强。

2. 系统抽样（等距取样）

系统抽样是先把总体按一定的标志排队，然后按相等的距离抽取，也称为等距取样。

系统抽样法相对于简单随机抽样而言，可使子样较均匀地分配在总体之中，使子样具有较好的代表性。但是，如果产品质量有规律地波动，并且波动周期与抽样间隔相近，则会产生系统误差。

3. 分层抽样（代表性取样）

分层抽样是运用统计分组法，把总体划分成若干个代表性类型组，然后在组内采取简单随机抽样法或系统抽样法，分别从各组中抽样，再把各部分子样合并成一个子样，又称为代表性取样。

分层的原则可按实际情况，如按生产时间、原材料、安装设备、操作工人等进行分组。各组抽样数目可按各组内的变异程度确定，变异大的组多取一些，变异小的组少取一些，没有统一的比例，也可以各部分占总体的比例来确定各组应取的数目。

4. 阶段性抽样

阶段性抽样是从总体中取出一部分子样，再从这部分子样中抽取试样。从一批货物中取得试样可分为三个阶段，即批样、实验室样品、试样。

（1）批样。从要检验的整批货物中取得一定数量的包数（或箱数）。

（2）实验室样品。从批样中用适当方法缩小成实验室用的样品。

（3）试样。从实验室样品中，按一定的方法取得进行各项力学性能、化学性能实验的样品。

二、纺织品测试误差的分类及来源

（一）误差分类

绝对误差ΔX：

$$\Delta X=X-\mu_0=(\bar{\mu}-\mu_0)+(X-\bar{\mu})=S+r \tag{1-1}$$

式中：X——测定值；

μ_0——真实值；

$\bar{\mu}$——总体平均值；

S——总体平均值与真值之间的偏离，称系统误差，$S=\bar{\mu}-\mu_0$；

　　r——检测值围绕总体平均值的波动（离散），即随机误差，$r=X-\bar{\mu}$。

　　从公式中可以知道，绝对误差是由系统误差和随机误差组成的。

1. 系统误差 S

　　系统误差是指在一定条件下，由某种或某些不可忽视的原因，或某个恒定因素按确定方向起作用，引起多次检测平均值与真值的系统偏离。系统误差应尽量避免，可通过定期仪器校正，实验环境条件保持恒定，每次使用仪器要进行零点与满刻度调节，检测操作按相关方法标准规范地进行等方法来达到。

2. 随机误差 r

　　随机误差是随机产生的，即由一些难以控制的偶然因素造成的。在实际检测中，由于随机误差的影响，而使单次检测值偏离多次测定平均值，这种偏离是不规则的，常用标准差来表示，它反映检测数据的精密度。

　　随机误差的特性在于它的可正、可负，当检测次数足够多时，它的平均值就趋向于零。增加检测次数可以在某种程度上减小随机误差。实践证明，随机误差是遵循正态分布规律的，可以按正态分布特征去研究与处理它。

3. 过失误差

　　过失误差是由于检测分析人员疏忽大意、过度疲劳或操作不正确引起的。这种误差又称不正当误差或粗大误差，它不能用统计方法去处理，必须按规定法则剔除。

（二）误差来源

1. 测量方法与仪器误差

　　仪器误差是由于仪器设计所依据的理论不完善，或假设条件与实际测量情况不一样以及仪器结构不完善、仪器校正与安装不良所造成的误差。

　　在仪器上可能出现的误差有以下几种：

　　（1）零值误差。仪器零点未调好，测量结果在整个范围内的绝对误差为一常数。

　　（2）校准误差。仪器刻度未校准，指示结果系统偏大或偏小，相对误差为一常数。

　　（3）非线性误差。仪器输入量与输出量之间不符合直线转换关系。

　　（4）迟滞误差。仪器输入量由小到大或由大到小，在同一测量点出现输出量的差异；或是仪器进程值与回程值之间的差异，又称进回程差。

　　（5）示值变动性。对同一被测对象进行多次重复测量，测量结果的不一致性。

　　（6）温差与时差。温差是指仪器在不同温度条件下，仪器性能的变化。时差是指在相同测量条件下，仪器性能随时间的变化。

2. 环境条件误差

　　测量环境变化，如温湿度改变、电源的干扰等，其中温湿度的变化还会引起试样本身力学性能的变化。

3. 人员操作误差

　　由于试验人员操作不规范所造成的误差，如读数时的视差等。

4. 抽样误差

纺织材料被测对象总体很大，要测量全部对象是不可能的。总体中个体性质的离散性、取样方法不当、取样代表性不够和试验个体数不足等，都会产生抽样误差。

三、异常值的检验处理

异常值（离群值）是实验数据中比其他数据明显过大或过小的数据。判断异常值首先应从技术上寻找原因，如技术条件、观测、运算是否有误，试样是否异常。如确信是不正常原因造成的应舍弃或修正，否则可以用统计方法判断。对于检出的高度异常值应舍弃，一般检出异常值可根据问题的性质决定取舍。

判断一般检出异常值和高度异常值要依据检出水平和剔除水平。检出水平是指作为检出异常值的统计检验显著性水平；剔除水平是指作为判断异常值为高度异常的统计检验显著性水平。除特殊情况外，剔除水平一般采用1%或更小，不宜采用大于5%的值。在选用剔除水平的情况下，检出水平可取5%或再大些。

目前，国际上通用的异常值检验方法有奈尔（Nair）检验法、格拉布斯（Grubbs）检验法、狄克逊（Dixon）检验法、偏度峰度检验法和柯克伦（Cochran）检验法等。这些方法在判别前都是先将测量值由小到大排列，然后按单侧或双侧情形计算统计量的值，根据检出水平查表得临界值，将统计量的值与临界值进行比较，由此判断最大值或最小值是否为异常值；再根据剔除水平查表得临界值，进一步判断该异常值是否为高度异常。

在允许检出异常值个数大于1的情况下，可重复使用判断异常值的规则，即将检出的异常值剔除后，余下的测量值可继续检验，直到不能检出异常值，或检出的异常值个数超过上限为止。

异常值的处理一般有以下几种方式：

（1）异常值保留在样本中，参加其后的数据分析。

（2）剔除异常值，即把异常值从样本中排除。

（3）剔除异常值，并追加适宜的测试值计入。

（4）找到实际原因后修正异常值。

四、有效数字和数值修约

在实际工作中，实验方案不仅要明确实验方法、实验条件等要素，还要包括有效数字和数值修约规则的规定。

（一）有效数字

有效数字只能具有一位可疑值，即只能保留一位不准确数字，其余数字均为准确数字。

1. 确定有效数字位数的规则

（1）数字1~9都是有效数字。

（2）数字最前面的"0"作为数字定位，不是有效数字。

（3）数字中间的"0"和小数末尾的"0"都是有效数字。

（4）以"0"结尾的正整数，有效数字的位数不确定，此时应根据测量结果的准确度，按实际有效位数来确定。

2. 实际测量和计算过程中，有效数字位数的确定

（1）记录测量数据时，一般按仪器或器具的最小分度值读数。对于需要做进读数，则应在最小分度值读取后再估读一位。

（2）有效数字进行加、减法运算时，各数字小数点后所取的位数以其中位数最少的为准，其余各数应修约成比该数多一位，然后计算。两个量相乘（相除）的积（商），其有效数字位数与各因子中有效数字位数最少的相同。

（二）数值修约规则

在数据处理中，当有效数字位数确定后，对有效数字位数之后的数字要进行修约。我国制定了GB/T 8170—2008《数值修约规则与极限数值的表示和判定》，它适用于科学技术与生产活动中测试和计算得出的各种数值。下面简要介绍数值的修约规则：

（1）拟舍弃数字的最左一位数字小于"5"时，则舍去；拟舍弃数字的最左（或等于"5"，且其后有非"0"数字）时，则进1。

例：将下面左边的数值修约为三位有效数字。

$$2.3741 \rightarrow 2.37$$
$$2.3761 \rightarrow 2.38$$
$$2.3751 \rightarrow 2.38$$

（2）拟舍弃数字的最左一位数字为"5"，且其后无数字或全部为"0"时，若所保留的末位数字为奇数（1，3，5，7，9）则进1，为偶数（2，4，6，8，0）则舍弃。

例：将下面左边的数值修约为三位有效数字。

$$13.25 \rightarrow 13.2$$
$$13.35 \rightarrow 13.4$$

（3）负数修约时，先将它的绝对值按正数进行修约，然后在所得值前加上负号。

（4）不允许连续修约。应根据拟舍弃数字中最左一位数字的大小，按上述规则一次修约完成。例如，将"15.4748"修约为两位有效数字，则应修约成"15"，而不能修约成"16"。

数值修约规则可总结为：四舍六入五考虑，五后非零应进一，五后皆零视前位，五前为偶应舍去，五前为奇则进一，整数修约原则同，不要连续做修约。

思 考 题

1. 在纺织材料检测中，抽样方法主要有哪些？

2. 在纺织材料检测中，如何判断异常值？

3. 在纺织材料检测中，误差的来源有哪些？

参考文献

［1］姚穆. 纺织材料学［M］. 5版. 北京：中国纺织出版社，2019.

［2］奚柏君. 纺织服装材料实验教程［M］. 北京：中国纺织出版社，2019.

［3］蒋耀兴. 纺织品检验学［M］. 北京：中国纺织出版社，2017.

［4］余序芬. 纺织材料实验技术［M］. 北京：中国纺织出版社，2004.

［5］韩倩. 我国纺织标准与检测服务能力现状分析［J］. 纺织检测与标准，2019（6）：1-3.

［6］杨贺. 基于标准分析的纺织产品质量管理［J］. 化纤与纺织技术，2021（7）：78-80.

［7］田金家，周华文. 关于纱线检验抽样与测试问题的探讨［J］. 棉纺织技术，2013（4）：212-214.

［8］王梅. 美国这样制定电子纺织标准［J］. 中国纤检，2013（2&3）：158-159.

［9］陈玉国，张明光，孙鹏子，等. Premiera Qura测试参数稳定性［J］. 纺织学报，2010，31（1）：112-116.

［10］刘国涛. 异常数据的处理方法［J］. 棉纺织技术，1985，13（7）：31-34.

第二章　纤维结构与性能测试

第一节　用显微镜观察纤维的纵向形态

一、实验目的与要求

通过实验，掌握用显微镜观察纤维的纵向形态的方法，并认识各种纤维的纵向形态。

二、实验仪器与试样材料

实验仪器：光学显微镜、载玻片、盖玻片。

试样材料：不同种类纤维、蒸馏水、擦镜纸。

三、仪器结构与测试原理

1. 仪器结构

光学显微镜主要由光学系统（反光镜、光阑、集光器、物镜、目镜等）和机械装置（镜座、镜臂、镜筒、工作台、物镜转换器、粗动调焦装置、微动调焦装置等）两部分组成，如图2-1所示。

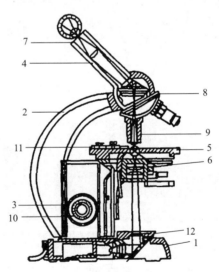

图2-1　光学显微镜结构

1—底座　2—镜臂　3—粗调装置　4—镜筒　5—载物台　6—集光器
7—目镜　8—物镜转换器　9—物镜　10—微调装置　11—移动装置　12—光阑

2. 测试原理

不同纤维有其不同的形态特征。将被测纤维置于载玻片上，放在光显微镜下逐根观察纤维的纵向和横向截面形态，常见纤维的形态特征见表2-1。

表2-1　常见纤维形态特征

纤维种类		横向截面形态	纵向截面形态
天然纤维	棉	腰圆形，有中腔	天然转曲
	苎麻	腰圆形，有中腔，胞壁有裂缝	有横纹竖节
	亚麻	多角形，中腔较小	有横纹竖节
	桑蚕丝	不规则三角形	平滑
	柞蚕丝	扁平不规则三角形，内有毛细孔	平滑
	羊毛	有鳞片	圆形或接近圆形
化学纤维	黏胶纤维	锯齿形，有皮芯结构	纵向有沟槽
	富强纤维	圆形	平直
	醋酯纤维	梅花形	1~2根沟槽
	涤纶	圆形	平滑
	锦纶	圆形	平滑
	丙纶	圆形	平滑
	腈纶	圆形或哑铃形	平滑或1~2根沟槽
	维纶	接近圆形	平滑

四、检测方法与操作步骤

1. 调节显微镜

（1）将显微镜背光，扳动镜臂2，使其适当倾斜，以便舒适观察。

（2）选择适当倍数的目镜7放在镜筒上，将低倍物镜转至镜筒中心线上，以便调焦。

（3）将集光器升至最高位置，并开启光阑12至最大，用一眼从目镜中观察，调节反射镜，使整个视野明亮而均匀。

2. 试样准备

（1）取样。取一小束散纤维（约20根），用手扯整理平直后按在载玻片上，盖上盖玻片，确保纤维在载玻片和盖玻片之间平直。

（2）制片。在盖玻片的两个对顶角处分别滴一滴蒸馏水，使盖玻片黏着，同时增加视野的清晰程度。

（3）放样。将载玻片放在载物台5上，并将盖玻片朝上，调节装置使试样处于物镜中心。

3. 观察纤维

（1）先用低倍镜观察纤维，旋转粗调装置3，将镜筒放至最低位置，且保证物镜不触及盖玻片，调节移动装置，使试样放在物镜中心。

（2）用高倍镜观察纤维，只需转换物镜转换器，用高倍镜代替低倍镜即可，此时稍微旋转调微调装置，便可得到清晰的物像。从目镜中观察，旋转粗调装置，自下而上缓慢升起镜筒聚焦，直到见到试样后再调节微调装置10，使图像清晰可见。

（3）将观察到的纤维形态描绘在纸上，并说明各种纤维的形态特征。

4. 实验结束

实验结束后，将显微镜、载玻片、盖玻片擦拭干净（在擦拭过程中不要用手捏，防止玻璃破碎），将镜臂恢复至垂直位置，镜筒降至最低。

思 考 题

1. 描述常见的棉、麻、丝、毛、涤纶纤维的形态特征。
2. 在观察纤维纵向形态时，为什么先用低倍镜，再用高倍镜观察？

第二节　纺织纤维切片的制作

一、实验目的与要求

通过实验，掌握纤维切片的制作方法，通过显微镜认识各种纤维的横向形态。

二、实验仪器与试样材料

实验仪器：显微镜、Y172型纤维切片器（哈氏切片器，图2-2）、刀片、载玻片、盖玻片、擦镜纸。

试样材料：不同种类纤维、甘油、火胶棉。

三、仪器结构与测试原理

1. 仪器结构

仪器结构如图2-2所示。

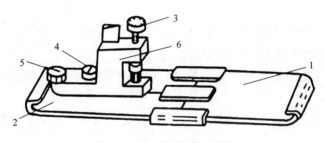

图2-2　Y172型纤维切片器

1—金属板（凸舌）　2—金属板（凹槽）3—精密螺丝　4—螺丝　5—销子　6—螺座

2. 测试原理

纺织纤维切片实验就是将纤维切成薄而均匀的片状试样，放于载玻片和盖玻片之间，放在显微镜下，可清晰地观察纤维的截面形态。纺织纤维切片实验还可以研究染色时染料在纤维内的渗透扩散程度。通过制作纤维纵向和横向切片，方便后续观测纤维的形态结构。

四、检测方法与操作步骤

1. 纤维纵向切片的制作

取一束纤维试样，用手扯法将纤维整理平直，将纤维均匀地排在载玻片上（右手拇指与食指夹取纤维），用左手覆上盖玻片，并在盖玻片的两对顶角处各滴一滴蒸馏水，使盖玻片黏着并增加视野的清晰度。

2. 纤维截面切片的制作

（1）取下定位销子，松开螺丝，将两片金属板分开。

（2）取一束试样纤维，用手扯法整理平直，把一定量的纤维放入左底板的凹槽中，将右底板插入，压紧纤维，放入的纤维数量以轻拉纤维束时稍有移动为宜。

（3）用刀片切去露在金属板正反面的纤维。

（4）安装上螺丝座，用销子定位，旋转精密螺丝推动推杆，使纤维束稍稍伸出金属底板表面，在露出的纤维束上涂一层薄薄的火棉胶。

（5）待火棉胶凝固后，用锋利刀片沿金属底板表面（刀片应尽可能平靠金属底板，并保持两者间夹角不变）切下第1片切片（厚度无法控制），舍去不用。重复步骤（4），第2片以后的切片厚度可由精密螺丝控制（旋转精密螺丝刻度上的一格左右），选择好的切片作为正式试样。

（6）把切片放在滴有蒸馏水的载玻片上，盖上盖玻片，在载玻片左上角贴上试样名称标记，然后将试样放在显微镜下观察，并记录截面形状。

切片制作时，羊毛切取较为方便，其他细纤维切取较为困难。因此，可把其他纤维包在羊毛纤维内进行切片，这样容易得到好的切片。

思 考 题

1. 实验过程中需要注意哪些事项？
2. 火棉胶的作用是什么？
3. 制作纤维切片的要求有哪些？

第三节　纺织纤维的鉴别

一、实验目的与要求

通过实验，掌握纺织纤维的鉴别方法，鉴别几种未知纤维。

二、实验仪器与试样材料

实验仪器：Y172型纤维切片器、光学显微镜、酒精灯、镊子、烧杯、载玻片、盖玻片、试管、试管夹、玻璃棒。

试样材料：不同种类纤维（棉、羊毛、蚕丝、黏胶纤维、涤纶、锦纶、腈纶、氨纶），碘—碘化钾饱和溶液、37%盐酸、75%硫酸、5%氢氧化钠、85%甲酸、二甲基甲酰胺。

三、仪器结构与测试原理

纤维鉴别原理就是根据纤维的外观特征和内在性质，采用物理或化学方法，通过观察不同种类纤维物理和化学性质的差异，进行综合判断来认识并区分各种未知纤维。

四、检测方法与操作步骤

纺织纤维鉴别的方法主要有手感目测法、显微镜观察法、燃烧法、药品着色法、溶解法、荧光法等。

1. 手感目测法

手感目测法是通过眼看、手摸来观察纤维集合体的外观形态、色泽、长短、粗细、强度、弹性及含杂等情况来综合判断未知纤维。该方法主要用于鉴别天然纤维与化学纤维，天然纤维长度和细度差异很大，表面附有各种杂质，色泽柔和；化学纤维长度和细度比较均匀，几乎不含杂质，具有近似雪白、均匀的色泽，有的有金属般光泽。手感目测法还可以将天然纤维中棉、麻、丝、毛等不同品种鉴别出来，见表2-2。

表2-2　各种天然纤维的鉴别

观察内容	纤维品种			
	棉	苎麻	蚕丝	羊毛
手感	柔软	粗硬	柔软、光滑、有冷感	弹性好、有暖感
长度/mm	15～40，离散大	60～250，离散大	很长	20～200，离散大
细度/μm	10～25	20～80	10～30	10～40
含杂类别	碎叶、硬籽、僵片、软籽等	麻屑、枝叶	几乎不含杂质	草屑、粪尿、汗渍、油脂等

2. 显微镜观察法

显微镜观察法是利用显微镜观察纤维的横向截面形态和纵向形态来鉴别未知的纤维，见表2-1。使用该方法鉴别纺织纤维，需要制作切片。该方法适用于鉴别单一成分纤维和多种成分混纺的纺织品，常用于天然纤维鉴别。化学纤维截面多呈圆形，纵向平直，显微镜下不易区分，需结合其他方法鉴别。

3. 燃烧法

燃烧法只适用于鉴别单一纤维，不适用多纤维混纺产品或经过防火、阻燃整理的产品。

实验方法：点燃酒精灯，用镊子夹取待鉴别纤维（20mg）缓慢向火焰移动，仔细观察纤维接近火焰、在火焰中、离开火焰后的燃烧特征，燃烧时散发出的气味以及燃烧的灰烬特征，鉴别纤维所属品种，见表2-3。

表2-3　常见纤维的燃烧特征

纤维品种	靠近火焰	在火焰中	离开火焰	灰烬形态	气味
棉	不缩不熔	迅速燃烧	继续燃烧	灰白色的灰	烧纸味
麻	不缩不熔	迅速燃烧	继续燃烧	灰白色的灰	烧纸味
蚕丝	收缩	逐渐燃烧	不易延燃	松脆灰黑	烧毛发味
毛	收缩	逐渐燃烧	不易延燃	松脆灰黑	烧毛发味
大豆纤维	收缩，熔融	收缩，熔融，燃烧	继续燃烧	松脆黑色硬块	烧毛发味
黏胶纤维	不缩不熔	迅速燃烧	继续燃烧	灰白色的灰	烧纸味
富强纤维	不缩不熔	迅速燃烧	继续燃烧	灰白色的灰	烧纸味
涤纶	收缩，熔融	先熔后燃，有溶液滴下	能延燃	玻璃状黑褐色硬球	特殊芳香
锦纶	收缩，熔融	先熔后燃，有溶液滴下	能延燃	玻璃状黑褐色硬球	氨臭味
腈纶	收缩，熔融，发焦	熔融，燃烧发光，有小火花	继续燃烧	黑色松脆硬块	辛辣味
丙纶	缓慢收缩	熔融，燃烧	继续燃烧	黄褐色硬球	轻微沥青味
维纶	收缩，熔融	燃烧	继续燃烧	黄褐色硬球	特殊甜味
氯纶	收缩，熔融	熔融，燃烧，有大量黑烟	不能延燃	深棕色硬块	氯化氢臭味
氨纶	收缩，熔融	熔融，燃烧	自灭	白色胶块	特殊气味

表2-4　药品着色后的纤维显色反应

纤维品种	I_2-KI显色	HI-1显色
棉	不着色	灰N
麻	不着色	深紫5B
蚕丝	淡黄	紫3R
羊毛	淡黄	桃红5B
黏胶纤维	黑蓝青	绿3B
醋酯纤维	黄褐	艳橙3R
涤纶	不着色	黄R
锦纶	黑褐	深棕3RB
腈纶	褐色	艳桃红4B
维纶	蓝灰色	桃红3B
丙纶	不着色	黄4G
氯纶	不着色	不着色
氨纶	—	红棕2R

4. 药品着色法

药品着色法适用于鉴别未经染色和未经整理剂处理的纤维、纱线和织物。

（1）碘—碘化钾饱和溶液着色。将20g碘溶解于100mL的碘化钾饱和溶液中，取一小束纤维（约20mg）浸入新配置的溶液中0.5～1min；将纤维取出用水洗干净。将纤维晾干、整理制成标样，与表2-4中显色情况对照，确定纤维类别。

（2）HI-1号着色剂着色。将0.5gHI-1号着色剂放入干燥烧杯中，加5mL正丙醇使其部分溶解，加入45mL 60℃热水，不断搅拌使其充分溶解即得浓度为1%的工作液。将纤维投入煮沸的溶液中，浴比1∶30，煮1min后取出，用冷水洗净、晾干。将着色后的试样与着色标样对比，根据着色情况确定纤维类别，或与表2-4中显色情况对照确定纤维类别。

5. 溶解法

溶解法适合于单纤维的鉴别，也可以定量测量出混纺产品的混合比。

将待测纤维（约20mg）置于小试管中，注入溶剂10mL，并加以搅拌，观察溶剂对纤维的作用，见表2-5。

表2-5　常用纺织纤维的溶解性能

	37%盐酸 24℃	75%硫酸 24℃	5%氢氧化钠 煮沸	85%甲酸 24℃	冰醋酸 24℃	间甲酚 24℃	二甲基甲酰胺 24℃	二甲苯 24℃
棉	I	S	I	I	I	I	I	I
羊毛	I	I	S	S	I	I	I	I
蚕丝	S	S	S	I	I	I	I	I
麻	I	S	I	I	I	I	I	I
黏胶纤维	S	S	I	I	I	I	I	I
大豆纤维	S	S（93℃）	I	SS	—	I	I	I
醋酯纤维	S	S	P	S	S	S	S	I
涤纶	I	I	I	I	I	S（93℃）	I	I
棉纶	S	S	I	S	I	S	I	I
腈纶	I	SS	I	I	I	I	S（93℃）	I
维纶	S	S	I	S	I	S	I	I
丙纶	I	I	I	I	I	I	I	S
氯纶	I	P	I	I	I	P	S（93℃）	I

注　I：不溶解；S：溶解；SS：微溶解；P：部分溶解。

6. 荧光法

荧光法适合于荧光颜色差异较大的纤维，不适合于加过助剂和进行过某些处理后的纤维。将纤维试样置于暗室的紫外光照射下，根据纤维的荧光颜色判断类别。

除上述几种鉴别方法外，还有许多行之有效的鉴别纤维的方法，如熔点法、密度法及含氯含氮呈色反应法等，还可利用现代测试手段，记录纤维的红外吸收光谱和X射线衍射图谱等，以此鉴别纤维。

思 考 题

1. 怎样鉴别天然纤维与化学纤维？
2. 如何将棉、毛、涤纶、黏胶纤维几种单纤维鉴别开来？

第四节　烘箱法测试纺织材料的回潮率

一、实验目的与要求

通过实验，掌握烘箱结构及检测原理，测试纺织材料的回潮率。

二、实验仪器与试样材料

实验仪器：YG747型通风式快速烘箱、天平、干湿球温度计、光面纸。

试样材料：不同种类纤维。

三、仪器结构与测试原理

1. 仪器结构

仪器结构如图2-3所示。

2. 测试原理

纺织材料的吸湿和放湿过程会引起材料重量和性质的变化，对贸易、生产加工、性质测定都有影响。纺织材料含湿量测试方法有直接测定法，如烘箱法、红外线干燥法、干燥剂吸干法、微波加热干燥法等；还有间接测定法，是利用不同纺织材料的电阻、介电常数、介电损耗等物理量与材料中水分的关系间接测定其含水量。本实验采用烘箱法测试纺织材料的回潮率。

试样放于烘箱中在规定温度空气中烘燥，烘箱主要通过电热丝加热至恒定温度，

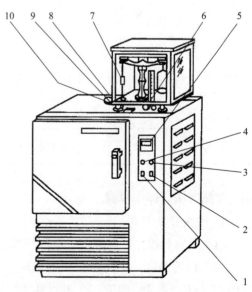

图2-3　YG747型通风式快速烘箱

1—照明开关　2—电源开关　3—暂停开关
4—启动按钮　5—温控仪　6—称重旋钮　7—钩篮器
8—转篮手轮　9—排气阀　10—伸缩盖

从而使试样水分蒸发，并利用排气装置将湿热空气排出箱外，使样品达至恒重。通过测试试样原始质量、试样烘干后质量、试样放在烘箱前后减少的质量（含水量），根据GB/T 9994—2018《纺织材料公定回潮率》和GB/T 6102.1—2006《原棉回潮率试验方法　烘箱法》计算纺织材料的回潮率。

（1）含水率（M）。纺织材料含湿量的指标，表示纺织材料含水量占湿重的百分比。

$$M = \frac{G-G_0}{G} \times 100\% \qquad (2-1)$$

式中：G——纺织材料初始重量；

　　　G_0——纺织材料干重。

（2）回潮率（W）。纺织材料含湿量主要指标，表示纺织材料含水量占干重百分比。

$$W = \frac{G-G_0}{G_0} \times 100\% \qquad (2-2)$$

（3）标准回潮率。指纺织材料在标准大气条件下［温度（20±2）℃，相对湿度为65%±2%］的回潮率。

（4）公定回潮率。国家为了贸易和成本核算等需要，由国家对纺织纤维统一规定回潮率，常用纺织纤维的公定回潮率见表2-6。

表2-6　纺织纤维的公定回潮率

纤维品种	公定回潮率/%	纤维品种	公定回潮率/%
棉	8.5	锦纶	4.5
麻（苎麻、亚麻）	12	腈纶	2.0
蚕丝（桑蚕丝、柞蚕丝）	11	维纶	5.0
毛（同质毛）	16	丙纶	0
涤纶	0.4	氯纶	0

四、检测方法与操作步骤

1. 烘箱设备调试

（1）开启烘箱。依次点击"电源"开关、"加热"开关、"复位"按钮。

（2）设定温度。不同纺织纤维材料的烘燥温度不同。桑蚕丝：（140±2）℃；腈纶：（110±2）℃；氯纶：（77±2）℃；其他纤维：（105±2）℃

2. 称量试样初始质量

将样品从容器中取出，取试样的中间部分用于称重，调整试样至规定质量（原棉50g，精确至0.01g），称重时间≤1min。

3. 试样准备

将试样放于光面纸上，用手扯松，保证杂质和纤维全部落在光面纸上，确保质量不变。从烘箱内取出烘篮，将称好的试样放入烘篮。

4. 开始测试

（1）将烘箱温度上升至规定温度，把装有试样的烘篮放入烘箱内进行烘干，关上箱门，箱内温度回升至规定温度，记录时间；一般取8个试样，若不足8个试样，应在多余的烘篮内装入等质量的纤维，防止烘燥速度受到影响。

（2）达到规定预烘时间30min，关闭电源1min，用勾篮器勾住烘篮进行第一次称重，记录样品质量。

（3）开启电源，待烘箱升温至规定温度，烘干5min，再次称重记录；每间隔5min称重一次，直至样品质量为恒定值，则后一次质量为试样干重。

思　考　题

1. 根据实验分析纤维种类与吸湿性能的关系。
2. 什么是回潮率？什么是含水率？回潮率与含水率之间有何关系？

第五节　棉纤维成熟度测试

一、实验目的与要求

通过实验，掌握显微镜的结构和使用方法，了解不同成熟纤维的外形特征，掌握棉纤维成熟度系数测定的方法。

二、实验仪器与试样材料

实验仪器：光学显微镜（图2-1）、挑针、镊子、小钢尺、载玻片、盖玻片、玻璃皿。

试样材料：实验棉条、胶水。

三、仪器结构与测试原理

1. 仪器结构

仪器结构见第二章第一节图2-1光学显微镜结构图。

2. 测试原理

将被测棉纤维放于载玻片上，并放在调试好的光学显微镜下逐根观察，根据棉纤维形态，结合纤维的腔宽与壁厚的比值，确定每根纤维的成熟度系数。棉纤维根据成熟度的不同分为18个组，完全没有成熟的纤维，成熟度系数为0；最成熟的纤维，成熟度系数为5.0。棉纤维的腔宽/壁厚比值与成熟度系数的关系见表2-7，各种成熟度系数棉纤维的纵向形态如图2-4所示，不同成熟度棉纤维的截面形态结构如图2-5所示。

表2-7　腔宽/壁厚比值与成熟度系数的关系

成熟系数	0	0.25	0.50	0.75	1.0	1.25	1.5	1.75	2.0
腔宽/壁厚比值	30~22	21~13	12~9	8~6	5	4	3	2.5	2
成熟系数	2.25	2.5	2.75	3.0	3.25	3.5	3.75	4.0	5.0
腔宽/壁厚比值	1.5	1	0.75	0.5	0.33	0.2	0	不可观察	

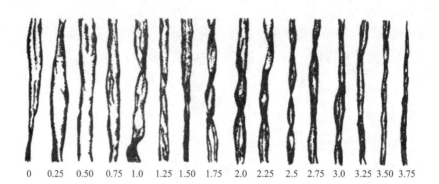

0　0.25　0.50　0.75　1.0　1.25　1.50　1.75　2.0　2.25　2.5　2.75　3.0　3.25　3.50　3.75

图2-4　各种成熟度系数棉纤维的纵向形态

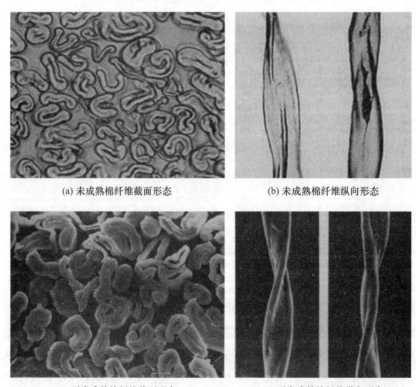

(a) 未成熟棉纤维截面形态　　　　(b) 未成熟棉纤维纵向形态

(c) 正常成熟棉纤维截面形态　　　　(d) 正常成熟棉纤维纵向形态

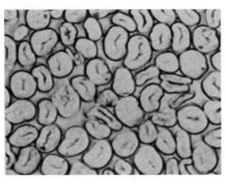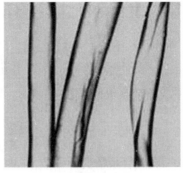

(e) 过成熟棉纤维截面形态　　　　　　　(f) 过成熟棉纤维纵向形态

图2-5　不同成熟度棉纤维的截面和纵向形态

四、检测方法与操作步骤

1. 调节显微镜

同第二章第一节中用显微镜观察纤维的纵向形态的操作步骤。

2. 试样准备

取4～6mg试样，用手扯法把试样整理成一端整齐的小棉束，分别先后用稀密两种梳子从棉束整齐一端梳理纤维，留中间部分180～220根纤维，再制片。

3. 放样

将制好样的载玻片放在调试好的光学显微镜载物台上，调节装置，使试样成像清晰。一般在制片时，在载玻片上从纤维整齐一端8～10mm处画一条线，在线范围内进行观察。

4. 观察

根据腔宽/壁厚比值来确定每根纤维成熟度系数。一般观察一个视野范围，形态特殊的纤维可在线范围内来回移动以扩大视野范围。观察时应在天然转曲中部纤维宽度最宽处测定，没有天然转曲的纤维也需在观察范围内最宽处测定。一边观察一边按唱票计数法记录各成熟度系数组的根数。

五、检测结果

1. 平均成熟系数

$$M = \frac{\Sigma M_i n_i}{\Sigma n_i}$$　　　　　　　　（2-3）

式中：M——平均成熟度系数；

　　　M_i——第i组纤维成熟度系数，i为实测成熟度系数按表2-7系列分组的顺序数；

　　　n_i——第i根纤维的根数。

2. 成熟度系数标准差和变异系数

$$\sigma = \sqrt{\frac{\sum\limits_i n_i M_i^2}{\sum\limits_i n_i} - M^2}$$
（2-4）

式中：σ——成熟度系数标准差。

$$CV = \frac{\sigma}{M} \times 100\%$$
（2-5）

式中：CV——成熟度系数变异系数。

思 考 题

1. 棉纤维成熟度测定需要注意哪些事项？
2. 测量棉纤维成熟度的方法是什么？

第六节　棉纤维马克隆值测试

一、实验目的与要求

通过实验，了解各种类型气流仪结构和原理，并掌握测试棉纤维马克隆值的方法。

二、实验仪器与试样材料

实验仪器：Y145C型气流式纤维细度仪（图2-6）、Y175型棉纤维气流仪（图2-7）或MC型棉纤维马克隆仪（图2-8），链条天平，加水漏斗，镊子，干湿球温度计。

试样材料：原棉、校准棉样。

三、仪器结构与测试原理

1. 仪器结构

仪器结构如图2-6、图2-7所示。

2. 测试原理

气流通过纤维塞实验试样，用气流仪指示试样的通透性（以通过纤维塞的流量或纤维塞两端的压力差表示）的刻度可以标定为马克隆值，也可用流量或压力差读数来表示，再换算成马克隆值。选择不同的气流仪，实验试样的质量和体积也不相同（Y145C型气流式纤维细度仪所取试样为5g，Y175型棉纤维气流仪所取试样为

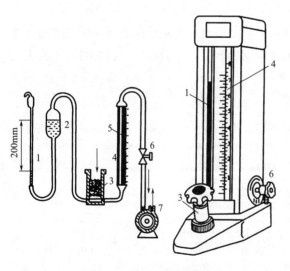

图2-6　Y145C型气流式纤维细度仪

1—压力计　2—出水瓶　3—试样筒　4—流量计　5—转子流量计
6—气流调节阀　7—抽气泵

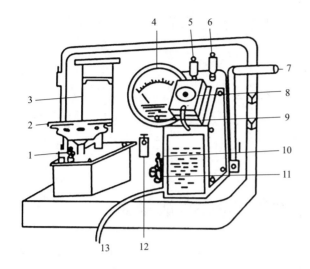

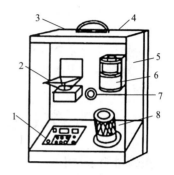

图2-7　Y175型棉纤维气流仪　　　　　　　　图2-8　MC型棉纤维马克隆仪

1—压差天平的校正调节旋钮　2—称样盘　3—储气筒　4—压差表　　　　1—面板　2—称重盘　3—背后电源线盒
5—零位调节阀　6—量程调节阀　7—手柄　8—试样筒　9—压差表调零螺丝　　4—机壳　5—面罩　6—储气筒
10—校正塞　11—校正塞架　12—专用砝码　13—通向电子空气泵气管　　　　7—砝码盒　8—试样筒

8g，MC型棉纤维马克隆仪所取试样为10g）。实验应在标准状态下进行。

四、检测方法与操作步骤

本实验主要介绍Y145C型气流式纤维细度仪的使用方法。

（1）调节细度仪水平螺丝至水平状态。

（2）调节压力计的水位。将压力计上端的玻璃弯头取下，用小漏斗将蒸馏水注入压力计内，使水面下凹面的最低点与压力计刻度尺的上刻线相切。

（3）检查测试仪气密性。用橡皮塞（直径32mm）塞住试样筒上口，开启电动机和气流调节阀，当压力计水柱下降至刻度尺下刻线处时，立即关闭调节阀，封闭抽气橡皮管，在5min内观察压力计水柱变化（若变化值≤1mm，则视为气密性良好），判断其气密性。实验检查结束后关闭气流调节阀。

（4）开启电动机，取下压样筒，将试样放入压样筒并插入拧紧。

（5）缓慢开启气流调节阀，压力计水位随之下降，当水面下凹的最低点与刻度尺下刻线相切时，立即关闭气流调节阀。同时，流量计内的转子也随之上升，记录和转子顶端相齐处刻度尺上的马克隆值。

（6）测试结束，将试样筒内样品取出并扯松后再次测试，计算2次测试的平均结果。

（7）取接近待测样品马克隆值的校准棉样进行测试，记录其观测值。

五、检测结果

若试样在非标准条件下进行，其测试结果需要用修正系数进行修正。

修正后的结果 = 试验样品的观测值 × 修正系数

若两份试样的马克隆值差异＞0.1，需要进行第3份样品的测试，最终结果为3份试样的平均值，结果保留1位小数。

思 考 题

1. 棉纤维马克隆值测试时需要注意哪些事项？
2. 棉纤维马克隆值的测试原理是什么？

第七节　棉纤维含糖量比色法测试

一、实验目的与要求

通过实验，了解棉纤维含糖检测方法，掌握比色法的原理及测试方法。

二、实验仪器与试样材料

实验仪器：调温电炉、天平、烧杯、量筒、容量瓶、定量加液管、比色管。

试样材料：棉纤维、无水碳酸钠、柠檬酸钠、硫酸铜、蒸馏水、标准样卡或孟塞尔色谱色标。

三、仪器结构与测试原理

棉纤维中所含糖分子的醛基和酮基具有还原性，能与贝纳迪克特试剂（由柠檬酸钠、碳酸钠水溶液和硫酸铜水溶液组成）反应，同时在碱性溶液中柠檬酸钠与硫酸铜生成蓝色铬合物。

在蓝色贝纳迪克特试剂中加入含糖的棉纤维，并加热至煮沸，溶液中二价铜离子逐渐被还原成红色的氧化亚铜沉淀，使溶液呈现各种颜色。根据棉纤维的糖分含量不同，溶液分别显示出蓝、绿、草绿、橙黄、茶红五种颜色。将溶液颜色对照标准样卡或孟塞尔色谱色标目测比色，即可定性确定棉纤维含糖程度，见表2-8。

表2-8　棉纤维含糖程度与溶液颜色

溶液颜色	色相	明度/彩度	含糖程度
蓝	5B	6/8	无
蓝绿	5BG	6/4	微
绿	2.5G	6/8	轻
橙黄	7.5Y	7/10	稍多
茶红	10Y	6/10	多

四、检测方法与操作步骤

1. 试样准备

根据GB/T 6097—2012规定，从批样品中抽取实验室样品，并从中均匀抽取至少32

丛（每丛约300mg），构成8~10g的实验样品。将实验样品中棉籽、籽屑、叶屑、尘土等杂质去除，充分混匀后，从中随机抽取5个实验试样，每个样品（1.00±0.01）g，用于测试。

2. 贝纳迪克特试剂的配制

（1）甲液。柠檬酸钠193g、碳酸钠100g溶于800mL蒸馏水中。

（2）乙液。硫酸铜17.3g溶于100mL蒸馏水中。

将甲、乙两液充分混合后稀释到1000mL，即为贝纳迪克特试剂。

3. 空白实验

将40mL蒸馏水和10mL贝纳迪克特试剂加入150mL的烧杯中，加热至煮沸1~2min，倒入比色管中作为含糖量为的"无"标样。

4. 试样实验

将随机抽取的5个试样分别放入5个150mL烧杯中，分别加40mL蒸馏水和10mL贝纳迪克特试剂，充分搅拌，放在电炉上加热至煮沸1~2min。将烧杯取下来，用镊子将试样取出并挤出多余液体，剩余约30mL溶液倒入比色管中。

5. 目视比色

在比色管架后面贴一张白纸，利用自然光线进行目视比色。

五、检测结果

根据溶液呈现的颜色，对照标准比色样卡与空白实验标样，评定试样的含糖程度，见表2-8。若5个测试结果中，有两个及两个以上的下档，则定为下档，否则为上档；若最大与最小超过两档，则需增加1~2个试样的测试。

思 考 题

1. 实验过程中需要注意哪些事项？
2. 棉纤维含糖量的多少对棉纤维性能有何影响？

第八节　羊毛纤维长度梳片法测试

一、实验目的与要求

通过实验，掌握梳片法测试羊毛纤维的长度，了解长度指标的计算。

二、实验仪器与试样材料

实验仪器：Y131型梳片式长度分析仪（图2-9）、扭力天平、黑绒板。

试样材料：洗净毛散纤维或毛条。

三、仪器结构与测试原理

1. 仪器结构

仪器结构如图2-9所示。

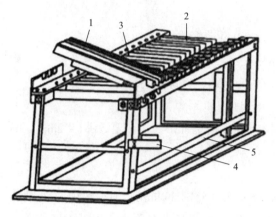

图2-9　Y131型梳片式长度分析仪

1—上梳片　2—下梳片　3—触头　4—预梳片　5—挡杆

2. 测试原理

毛纤维的长度分自然长度（指羊毛在自然卷曲状态下，纤维两端间的直线距离，用于测量毛丛长度）和伸直长度（指毛纤维消除弯曲后的长度，用于测量毛条中的纤维长度）。梳片法测试毛纤维的伸直长度，首先将毛纤维试样进行梳理，将梳理整齐的试样放于黑绒板上排列（一端平齐且有一定宽度的纤维束），再对纤维长度进行分组（根据组距），称量各组质量并计算相关长度指标。

四、检测方法与操作步骤

1. 试样准备

洗净毛散纤维和毛条均可以作为试样。

（1）洗净毛散纤维。用梳毛棍将散毛纤维梳理成9根毛条，其中6根用于平行实验，其余作为备用样品，再经预调湿和调湿处理。

（2）毛条。随机抽取9根长度约1.3m的毛条作为样品，并进行预调湿和调湿处理。

2. 制备试样

任意抽取3根毛条试样（长约50cm），先后将3根毛条用双手各持一端（轻轻施加张力），平直地放在第一台梳片仪上（毛条一端露出仪器外10～15cm）。每根毛条用压叉压入下梳片针内，并使针尖露出2mm，同时宽度小于纤维夹子的宽度，注意分清3根毛条。

3. 开始实验

（1）将露出梳片的毛条，用手轻轻拉去一端，离第1下梳片5mm（支数毛）或8mm（改良级数毛与土种毛）处夹取纤维，使毛条端部与第1下梳片平齐。

（2）将1根毛条全部宽度的纤维紧紧夹住并从下梳片中缓缓拉出，用预梳片从根部开始梳理2次，去除游离纤维。

（3）每根毛条夹取3次，每次夹取长度为3mm。

（4）将纤维转移到第2台梳片仪上，用左手轻轻夹持纤维（防止纤维扩散），并保持纤维平直，纤维夹子钳口靠近第2梳片，用压叉将毛条压入针内并缓缓向前拖，使毛束尖端与第1下梳片的针内侧平齐。

（5）3根毛条多次夹取，在第2台梳片仪上达到一定毛束宽度（约10cm）和质量

（2.0～2.5g）时停止夹取。

4. 称重

在第2台梳片仪上加第1把下梳片，再加5把上梳片；再将梳片仪旋转180°后逐一降落梳片，直到最长的纤维露出为止，用夹毛钳夹取各组纤维并依次放入金属盒内，然后用扭力天平称重（精确至0.001g）。

五、检测结果

长度实验以两次算术平均数为结果。当短毛率2次试验结果差异超时2次平均数的20%时，需进行第三次实验，最终结果为3次试验的算术平均值。

1. 质量加权平均长度 L_g（mm）

$$L_g = \frac{\Sigma L_i g_i}{\Sigma g_i}$$ （2-6）

式中：L_i——各组毛纤维的代表长度，即各组长度上限与下限的中值，mm；

g_i——各组毛纤维的质量，mg。

2. 加权主体长度 L_m

$$L_m = \frac{L_1 g_1 + L_2 g_2 + L_3 g_3 + L_4 g_4}{g_1 + g_2 + g_3 + g_4}$$ （2-7）

式中：L_1、L_2、L_3、L_4——连续最重四组纤维的长度，mm；

g_1、g_2、g_3、g_4——连续最重四组纤维的质量，mg。

3. 加权主体基数 S_m

$$S_m = \frac{g_1 + g_2 + g_3 + g_4}{\Sigma g_i}$$ （2-8）

S_m数值越大，接近加权主体长度部分的纤维越多，纤维长度越均匀。

4. 长度标准差 δ_g 和变异系数 CV

$$\delta_g = \sqrt{\frac{\Sigma(L_i - L_g)^2 g_i}{\Sigma g_i}} = \sqrt{\frac{\Sigma L_i^2 g_i}{\Sigma g_i} - L_g^2}$$ （2-9）

$$CV = \frac{\delta_g}{L_g} \times 100\%$$ （2-10）

5. 短毛率

短毛率指长度在30mm以下的纤维的质量占总质量的百分率。

$$U = \frac{\Sigma F_i}{\Sigma F} \times 100\%$$ （2-11）

式中：U——短毛率，%；

F_i——长度在30mm以下纤维的质量，g。

F——各组长度纤维的质量，g。

思 考 题

1. 羊毛纤维长度梳片法测试在实验过程中需要注意哪些事项?
2. 羊毛纤维长度测试的原理是什么?

第九节　化学短纤维长度中段称重法测试

化学短纤维长度实验方法有束纤维中段称重法、单纤维仪器测量法和单纤维手工测量法。有争议时采用束纤维中段称重法。

超长纤维是指名义长度在30mm以下的纤维中,长度超过名义长度5mm并小于名义长度2倍的纤维;名义长度在31mm~50mm的纤维中,长度超过名义长度7mm并小于名义长度2倍的纤维;名义长度在51mm~70mm的纤维中,长度超过名义长度10mm并小于名义长度2倍的纤维。

过短纤维是指名义长度在31mm~50mm的纤维中,长度小于20mm的纤维;名义长度在51mm以上的纤维中,长度小于30mm的纤维。

一、实验目的与要求

通过实验,熟悉束纤维中段称重法测定化纤短纤维长度的方法,掌握其长度指标的计算方法。

二、实验仪器与试样材料

实验仪器:Y171型纤维切断器:10mm、20mm、30mm;天平:分度值为0.001mg、0.01mg、0.1g各一台;其他:小钢尺、限制器绒板、一号夹子、金属梳片、镊子;

试样材料:化学短纤维一种。

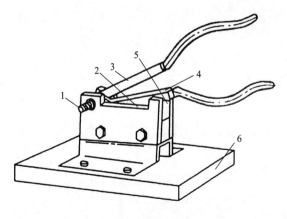

图2-10　Y171型纤维切断器

1—短轴　2—切刀　3—上夹板　4—下夹板　5—切刀　6—底座

三、仪器结构与测试原理

1. 仪器结构

Y171型纤维切断器主要由上下夹板、左右切刀和底座组成,如图2-10所示。

2. 测试原理

用手扯法将纤维梳理整齐,切取一定长度的中段纤维,在过短纤维极少的情况下,纤维的平均长度与中段纤维成正比,比例系数为总质量与中段纤维质量之比,即总质量与中段纤维质量之比越大,纤维的平均长度越长。因此，纤维的平均长度用中段纤维长度乘总质量与中段纤维质量之比表示。

四、检测方法与操作步骤

1. 试样准备

（1）从实验室已经调湿平衡的样品中随机均匀地抽取纤维50g，精确到0.1g；再从中均匀地取出一定重量的纤维作平均长度和超长纤维含量用。棉型称取30~40mg、中长型称取50~70mg、毛型称取100~150mg，精确到0.01mg。

（2）将剩余的试样作为检验倍长纤维（名义长度2倍及以上者）含量用。

2. 操作步骤

（1）取一份平均长度纤维和超长纤维，经手扯整理后，再在限制器绒板上整理，使成为长纤维在下、短纤维在上、一端整齐、宽约25mm的纤维束。

（2）用一号夹子夹住纤维束整齐一端5~6mm处，用金属梳子进行梳理，将游离纤维梳下。

（3）将梳下的纤维加以整理，长于过短纤维长度界限的纤维仍归入纤维束；再手扯一次，使纤维束一端较为整齐，短纤维则排在绒板上，测量最短纤维长度。

（4）整理纤维束时，将超长纤维取出称重后，仍并入纤维束中。

（5）把整理好的纤维束，在中段切取器上切取中段纤维（棉型和中长型切20mm；毛型切30mm；有过短纤维时，棉型和中长型切10mm）。切取时，操作者双手各持纤维束一端靠近切断切口，两手所加张力要适当，使纤维伸直但不会拉长，保持纤维束平直且与刀口垂直。

（6）切下的中段和两端纤维、过短纤维经平衡后分别称量，精确至0.1mg。

（7）将测试倍长纤维用的试样用手扯松，在黑绒板上用手拣法将倍长纤维挑出，和测试长度时发现的倍长纤维一起称量，精确至0.01mg。

（本部分技术依据：GB/T 14336—2008《化学纤维　短纤维长度试验方法》）

五、检测结果

1. 平均长度

$$L = \frac{W_0}{\frac{W_C}{L_C} + \frac{2W_s}{L_s + L_{ss}}} \tag{2-12}$$

式中：L——平均长度，mm；

$\quad$ W_0——试样总质量，mg；

$\quad$ W_C——中段纤维质量，mg；

$\quad$ L_C——中段纤维长度，mm；

$\quad$ W_s——过短纤维长度界限以下的纤维质量，mg；

$\quad$ L_s——过短纤维长度界限，mm；

L_{SS}——最短纤维长度，mm。

当无过短纤维或过短纤维含量极少，可以忽略不计时，平均长度以下式表示：

$$L=\frac{L_C W_0}{W_C}=\frac{L_C(W_C+W_T)}{W_C} \tag{2-13}$$

式中：W_T——两端纤维质量，mg。

2. 超长纤维率

$$Z=\frac{W_{OP}}{W_0} \times 100\% \tag{2-14}$$

式中：Z——超长纤维率，%；

W_{OP}——超长纤维质量，mg。

3. 倍长纤维含量

$$B=\frac{W_{SZ}}{W_Z} \times 100 \tag{2-15}$$

式中：B——倍长纤维含量，mg/100g；

W_{SZ}——倍长纤维质量，mg；

W_Z——试样总质量，g。

4. 长度偏差率

$$D_L=\frac{L-L_m}{L_m} \times 100\% \tag{2-16}$$

式中：D_L——长度偏差率，%；

L_m——纤维的名义长度，mm。

试验结果按GB/T 8170—2008规定，修约到小数点后一位。

思 考 题

1. 在化学短纤维长度测试中，分析影响测试结果的因素。
2. 化学短纤维中段长度测试原理是什么？

第十节 化学短纤维线密度中段称重法测试

纤维的细度是纺织纤维的形态尺寸之一，表示纤维的粗细程度，影响纺织产品的工艺和性能，同时也是纤维贸易中定价的重要依据。测量纤维线密度的方法很多，主要有称量法、光学测量法、气流法、单根纤维振动法和声波衰减法。在GB/T 14335—2008《化学纤维 短纤维线密度试验方法》中明确规定，用束纤维中段称量法和单纤维振动仪法两种方法测试化学短纤维的线密度。束纤维中段称重法测出的线密度是从束纤维中测出的单根纤维平均线密度，因此数值比较稳定；而单纤维振动仪法测出的是单根纤维的数值，它可直接反映单根纤维之间线密度的差异。本节介绍化学短纤维线密度中段称重法。

一、实验目的与要求

通过实验，熟悉中段称重法测定化纤线密度的方法，掌握线密度的计算方法。

二、实验仪器与试样材料

实验仪器：Y171型纤维切断器：20mm、30mm；扭力天平：最小分度值0.01mg；限制器绒板；镊子；金属梳片。

试样材料：化学短纤维一种。

三、仪器结构与测试原理

Y171型纤维切断器检测原理：用手扯法将纤维梳理整齐，从伸直的纤维束中段上切取一定长度的纤维束，测定该中段纤维束的质量和根数，通过计算得到线密度的平均值。线密度用分特（dtex）表示。

四、检测方法与操作步骤

1. 试样准备

从实验室样品中取出10g左右作为线密度测定样品，把试样放入标准温湿度下进行预调湿和调湿处理，使试样达到吸湿平衡。用镊子从试样中随机多处取出1500~2000根纤维，手扯整理成束，依次取5束试样。

2. 操作步骤

（1）纤维试样经手扯整理后，再在限制器绒板上整理，使其成为长纤维在下、短纤维在上的一端整齐的纤维束。

（2）把整理好的纤维束在中段切取器上切取纤维束中段（纤维名义长度50mm及以下，中段切断长度20mm；纤维名义长度51mm以上，中段切断长度30mm）。切取时保持纤维束平直且与刀口垂直。

（3）用镊子夹取一小束纤维，平行排列在玻璃片上，盖上盖玻片，用橡皮筋扎紧，在投影仪上逐根计数。切断长度20mm时，计数350根；切断长度30mm，计数300根。共测试5片。

（4）将数好的纤维束逐束用扭力天平称重（精确至0.01mg）。

五、检测结果

$$Tt = 10000 \times \frac{W}{n+L} \qquad （2-17）$$

式中：Tt——线密度，dtex；

　　　W——所数纤维的质量，mg；

L——切断长度，mm；

n——纤维根数；

试验结果以5次平行实验的算术平均值表示。计算到小数点后三位，数值修约到小数点后两位。

思 考 题

1. 用中段称重法能否测天然纤维的线密度？
2. 哪些因素会导致测试误差？怎样减少误差？

第十一节　纺织纤维的卷曲性能测试

纤维的卷曲是指在规定的初始负荷作用下，纤维能较好地保持一定程度规则性的皱缩形态结构的现象。短纤维的卷曲可增加纺纱时纤维之间的摩擦力和抱合力；可以提高纤维和纺织品的弹性，改善织物的抗皱性，使织物手感柔软，风格突出，还能赋予织物优良的保暖性以及表面光泽。纤维的卷曲性能是评价短纤维的一个重要指标，可以用卷曲数、卷曲率、卷曲回复率、卷曲模量、卷曲弹性率及卷曲曲率等参数表征。

卷曲数是指纤维在受轻负荷时，25mm长度内的卷曲个数。卷曲率是指卷曲后纤维的缩短程度，与卷曲数和波幅有关，适当的卷曲率可以提高纤维的可纺性，一般卷曲率在10%～15%为宜。卷曲回复率表示纤维受力拉伸后卷曲回复的能力，是反映卷曲牢度的指标，卷曲回复率越高，表示卷曲受力后恢复的能力越好。卷曲模量是指纤维的卷曲在弹性伸缩范围内的伸缩性能。卷曲弹性率大，表示弹力丝的卷曲稳定性好。卷曲曲率是纤维卷曲半径的倒数。

一、实验目的与要求

通过实验，熟悉XCP-1A型纤维卷曲弹性仪的功能，掌握操作方法，测试纤维的卷曲弹性的相关指标。

二、实验仪器与试样材料

实验仪器：XCP-1A型纤维卷曲弹性仪、镊子、黑绒板。

试样材料：各种纤维。

三、仪器结构与测试原理

利用纤维卷曲弹性仪，根据纤维的粗细，在规定的负荷下，在一定的受力时间内测定纤维的长度变化，采用图像处理技术自动检测确定纤维的卷曲数、卷曲率、卷曲弹性率及卷曲回复率等性能指标。

1. 仪器技术要求

（1）力值精度。

量程范围为5mN时，其最小分度值为0.01mN；量程范围为10mN时，其最小分度值为0.02mN；量程范围为10mN以上时，其最小分度值为0.05mN。

（2）长度分辨率为0.01mm。

（3）力值测量误差≤1%。

2. 纤维卷曲弹性仪工作原理

在上夹持器和下夹持器之间松弛地夹入纤维试样，下夹持器在脉冲分配器和驱动步进电动机带动传动装置作用下向下运动，拉伸纤维试样。纤维试样受到的张力大小，被测力传感器捕捉，通过放大器传至计算机，当力值达到预先设置的轻负荷时，仪器自动记取纤维试样初始长度，同时由图像测试系统显示纤维试样卷曲图形，并自动测取纤维卷曲数。下夹持器继续下降拉伸纤维试样，测力传感器测试纤维试样所受拉伸力，当力值达到预先设置的重负荷时，仪器会自动记取纤维试样伸直长度，仪器自动计算纤维卷曲率。在重负荷情况下，下夹持器停止运动使纤维试样承受重负荷30s后，下夹持器回升到原位，纤维试样在松弛状态下停留2min，下夹持器再次下降拉伸纤维试样至轻负荷，自动记取试样的回复长度。自动计算纤维弹性卷曲率。计算公式如下：

（1）卷曲数。

$$J_{ni} = \frac{J_{Ni}}{L_i \times 2} \times 25 \qquad (2-18)$$

式中：J_{ni}——单根纤维的卷曲数，个/25mm；

L_i——读取卷曲数的长度，mm；

J_{Ni}——单根纤维在L_i内全部卷曲峰和卷曲谷个数。

（2）卷曲率。

$$J = \frac{L_1 - L_0}{L_1} \times 100\% \qquad (2-19)$$

式中：J——卷曲率，%；

L_0——加轻负荷至平衡时纤维测量的长度，mm；

L_1——加重负荷至平衡时纤维测量的长度，mm。

（3）卷曲回复率。

$$J_W = \frac{L_1 - L_2}{L_1} \times 100\% \qquad (2-20)$$

式中：J_W——卷曲回复率，%；

L_2——在重负荷保持30s后释放，经2min回复，再在轻负荷下测定的长度，mm。

（4）卷曲弹性率。

$$J_d = \frac{L_1 - L_2}{L_1 - L_0} \times 100\% \qquad (2-21)$$

式中：J_d——卷曲弹性率，%。

各项实验结果均以20次测定值的算术平均值表示，修约到小数点后一位。

四、检测方法与操作步骤

1. 实样准备

（1）取出不小于10g的实验室样品。每个实验室样品实验20根纤维。

（2）当样品回潮率超过公定回潮率时，需要进行预调湿，调湿温度不超过50℃，相对湿度5%~25%，时间大于30min。

（3）预置夹持距离为20mm，纤维名义长度较小时可以将其调为10mm。

（4）从已经达到平衡的实验室样品中随机抽出卷曲未被破坏的20束纤维，放在绒板上待测。

2. 操作步骤

（1）打开计算机和XCP-1A型纤维卷曲弹性仪的电源，预热30min。

（2）双击计算机界面上卷曲仪软件的图标，进入测试窗口。

（3）单击测试"标定"按钮，出现标定界面。当上夹持器挂在测力杆钩子上时，按下"校零"按钮，使力值显示为零。将标准力值砝码挂于测力杆钩子上，按"满度"按钮，力值显示为2000（10^{-3}cN）。取下标准力值砝码，按下"退出"按钮退出标定界面。

（4）单击"设置"按钮，显示测试选项界面。选择"实验1"，卷曲实验仅需测试纤维卷曲率和卷曲数，不需要测试纤维卷曲弹性率；选择"实验2"，进行纤维卷曲弹性率测试。

设定试样的负荷值，确认完毕后待测试，试样的预加张力设定见表2-9。

表2-9　试样的预加张力设定

预加张力	数值/（cN·dtex^{-1}）
轻预加张力（轻负荷值）	0.0020 ± 0.0002
重预加张力（重负荷值）	维纶、锦纶、丙纶、氯纶、纤维素纤维：0.050 ± 0.005
	涤纶、腈纶：0.0750 ± 0.0075

（5）使用张力夹从黑绒板上的每束纤维中随机夹取1根纤维，轻轻挂在卷曲仪的测力杆钩子上，用镊子将另一端松弛地放在下夹持器钳口中。当夹持长度在20mm时，松弛长度在25mm以上；夹持长度在10mm时，松弛长度则尽可能长。

（6）按启动按钮"ST-1"，下夹持器下降，至纤维试样受力达到轻负荷数值时下降停止，此时长度显示为试样的初始长度L_0值。

（7）转动下夹持器至计算机显示屏中展示的纤维卷曲形态达到最佳状态，此时计算机屏幕上自动显示纤维25mm长度中的卷曲数。

（8）按启动按钮"ST-2"，下夹持器继续下降至纤维试样受力达到重负荷设定数值，力值显示为重负荷值，长度显示为纤维伸直长度L_1。

如果实验类型为"实验1"，则下夹持器将自动升回起始位置，程序将自动计算出卷曲率J（%）；如果实验类型选择为"实验2"，则下夹持器将停止运动，纤维试样承受重负荷30s后，下夹持器自动升回起始位置，纤维试样在松弛状态下停留2min，下夹持器再次下降拉伸纤维至轻负荷，长度显示为纤维回复长度L_2，下夹持器回升至原位后自动计算出卷曲弹性率J_d（%）。

（本部分技术依据：GB T　14338—2022《化学纤维　短纤维卷曲性能试验方法》）

五、检测结果

仪器自动输出测试样品的卷曲数、卷曲率、卷曲弹性率及卷曲回复率。

实验报告中应说明样品的名称和规格、实验的所有参数、各项测试的结果。

思 考 题

1. 表示短纤维卷曲性能的指标有哪些？各指标的物理意义是什么？
2. 哪些因素会导致测试误差？怎样减少误差？
3. 记录并分析实验中的异常现象。

第十二节　纺织纤维的摩擦系数测试

纤维的摩擦是指纤维与纤维之间，或纤维与其他物质之间表面接触并发生相对运动时的行为。纤维间的摩擦是纤维形成并维持纤维集合体稳定结构的关键因素，是衡量纤维加工使用性能的一项重要指标。摩擦系数分为动摩擦系数和静摩擦系数，动摩擦系数、静摩擦系数的大小及二者的差值会直接影响纤维的抱合力、静电性等性能，从而对纺织加工、成品风格等有重要的影响。

一、实验目的与要求

通过实验，熟悉XCF-1A型纤维摩擦系数测试仪的结构，掌握操作方法，测试纤维的动、静摩擦系数。

二、实验仪器与试样材料

实验仪器：XCF-1A型纤维摩擦系数测试仪，黑绒板、镊子、张力夹、纤维成型板、金属梳子、胶带、夹子、剪刀等。

试样材料：各种纤维。

三、仪器结构与测试原理

XCF-1A型纤维摩擦系数仪（图2-11）由摩擦系统、力值测量系统、计算机控制系统和机械传动系统构成。采用绞盘法测试纤维摩擦系数，用张力夹在纤维的两端施以相同负荷f_0，使纤维搭在摩擦辊上，纤维的一端挂在与测力装置相连的挂钩上，另一端自然下垂，此时纤维两端施加了相等的张力（图2-12）。开启仪器，摩擦辊开始转动，纤维自由下垂

39

的一端会由于摩擦辊与纤维表面存在摩擦力而缓慢上升，挂在测力装置的另一端张力夹作用于挂钩上，测力装置测得负荷f_2，即为纤维所受摩擦力。XCF-1A型纤维摩擦系数测试仪测力传感器将微小的摩擦力转换成电压，经放大后传至计算机，计算机根据欧拉定律推导的摩擦系数公式自动计算出纤维摩擦系数。摩擦力随时间变化的曲线可以实时呈现，摩擦辊开始转动时摩擦力上升过程中的初始峰值即为纤维受到的静摩擦力，随后摩擦辊继续转动的摩擦力波动平均值为纤维受到的动摩擦力。

图2-11　XCF-1A型纤维摩擦系数测试仪

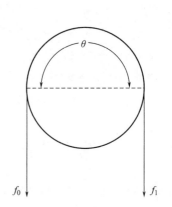

图2-12　XCF-1A型纤维摩擦系数测试仪原理

纤维摩擦系数计算式：

$$\frac{f_0}{f_1} = e^{\mu\theta} \tag{2-22}$$

式中：f_0、f_1——纤维两端所受的张力；

　　　θ——纤维与摩擦辊表面的接触角（弧度单位）；

　　　μ——纤维与摩擦辊表面的摩擦系数；

　　　e——自然常数。

四、检测方法与操作步骤

1. 试样准备

将试样在标准大气条件下调湿，再将试样制成纤维辊。纤维辊要求表面光滑、无汗污、无毛丝。具体做法为：从试样中任意取出0.5g左右的纤维放在黑绒板上，手扯平直，去掉纤维束中游离纤维和纤维结。梳理整齐，并使纤维片约3cm宽，0.5mm厚。用镊子将纤维片置于纤维成型板上，使纤维片超出成型器上边2~3cm，将此超出部分折入成型板的下侧，用夹子夹住。用金属梳子将成型板上的纤维片梳理整齐后，用塑料胶带沿成型板前端将纤维片粘住，胶带两平端各留出约5mm，粘在实验台上。去掉夹子和纤维成型板，剪掉弯曲的纤维，使留下的纤维片长度在3cm左右。揭下塑料胶带，将其粘在金属芯轴顶端，旋转芯轴，用胶带粘住的纤维片就卷在轴心的表面，将露出芯轴上端2～3cm的胶带和粘接的纤维折入端孔，用顶端螺丝钉和垫圈固定。用金属梳子梳理纤维，使纤维平行于金属芯轴，均匀地排列在芯轴的表面，用剪刀剪齐，从金属芯轴的顶端套入螺钉并拧紧。用镊子夹去毛丝，使纤维辊表面光滑。注意，在纤维辊制作过程中，手指不能接触辊芯表面包裹的纤维层。将做好的纤维辊插在辊芯架内，按以上方法制作多个纤维辊待测。

2. 操作步骤

（1）打开仪器主机及计算机电源，启动计算机程序，预热30min。

（2）点击计算机桌面上的"XCF-1A"图标，进入测试界面。

（3）在仪器空载情况下单击测试界面中"标定"按钮，进行校正。在未进行校正之前，仪器显示力值数字应该在±50的范围，当数值偏离太大时，可以通过面板左下方内校电位器进行调整。该偏差数值在仪器自动校零时会自动扣除，对测试结果无影响。在挂钩无负荷的情况下，单击"校零"按钮，使力值显示为0，将2cN的标准砝码置于挂钩上，单击"满度"按钮，力值自动校正显示为2000（10^{-3}cN）。可以重复以上校正过程2～3次，即可完成校准，并单击"退出"按钮退出界面。

（4）在测试界面中点击"设置"按钮，进入设置选项步骤。在测试选项的测试区分中，选"摩擦辊转动"项。设定符合实验要求的负荷范围、张力夹重量、测试时间、摩擦辊转速等参数。一般张力夹选择0.1cN，纤维较粗或者卷曲较多则选择0.2cN，摩擦辊转速一般选择30r/min。完成测试选项设置后，点击"确定"键，即可开始准备进行纤维摩擦实验。

（5）按"复位"按钮，将两端各被一个张力夹夹持着的纤维试样挂在摩擦辊上，其中一个张力夹轻轻靠挂在挂钩上，另一个张力夹自由挂在摩擦辊另一侧，此时挂在摩擦辊上的纤维试样两端受到相等的张力作用。

（6）按下仪器"测试"按钮，摩擦辊开始转动，张力夹重量慢慢地加载到挂钩上，仪器实时显负荷—时间曲线。到设定时间后，摩擦辊停止转动，计算机自动分析负荷—时间曲线，得到纤维试样的静态和动态摩擦力，根据欧拉公式计算出纤维静摩擦系数和动态摩擦系数。

（7）重复步骤（5）～（6）继续进行其他纤维试样的测试。一般每根挂丝测2～3次，每个摩擦辊测6根挂丝。若是纤维辊，一般测5个纤维辊，每个纤维辊各测6根挂丝，可以根据实验要求增减测定次数。

五、检测结果

计算机自动分析计算纤维的静摩擦系数、动摩擦系数及其平均值和变异系数。

思 考 题

1. 试分析影响纤维动、静摩擦系数测试结果的因素。

2. 哪些因素会导致测试误差？怎样减少误差？

第十三节　纺织纤维的拉伸性能测试

纤维的力学性能是纤维品质检验的重要内容，它与纤维的纺织加工性能和纺织品的服用性能关系非常密切。纤维力学性能经常测试的主要项目有拉伸性能、压缩性能以及表面摩擦性能等。在纺织品加工和使用中，纤维主要受到沿着轴向的外力作用，该力被称为拉伸力。在拉伸外力作用下，纤维的伸长称拉伸变形。随着作用力的增加，伸长变形也逐渐增加。

拉伸性能主要包括一次拉伸断裂、拉伸弹性（定伸长弹性或定负荷弹性）、蠕变与应力松弛、拉伸疲劳（多次拉伸循环后的塑性变形）。其中，一次拉伸断裂实验是最基本的纤维拉伸性能实验，测定纤维受外力拉伸至断裂时所需要的力和产生的变形。常用的指标有断裂强力、强度和断裂伸长率。

一、实验目的与要求

通过实验，熟悉纤维强伸度仪的结构和操作方法，实测单纤维强力。

二、实验仪器与试样材料

实验仪器：XQ-2型纤维强伸度仪，黑绒板、张力夹、镊子等。

试样材料：各种纤维。

三、仪器结构与测试原理

XQ-2型纤维强伸度仪（图2-13）是等速伸长型（CRE）拉伸实验仪，除进行一次拉伸实验外，还可进行纤维定伸长弹性、循环定伸长弹性、定负荷弹性、循环定负荷弹性、松弛、蠕变等实验，测试方法符合国际化学纤维标准化局（BISFA）的要求，适合各种单根化学纤维和天然纤维拉伸性能的测定。主要技术指标：负荷测量范围0~100cN；负荷测量误差≤±1%；负荷测量分辨率0.01cN；伸长测量范围100mm；伸长测量误差≤0.05mm；伸长测量分辨率0.1%；下夹持器下降速度有1~100mm/min及2~200mm/min两档；下夹持器动程100mm。进行拉伸实验时，被测试样由上夹持器和下夹持器夹持。在规定的条件下，由计算机程序控制下夹持器下降，拉伸纤维至断裂，测得纤维的断裂强力、断裂伸长率及定伸长负荷的单值、平均值和变异系数。在参数选择上，主要有以下几方面：

（1）名义隔距长度。根据纤维平均长度选择

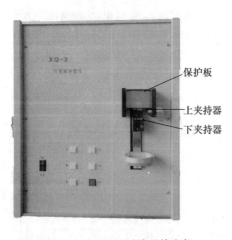

保护板

上夹持器

下夹持器

图2-13　XQ-2型纤维强伸度仪

名义隔距长度。纤维平均长度<38mm，名义隔距长度为10mm；纤维平均长度≥38mm，名义隔距长度为20mm。纤维名义长度小于15mm时，可采用协议双方认可的夹持长度。

（2）预加张力值。根据不同的纤维可选择不同的预加张力值（表2-10）。

表2-10　预加张力值表

纤维原料	涤纶、锦纶、丙纶、维纶	腈纶	纤维素纤维
预加张力/（cN·dtex^{-1}）	0.05～0.20	0.10±0.03	干0.060±0.006 湿0.025±0.003

（3）拉伸速度。根据纤维平均断裂伸长率选择拉伸速度（表2-11）。

表2-11　拉伸速度

纤维平均断裂伸长率/%	拉伸速度/（mm·min^{-1}）
伸长率<8	50%名义隔距长度
8≤伸长率<50	100%名义隔距长度
伸长率≥50	200%名义隔距长度

（4）试验次数。每个实验室样品测试50根纤维。

四、检测方法与操作步骤

1. 试样准备

当试样回潮率超过标准回潮率时，需要进行预调湿，调湿温度不超过50℃，相对湿度5%～25%，时间大于30min。按照GB/T 6529—2008规定的纺织品的调湿和实验用标准大气。在温度（20±2）℃，相对湿度65%±5%的大气条件下，涤纶、腈纶和丙纶试样调湿4h，其他化学纤维试样调湿16h。一般每个实验样品随机取出已平衡好的纤维约500根，均匀铺放在黑绒板上，随机测试50根纤维，求出平均值。

2. 操作步骤

（1）打开仪器主机及计算机电源，启动计算机程序，预热30min。

（2）检查、调整仪器上下夹持器间的隔距长度。

（3）打开计算机，进入XQ-2纤维强伸度仪测试系统（图2-14）。

（4）单击测试界面中"标定"按钮，进入力值校准界面。在上夹持器空载的情况下，单击"校零"按钮，使力值置零。拉开上夹持器保护板，在夹持器端面上放置100cN标准砝码，点击"满度"按钮，使力值显示为100cN，反复1～2次完成标定后点击"退出"。

（5）单击测试界面中"设置"按钮进入参数选择界面，根据所选参数进行设置，然后点击"确定"，即可开始强力测试。

（6）性能测试。将所选预加张力夹夹持纤维试样的一端，用镊子轻轻夹持纤维另一端，把纤维试样引至仪器的上、下夹持器中部，按下主机面板上的"上夹"按钮；待预张

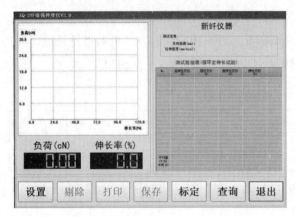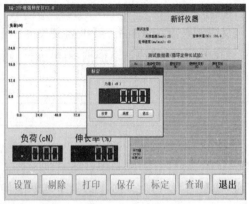

图2-14　XQ-2纤维强伸度仪测试系统

力夹稳定后再按"下夹"及"降"按钮，或直接按红色"自动"按钮，开始拉伸纤维至断裂，计算机显示实时拉伸曲线及测试数据，按规定试样数连续测试。若与XD-1型纤维细度仪联机使用，则先把纤维试样引至XD-1型纤维细度仪测量其线密度，按细度仪确定按钮后，再把该根纤维试样引至强伸度仪夹持器钳口中间部位，即必须先测纤维线密度再按"自动"按钮，否则按"自动"按钮时不起作用。

（7）试样断裂后，上下夹持器钳口自动打开，用镊子清除上下夹持器中的残余试样，下夹持器上升至原位后，计算机屏幕显示该次实验结果各项性能指标。

五、检测结果

所有试样测试结束，仪器自动输出纤维断裂强力、断裂伸长率及定伸长负荷的单值、平均值和变异系数。如发现某个测试结果异常，先点击该行数据，再点击"剔除"按钮，删除该行数据；根据需要分别点击"打印"或"保存"，记录测试结果。点击"查询"进入信息查询；点击"导出"，可输出所需的数据报表、瞬时数据和拉伸曲线。结果修约按GB/T 8170—2008规定，断裂强力、定伸长负荷修约到小数点后两位；断裂伸长率、变异系数修约到小数点后一位。

思 考 题

1. 影响单纤维强力测试结果的因素有哪些？
2. 纤维强度隔距长度与纤维长度的关系式什么？

第十四节　纺织纤维比电阻测定

大多数纺织材料的导电性较差，在纺织、印染生产过程中容易产生静电，由于静电干扰，会使工艺过程无法顺利进行，影响产品质量。在一定条件下甚至会引起爆炸并诱发火灾；在服用过程中产生的静电还会影响到纺织品的使用舒适性和健康安全。表征纺织材料静电性能的指标有静电压、电荷量、电荷面密度、半衰期、比电阻等。比电阻指标有表面比电阻、体积比电阻、质量比电阻之分，通常用质量比电阻表示纤维的导电性质。用纤维比电阻仪测量纤维集合体在一定几何形状下的电阻值，再根据纤维集合体的填充系数，将其换算成体积比电阻和质量比电阻。

　　检测静电干扰的方法有直接法和间接法两种。直接法，即直接用仪器测定出纤维或织物在摩擦时产生的静电量和静电半衰时间。这种方法的优点是可直接读出静电的发生量，静电荷的分布及半衰时间。缺点是测试的数据不稳定，易受外界电场和温湿度的影响，而且仪器结构复杂。由于直接法的缺点，目前检测静电的方法逐渐趋向于间接法——比电阻方法。比电阻值是决定静电半衰期的物理量。静电半衰期，即在单位时间内产生的静电衰减一半所需时间，这个时间越短，说明静电散逸得越快，反之则慢。

一、实验目的与要求

　　通过实验，熟悉XR-1A纤维比电阻测试仪的结构原理和操作步骤，掌握纤维比电阻的测试方法标准和相关指标计算。

二、实验仪器与试样材料

　　实验仪器：XR-1A纤维比电阻测试仪、天平（精度0.01g）、镊子。

　　试样材料：各种化学纤维。

三、仪器结构与测试原理

　　XR-1A型纤维比电阻测试仪（图2-15）是一种数字式比电阻测试仪，仪器通过高精度AD转换实时数字显示测试结果，由计算机控制操作过程，显示、打印和存贮测试结果。仪器自动压缩测量盒内化学短纤维，选配附加装置进行化学纤维长丝比电阻的测试。仪器主要特点：纤维集合体试样的压缩定位采用步进电动机精确控制，减少手摇螺杆目视指针定位的测量误差，符合国家标准GB/T 14342—2015的要求，适用于多种化学纤维和天然纤维比电阻测试。测试量程扩大后仪器还可用于导电纤维比电阻的测试。

图2-15　XR-1A型纤维比电阻测试仪

该测试仪主要参数如下。

（1）电阻测量分辨率：0.01（$10^n\Omega$，n=1，2，3，…，14）。

（2）电阻测量范围：$10\sim10^{14}\Omega$。

（3）电阻测量误差：$\leqslant\pm5\%$（电阻$\leqslant10^{12}\Omega$），$\leqslant\pm10\%$（电阻>$10^{12}\Omega$）。

（4）高阻测量范围：$10^5\sim10^{14}\Omega$（测量电压100V），低阻测量范围：$10\sim10^7\Omega$（测量电压1V）。

（5）测试盒：试样压紧状态时纤维所占电极板宽4cm，极板高6cm，极板间距2cm，两电极间绝缘电阻不低于$10^{14}\Omega$或不低于纤维比电阻预计值的10倍。

（6）校准电阻：$10^2\Omega$、$10^6\Omega$和$10^{10}\Omega$共三只。

四、检测方法与操作步骤

1. 试样准备

从实验室样品中取出30g左右纤维用手扯松，把试样放入标准温湿度下进行调湿平衡4h，再随机从中取样，并用天平称取两份15g的纤维，作为比电阻测试用试样。

2. 操作步骤

（1）仪器预热。打开仪器主机和计算机电源，点击测试程序，预热30min。

（2）范围选择。根据试样电阻所在范围大小，合理选择"高阻"或"低阻"档。

（3）参数设置。点击"设置"，进入测试选项界面，对纤维品种、测试区分、密度进行、样品规格、测试信息等参数设置。

（4）校零：将校准拨钮拨至"校零"，等待$2\sim3$s，仪器自动校零，再将拨钮拨至"校满"，等待$2\sim3$s，仪器自动校满度，将拨钮拨至"测试"，如图2-16所示。

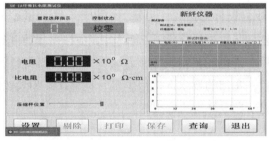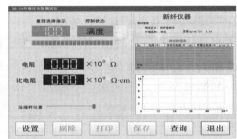

图2-16　比电阻仪校零设置页面

（5）放电。将测试档选择拨钮拨至"放电"。

（6）装填试样。将试样均匀放入测试盒，压上压块，然后置于测试盒槽孔中。

（7）压紧试样。按"启动"按钮，仪器开始自动压缩试样，控制状态栏显示"压缩"，压缩至压紧定位位置后，控制状态栏显示"给电"。

（8）加电测试。将测试档选择拨钮由"放电"拨至所选高或低阻档位，根据测试页面的控制状态栏提示，调整高、低阻测试拨钮的量程，使得"量程选择指示"栏显示数字在10～100之间，待电阻显示数据稳定基本不变，按"启动"按钮确认电阻值输入计算机，或等待60s后由仪器自动数据采样确认电阻值输入计算机，压缩杆自动退回原位。

（9）测试结果。一次试验结束取出测试盒，并用镊子取出纤维试样和压块，将测试档选择拨钮置于"放电"位置，进行下一次试验直至完成所需试样量，根据需要记录保存或打印测试结果，修约至小数点后一位。

五、检测结果

1. 体积比电阻

$$\rho_v = R \frac{m}{l_2 \cdot d} \qquad (2-23)$$

式中：ρ_v——纤维的体积比电阻值，$\Omega \cdot cm$；

R——纤维的电阻值，Ω；

l——两极板之间的距离，$l=2cm$；

m——纤维的质量，$m=15g$；

d——纤维的密度，g/cm^3。

常见纤维的密度：涤纶$1.39g/cm^3$，腈纶$1.19g/cm^3$，锦纶$1.14g/cm^3$，丙纶$0.91g/cm^3$，维纶$1.21g/cm^3$。

2. 质量比电阻

$$\rho_m = R \frac{m}{l_2} \qquad (2-24)$$

式中：ρ_m——纤维的质量比电阻值，$\Omega \cdot g/cm^2$。

思 考 题

1. 哪些因素会导致测试误差？怎样减少误差？
2. 纺织纤维比电阻的测试原理是什么？

参考文献

[1] 姚穆，周锦芳，黄淑珍. 纺织材料学 [M]. 北京：纺织工业出版社，1990.

[2] 于伟东. 纺织材料学 [M]. 北京：纺织工业出版社，2006.

[3] 余序芬，鲍燕萍，吴兆平. 纺织材料实验技术 [M]. 北京：中国纺织出版社，2004.

[4] 瞿才新，陈春霞，陈继娥. 纺织检测技术 [M]. 北京：中国纺织出版社，2011.

[5] 奚柏君，葛烨倩，韩潇，等. 纺织服装材料实验教程 [M]. 北京：中国纺织出版社，2019.

[6] 李楠，杨秀稳. 纺织品检测实物 [M]. 北京：中国纺织出版社，2010.

[7] 朱进忠，毛慧贤，李一. 纺织材料学实验 [M]. 2版. 北京：中国纺织出版社，2008.

［8］周祯德，李红杰，陆秀琴. GB/T 14335—2008《化学纤维短纤维线密度试验方法》测试误差分析［J］. 上海纺织科技，2011，10（39）：52-54.

［9］肖海英，陈征兵. 纤维卷曲的功能分析［J］. 纺织科技进展，2008，6（3）：22-25.

［10］贾宁. XCF-1A型纤维摩擦系数仪及应用［J］. 人造纤维，2018（12）：16-20.

［11］刘中勇，钟海伟，邓志光，等. 国外纺织检测标准解读［M］. 北京：中国纺织出版社，2011.

［12］张海霞，宗亚宁. 纺织材料学实验［M］. 上海：东华大学出版社，2015.

［13］李鹏妮，袁绪政，赵国徽，等. 关于常见纺织纤维鉴定方法探析［J/OL］. 中国皮革：1-7.

［14］谢永福，杜四海. 纺织纤维鉴别的探讨［J］. 中国新技术新产品，2015（4）：74-75.

［15］全国纺织品标准化技术委员会. GB/T 40271—2021纺织纤维鉴别试验方法　差示扫描量热法（DSC）［S］. 北京：中国标准出版社，2021.

［16］全国纺织品标准化技术委员会. FZ/T 01057. 9—2012纺织纤维鉴别试验方法　第9部分：双折射率法［S］. 北京：中国标准出版社，2012.

［17］全国纺织品标准化技术委员会. FZ/T 01057. 8—2012纺织纤维鉴别试验方法　红外吸收光谱鉴别方法［S］. 北京：中国标准出版社，2012.

［18］全国纺织品标准化技术委员. SN/T 1901—2014进出口纺织品纤维鉴别方法聚酯类纤维（聚乳酸、聚对苯二甲酸丙二醇酯、聚对苯二甲酸丁二醇酯）［S］. 北京：中国标准出版社，2014.

［19］全国纺织品标准化技术委员会. FZ/T 01057. 3—2007纺织纤维鉴别试验方法　第3部分：显微镜法［S］. 北京：中国标准出版社，2007.

［20］全国纺织品标准化技术委员会. FZ/T 01057. 6—2007纺织纤维鉴别试验方法　第6部分：熔点法［S］. 北京：中国标准出版社，2007.

［21］全国纺织品标准化技术委员会. GB/T 9994—2018纺织材料公定回潮率［S］. 北京：中国标准出版社，2018.

［22］全国纺织品标准化技术委员会. GB 9994—2008纺织材料公定回潮率［S］. 北京：中国标准出版社，2008.

［23］全国纺织品标准化技术委员会. GB/T 9995—1997纺织材料含水率和回潮率的测定　烘箱干燥法［S］. 北京：中国标准出版社，1997.

［24］全国纺织品标准化技术委员会纺织计量技术委员会. JJF（纺织）011—2010八篮烘箱校准规范［S］. 北京：中国标准出版社，2010.

［25］全国纺织品标准化技术委员会. GB/T 13777—2006棉纤维成熟度试验方法　显微镜法［S］. 北京：中国标准出版社，2006.

［26］全国纺织品标准化技术委员会纺织计量技术委员会. JJF（纺织）039—2006棉纤维偏光成熟度仪校准规范［S］. 北京：中国标准出版社，2006

［27］全国纺织品标准化技术委员会. GB/T 6498—2008棉纤维马克隆值试验方法［S］. 北京：中国标准出版社，2008.

［28］全国纺织品标准化技术委员会纺织计量技术委员会. JJF（纺织）073—2018棉纤维马克隆气流仪校准规范［S］. 北京：中国标准出版社，2018.

第三章　纱线结构与性能测试

第一节　纱线线密度测试

一、实验目的与要求

通过实验，掌握纱线线密度的测试方法和实验数据的处理方法，巩固纱线线密度指标的含义，掌握测试仪器的使用方法，了解纱线线密度测试原理和影响实验结果的因素。

二、实验仪器与试样材料

实验仪器：缕纱测长器、烘箱、天平。

试样材料：各类纱线。

三、仪器结构与测试原理

1. 仪器结构

YG086型缕纱测长器的结构如图3-1所示。

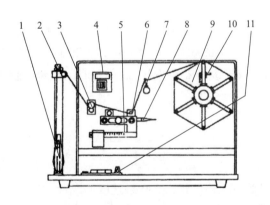

图3-1　YG086型缕纱测长器

1—纱锭杆　2—导纱钩　3—张力调整器　4—计数器　5—张力秤　6—张力检测棒
7—横动导纱钩　8—指针　9—纱框　10—手柄　11—控制面板

2. 测试原理

线密度是纱线单位长度的质量，以特克斯或其倍数单位和分数单位表示。我国纱线线密度的法定计量单位为特克斯（tex），它是指1000m长纱线在公定回潮率时的重量克数。它的数值越大，表示纱线越粗。纱线线密度的测试就是通过测定一定长度纱线的干燥质量，通过计算来获得试样的线密度及线密度偏差。

在线密度计算中，国家标准GB/T 4743—2009《纺织品　卷装纱　绞纱法线密度的测定》与常规纺织材料测定方法有所不同，主要在于用于计算的质量规定不同，具体见表3-1。

标准推荐采用方法1、3和7，为与常规方法相一致，本实验采用方法3，商业回潮率采用公定回潮率。

表3-1　线密度计算中纱线质量的规定

纱线类别	方法	纱线质量
未洗净纱线	1	标准大气条件调湿平衡质量
	2	烘干质量
	3	烘干质量结合商业回潮率质量
洗净纱线	4	标准大气条件调湿平衡质量
	5	烘干质量
	6	烘干质量结合商业回潮率质量
	7	烘干质量结合商业允贴质量

四、检测方法与操作步骤

（一）试样准备

1. 取样

按产品标准或协议规定方法抽取实验室样品。各类纱线用于常规实验的卷装数：长丝纱至少为4个，短纤纱至少为10个。每个卷装取1缕绞纱。测试线密度变异系数至少应测20个试样。

2. 调湿

根据GB/T 6529—2008规定将实验纱线进行预调湿和调湿。在温度为（20±2）℃，相对湿度为（65±3）%的标准大气下放置24h，或连续间隔至少30min称重时，质量变化不大于0.1%。

（二）操作步骤

1. 缕纱摇取

（1）连接电源，仪器进入待机状态。

（2）在待机状态下，进行缕纱测长器绞纱长度、摇纱张力、摇纱速度的设置。

缕纱长度：绞纱长度为200m（线密度<12.5tex）或100m（线密度为12.5～100tex）或10m（线密度>100tex）。

摇纱张力：（0.5±0.1）cN/tex。

摇纱速度：200r/min。

（3）将纱管插在纱锭上，并引入导纱钩，经张力调整器、张力检测棒、横动导纱钩，然后把纱线头端逐一扣在纱框夹纱片上（纱框应处在起始位置）。注意将活动叶片拉起。

（4）计数器电子显示清零，按启动按钮开始摇取绞纱，纱框旋转到规定圈数自停。

（5）将绕好的各缕纱头尾打结接好，接头长度不超过1cm。

（6）将纱框上活动叶片向内档落下，逐一取下各缕纱后，将其回复原位。

（7）重复上述动作，摇取其他批次缕纱。

（8）操作完毕，切断电源。

注意：在纱框卷绕缕纱时，特别要注意张力秤上的指针是否指在面板刻线处，即卷绕时张力秤是否处于平衡状态。如指示位置不对，应先调整张力器，使指针指在刻线处附近，少量的调整可通过改变纱框转速来达到。卷绕过程中，指针在刻线处上下少量波动是正常的。张力秤不处在平衡状态下摇取的缕纱要作废。

2. 缕纱称重

用天平逐缕称取缕纱质量（g），然后将全部缕纱在标准大气条件下用烘箱烘至恒定质量（即干燥质量）。如果干燥质量是在非标准大气条件下测定的，则需将其修正到标准大气条件下的干燥质量。如果已知回潮率，可不经烘燥。

五、检测结果

1. 纱线的线密度

$$Tt = \frac{G_0(1+W_K) \times 1000}{L} \tag{3-1}$$

式中：Tt——纱线线密度，tex；

　　　G_0——烘干绞纱的质量，g；

　　　W_K——纱线的公定回潮率，%；

　　　L——绞纱的长度，m。

2. 纱线线密度变异系数（即百米质量变异系数）

$$CV = \frac{1}{\bar{x}} \sqrt{\frac{\sum\limits_{i=1}^{n} x_i^2 - \frac{(\sum\limits_{i=1}^{n} x_i)^2}{n}}{n-1}} \times 100\% \tag{3-2}$$

式中：CV——线密度变异系数，%；

　　　x_i——第i个实验绞纱的质量，g；

　　　$\bar{x}$——x_i的平均值，g；

　　　n——实验绞纱数。

3. 纱线百米质量偏差

$$纱线百米质量偏差 = \frac{纱线实际线密度 - 纱线公称线密度}{纱线公称线密度} \times 100\% \tag{3-3}$$

计算结果按数值修约规则进行修约，线密度保留三位有效数字，线密度偏差保留两位有效数字，变异系数保留至整数位。

（本实验技术依据：GB/T 4743—2009《纺织品　卷装纱　绞纱法线密度的测定》）

思 考 题

1. 影响纱线线密度测定的因素有哪些？

2. 线密度偏差偏大表示纱线偏粗还是偏细? 线密度偏差与织物质量和数量有什么关系?

第二节　纱线捻度测试

一、实验目的与要求

通过实验，掌握纱线捻度的测试方法和实验数据的处理方法，巩固纱线捻度指标的概念，掌握测试仪器的使用方法，了解纱线捻度测试原理和影响实验结果的因素。

二、实验仪器与试样材料

实验仪器：Y331A型纱线捻度仪、挑针、剪刀。

试样材料：单纱、股线各若干。

三、仪器结构与测试原理

1. 仪器结构

Y331A型纱线捻度仪如图3-2所示。

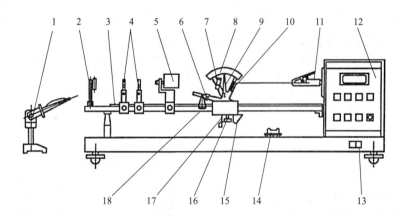

图3-2　Y331A型纱线捻度仪

1—插纱架　2—导纱钩　3—定长标尺　4—辅助夹　5—衬板　6—张力砝码　7—伸长限位
8—伸长弧标尺　9—伸长指针　10—移动纱夹　11—解捻纱夹　12—控制箱　13—电源开关
14—水平泡　15—调零装置　16—锁紧螺钉　17—定位片　18—重锤盘

2. 测试原理

纱线捻度测试的方法主要有两种，即直接计数法（或称直接退捻法）和退捻加捻法。

（1）直接计数法。该方法多用于测定长丝纱和股线的捻度，使纱线在一定的张力下，用纱夹夹持已知长度的纱线试样的两端，使纱线退捻，直至单纱中的纤维或股线中的单纱完全平行分开为止。退去的捻数n即为纱线的捻回数，根据捻回数及试样长度即可求得纱线的捻度。

（2）退捻加捻法。该方法多用于测定短纤维纱的捻度。用纱夹夹持已知长度的纱线试样的两端，使纱线退捻，待纱线捻度退完后，继续回转，直到纱线长度与试样原始长度相同时，纱夹停止回转。这时纱线的捻向与原纱线相反，但捻回数与原纱线相同，读取的捻回数是原纱线捻回数n的2倍，根据n及试样长度求得纱线的捻度。

四、检测方法与操作步骤

（一）试样准备

1. 取样

按产品标准或协议规定方法抽取批量样品。如果产品标准或协议中没有规定，实验室样品从批量样品中抽取10个卷装。

如果从同一卷装中抽取2个及以上的试样，各个试样之间至少有1m以上的随机间隔。如果从同一卷装中抽取2个以上的试样时，则应把试样分组，每组不超过5个，各组之间应有数米间隔。

2. 调湿

相对湿度的变化并不直接影响捻度，但湿度的改变会造成某些材料的长度变化，因而需将试样在标准大气条件下进行平衡和测定。通常不需要对样品进行预调湿。

（二）操作步骤

1. 直接计数法

（1）检查仪器各部分是否正常（仪器是否水平、指针是否灵活等）。

（2）设定实验参数。

① 实验方式选择"直接计数法"。

② 根据纱线捻向选择退捻方向（如纱线为Z捻，则退捻方向为S）。捻向的确定，可握持纱线的一端，并使其一小段（至少100mm）呈悬垂状态，观察此垂直纱段构成部分的倾斜方向，与字母"S"的中间部分一致的为S捻，与字母"Z"的中间部分一致的为Z捻。

③ 选择转速为Ⅰ（约1500r/min）、Ⅱ（约750r/min）或Ⅲ（慢速可调）。

④ 左右纱夹距离（试样长度）和预加张力等根据表3-2确定。如果被测纱线在规定张力下伸长达到或超过0.5%，则应调整预加张力，使伸长不超过0.1%，需在报告中注明。

（3）放开伸长限位。

（4）设置预置捻回数（要比实测的小）。

表3-2 直接计数法实验参数

纱线材料类别		试样长度/cm	预加张力/（cN·tex⁻¹）	试验次数/次
棉纱		10（或25）±0.5	0.5±0.1	50
毛纱		25（或50）±0.5	0.5±0.1	50
韧皮纤维		100（及250）±0.5	0.5±0.1	50
股线和复丝	名义捻度≥1250捻/m	250±0.5	0.5±0.1	20
	名义捻度＜1250捻/m	500±0.5	0.5±0.1	20

（5）装夹试样。将移动纱夹（左纱夹）用定位片刹住，使伸长指针对准伸长弧标尺"0"位；先弃去试样始端数米，在不使纱线受到意外伸长和退捻的条件下，将试样的一端夹入移动纱夹内，再将另一端引入解捻纱夹（右纱夹）的中心位置；放开定位片，纱线在预加张力下伸直，当伸长指针指在伸长弧标尺"0"位时，用右纱夹夹紧纱线，用剪刀剪断露在右纱夹外的纱尾。

（6）使右夹头旋转开始解捻，至预置捻数时自停，使用挑针从左向右分离，观察解捻情况。使用电动解捻，或用手动旋钮，直至完全解捻，即股线中的单纱全部分开，此时仪器显示的是该段纱线的捻回数。

（7）重复以上操作，进行下一次实验，直至全部试样测试完毕。

2. 退捻加捻法（单纱捻度检测）

（1）检查仪器各部分是否正常（仪器是否水平、指针是否灵活等）。

（2）设定实验参数。

① 实验方式选择"退捻加捻法"。

② 调节转速调节钮使转速为（1000±200）r/min。

③ 左右纱夹距离、预加张力、限制伸长等根据表3-3确定。

表3-3 退捻加捻法实验参数

纱线材料类别		试样长度/cm	预加张力/（cN·tex⁻¹）	实验次数/次	限制伸长/mm
非精纺毛纱		500±1	0.50±0.10	16或0.154v^2	25%最大伸长值
精纺毛纱	$\alpha＜80$	500±1	0.10±0.02	16或0.154v^2	25%最大伸长值
	$\alpha=80\sim150$	500±1	0.25±0.05	16或0.154v^2	25%最大伸长值
	$\alpha＞150$	500±1	0.50±0.05	16或0.154v^2	25%最大伸长值

注 1. α为捻系数。

2. v为实验结果变异系数，是已往大量实验的统计数。

3. 最大伸长值指500mm长度试样捻度退完时的伸长量，以800r/min或更慢的速度预试测定。一般实验室实验限制伸长推荐值：棉纱为4.0mm；其他纱线为2.5mm。

（3）装夹试样方法同直接计数法。

（4）开始实验，使右夹头按设定转向开始旋转，当左夹头伸长指针离开零位又回到零位时，仪器自停，此时仪器显示的是本次测试的捻回数。

（5）重复上述步骤，进行下一次实验，直至全部试样测试完毕。

五、检测结果

1. 平均捻度 T_{tex} 或 T_m

$$T_{tex}=\frac{\sum_{i=1}^{n} x_i}{n \times L} \times 10 \tag{3-4}$$

$$T_m=T_{tex} \times 10 \tag{3-5}$$

式中：T_{tex}——特克斯制捻度，捻/10cm；

　　　T_m——公制捻度，捻/m；

　　　x_i——各试样测试捻回数（退捻加捻法测得的捻回数，即仪器读数，需除以2）；

　　　L——试样长度，cm；

　　　n——试样数。

2. 捻度变异系数

$$CV=\frac{1}{\bar{x}}\sqrt{\frac{\sum_{i=1}^{n} (x_i-\bar{x})^2}{n-1}} \times 100\% \tag{3-6}$$

式中：CV——捻度变异系数；

　　　x_i——第i个试样的测试捻度；

　　　$\bar{x}$——试样的平均捻度；

　　　n——试样数。

3. 捻系数 α_{tex} 或 α_m

$$\alpha_{tex}=T_{tex}\sqrt{Tt} \tag{3-7}$$

$$\alpha_m=T_m\sqrt{N_m} \tag{3-8}$$

式中：Tt——试样线密度，tex；

　　　N_m——试样公制支数。

4. 捻缩率 μ

$$\mu=\frac{L_0-L}{L_0} \times 100\% \tag{3-9}$$

式中：L_0——加捻前的纱线长度，mm；

　　　L——加捻后的纱线长度，mm。

按数值修约规则进行修约，捻度、捻缩率修约到小数点后一位，捻度变异系数修约到小数点后两位，捻系数修约到整数位。

（本实验技术依据：GB/T 2543.1—2015《纺织品　纱线捻度的测定　第1部分：直接计数法》，GB/T　2543.1—2001《纺织品　纱线捻度的测定　第2部分：退捻加捻法》）

思 考 题

1. 影响捻度测量的因素有哪些？
2. 股线的捻度测定通常采用什么方法？
3. 退捻加捻法测定单纱捻度时为何要限制伸长？

第三节　纱线毛羽测试

一、实验目的与要求

通过实验，熟悉纱线毛羽仪的结构和原理，掌握纱线毛羽仪的操作。通过毛羽测量，掌握纱线毛羽的测试指标及实验数据的处理方法。

二、实验仪器与试样材料

实验仪器：纱线毛羽测试仪。

试样材料：单纱和股线各一种。

三、仪器结构与测试原理

（一）仪器结构

YG171B-2型纱线毛羽测试仪如图3-3所示。

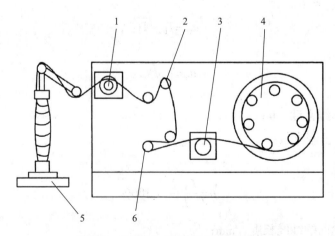

图3-3　YGl71B-2型纱线毛羽测试仪

1—前张力器　2—导纱轮　3—后张力器　4—绕纱盘　5—纱管架　6—测长轮

（二）测试原理

纱线毛羽是指伸出纱线主体的纤维端或纤维圈，包括端毛羽、圈毛羽、浮游毛羽、假圈毛羽。毛羽在纱线性质中是比较重要的指标。毛羽的性状（长短、形态）分布受纤维特性、纺纱方法、纺纱工艺参数、捻度、纱线线密度的影响。

毛羽测试仪的原理是根据投影计数，利用光电原理，当纱线连续通过检测区时，凡是超过设定长度的毛羽会遮挡光线，使光敏元件产生信号并计数，得到纱线单侧的单位长度内毛羽数，称为毛羽指数。投影是一个平面成像，所以只记录一个侧面的毛羽数，但与总毛羽数成正比。

四、检测方法与操作步骤

毛羽的检测一般可以分为两大类：投影计数法和漫反射法，目前主要采用前者。可参考FZ/T 01086—2020《纺织品　纱线毛羽测定方法　投影计数法》。

（一）试样准备

（1）取样。从样品中随机抽取，应选取未受损伤、擦毛或被污染的样品，每卷装至少测10次。

（2）调湿。根据GB/T 6529—2008规定将试验纱线进行预调湿和调湿，在温度为（20±2）℃、相对湿度为（65±3）%的标准大气下，放置24h，或连续间隔至少30min称重时，质量变化不大于0.1%。

（二）操作步骤

（1）接通主机及打印机电源，使仪器进入待机状态，预热20min。

（2）在待机状态下进行参数设置，包括片段长度、测试速度、实验次数、纱线品种、打印设置等及其他设置，见表3-4。

表3-4　实验参数设定

纱线种类	毛羽设定长度/mm	纱线片段长度/mm	测量速度/（m·min^{-1}）
棉纱线及棉型纱线	2	10	I30
毛纱线及毛型纱线	3	10	30
中长纤维纱线	2	10	30
绢纺纱线	2	10	30
苎麻纱线	4	10	30
亚麻纱线	2	10	30

（3）舍弃1m纱端，以正确的方式在设备上引纱，调整张力使纱线的抖动尽可能小，一般毛纱线张力为（0.25±0.025）cN/tex，其余为（0.5±0.1）cN/tex，进行测试直至仪器自停，记录数据和结果。

（4）管纱逐个进行测试，直至完成所有试样。

五、检测结果

评价纱线毛羽的指标通常有以下几种。

1. 毛羽指数（η）

毛羽指数是指单位长度纱线的单侧伸出长度超过某设定值的毛羽累计数（根/m）。

2. 毛羽长度

毛羽长度是指纤维端或圈伸出纱线基本表面的长度。

3. 毛羽量

毛羽量是指纱线上一定长度内毛羽的总量。

4. 毛羽指数的变异系数（CV）

$$CV = \frac{1}{\bar{x}} \sqrt{\frac{\sum x^2 - \frac{(\sum x)^2}{n}}{n-1}} \times 100\% \qquad (3\text{--}10)$$

式中：CV——毛羽指数的变异系数；

x——个体试样绞纱的毛羽指数；

$\bar{x}$——x的平均数；

n——试样数。

按数值修约规则，将实验结果修约至三位有效数字。根据测试结果，对纱线进行评级。

（本实验技术依据：FZ/T 01086—2020《纺织品　纱线毛羽测定方法　投影计数法》）

思 考 题

1. 测试纱线毛羽有何实际意义？
2. 纱线毛羽对产品风格有何影响？

第四节　纱线强伸性测试

一、实验目的与要求

通过实验，掌握纱线强伸性的测试方法、表达指标和实验数据的处理方法，巩固纱线强伸性指标的概念，掌握单纱强力机的结构和操作方法，了解纱线强伸性的测试原理和影响实验结果的因素。

二、实验仪器与试样材料

实验仪器：YG023A型全自动单纱强力机。

试样材料：不同品种的纱线。

三、仪器结构与测试原理

1. 仪器结构

YG023A型全自动单纱强力机结构如图3-4所示。

2. 测试原理

本实验采用的YG023A型全自动单纱强力机，属于等速牵引强力实验机。该强力机采用测力传感器，将试样所受力转变成电信号，经放大得到与受力大小呈正比的信号，显示负荷值与断裂强力。试样被拉伸后形成的变形量通过计数电路显示为试样的变形量和断裂伸长。

四、检测方法与操作步骤

（一）试样准备

按规定的方法要求进行取样，单种纱线应测试100根，并根据GB/T 6529—2008《纺织品　调湿和试验用标准大气》规定的要求进行预调湿和调湿。

（二）操作步骤

（1）打开强力仪，测试前将仪器预热10min。

（2）设置实验参数。

① 隔距长度。隔距一般采用500mm，伸长率大的选择250mm。通常为500mm，特殊情况（如试样的平均断裂伸长率大于50%）为250mm。

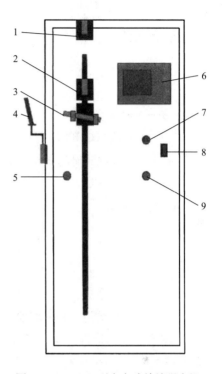

图3-4　YG023A型全自动单纱强力机

1—上夹持器　2—下夹持器　3—张力调整器
4—纱锭杆　5—上夹持器夹紧按钮　6—控制面板
7—夹持器释放按钮　8—电源开关　9—拉伸开关

② 拉伸速度。当隔距为500mm时，拉伸速率选择500mm/min；当隔距为250mm时，拉伸速率选择250mm/min。

③ 预加张力。调湿试样为（0.5±0.10）cN/tex，湿态试样为（0.25±0.05）cN/tex，变形纱预加张力查询标准GB/T 3916—2013。

（3）将纱线经过导纱器进入上、下夹持器钳口后先夹紧上夹持器，然后夹紧下夹持器，按拉伸开关进行测试，获得实验数据。

五、检测结果

经过测试可以获得纱线单次的断裂强力和伸长率值，根据下列公式进行计算和分析，获得平均断裂强力，断裂强度、平均断裂伸长率、断裂强力、伸长的标准差（均方差）及变异系数。

1. 平均断裂强力

$$平均断裂强力\,(cN)=\frac{强力观测值总和}{实验总次数} \tag{3-11}$$

2. 平均断裂伸长率

$$平均断裂伸长率=\frac{伸长观测值总和（mm）}{实验次数×名义隔距长度（mm）}×100\% \tag{3-12}$$

3. 标准差

$$S=\sqrt{\frac{\sum(x-\bar{x})^2}{n-1}} \tag{3-13}$$

式中：S——标准差；

x——伸长的观测值；

$\bar{x}$——全部观测值的平均值；

n——实验次数。

4. 变异系数

$$CV=\frac{S}{\bar{x}}×100\% \tag{3-14}$$

式中：S——标准差；

CV——变异系数；

$\bar{x}$——全部观测值的平均值。

（本实验技术依据：GB/T 3916—2013《纺织品　卷装纱　单根纱线断裂强力和断裂伸长率》）

思 考 题

1. 影响纱线强伸性测定的因素有哪些？
2. 纱线强伸性实验中，拉伸速度与加持隔距之间的关系是什么？

第五节　纱线外观质量黑板检验法测试

一、实验目的与要求

通过实验，掌握纱线外观质量黑板检验法，了解黑板检测纱线均匀度的测试原理，对纱线粗节、细节、棉结的界定有一定感性认识。

二、实验仪器与试样材料

实验仪器：摇黑板机、评等台、黑板（25cm×18cm×0.2cm）、纱线条干均匀度标准样照、浅蓝色底板纸、黑色压片。

试样材料：管纱。

三、测试原理与评等规则

（一）测试原理

黑板检验法又称目光检验法，是纱线粗细（直径投影）均匀度的评定方法。它是将纱线按规定密度均匀地绕在规定规格的黑板上，然后将黑板放在标准照明条件下，间隔规定距离，用目光与相应的标准样照进行对比，确定纱线的品等。

该法检测的是纱线的外观质量。不同种类的纱线，其外观质量的内涵略有不同。评等以纱线的条干总均匀度（粗节、阴影、严重疵点、规律性不匀）和棉结杂质程度为主要依据。如图3-5所示为摇黑板机，图3-6为黑板条干均匀度评级样照。

图3-5　摇黑板机

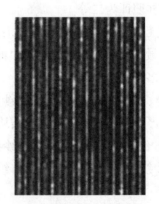

(a) 梳棉本色单纱一级　　　　(b) 梳棉本色单纱优级

图3-6　黑板条干均匀度评级样照

（二）评等规则

标准样照按纱线品种分成两大类：纯棉及棉与化纤混纺，化纤纯纺及化纤与化纤混纺。纯棉类有6组标准样照，化纤类有5组标准样照，每组3张，分设A、B、C三等。各种不同类型及粗细纱线按表3-5选用标准样照。

表3-5 标准样照选用表

纱线类别	线密度/tex	样照组别	绕纱密度/(根·cm^{-1})	标准样照类型			
				A等	B等	B等	C等
				优等条干	一等条干	优等条干	一等条干
纯棉及棉与化纤混纺	5～7	1	19	精梳纯棉纱 精梳棉与化纤混纺纱 梳棉股线 棉与化纤混纺股线		梳棉纯棉纱 梳棉与化纤混纺纱 维纶纯纺纱	
	8～10	2	15				
	11～15	3	13				
	16～20	4	11				
	21～34	5	9				
	36～98	6	7				
化纤纯纺及化纤与化纤混纺	8～10	1	15	化纤纯纺纱 化纤与化纤混纺股线		化纤与化纤混纺纱	
	11～15	2	13				
	16～20	3	11				
	21～34	4	9				
	36～98	5	7				

纱线的条干等级评定分为四个等级，即优等、一等、二等和三等。评等时以黑板的条干总均匀度与棉结杂质程度对比标准样照，作为评等的主要依据，具体如下：

（1）对比结果好于或等于优等样照（无大棉结）评为优等；好于或等于一等样照评为一等；差于一等样照评为二等。

（2）黑板上的粗节、阴影不可互相抵消，以最低一项评定；棉结杂质和条干均匀度不可互相抵消，以最低一项评定；优等板中棉结杂质总数多于样照时，即降等；一等板中棉结杂质总数显著多于样照，即降等。

（3）粗节从严、阴影从宽，但针织用纱粗节从宽、阴影从严；粗节粗度从严，数量从宽；阴影深度从严，总面积从宽；大棉结从严，总粒数从宽。

应考核实际纱线粗细和标准样照上纱线粗细的差异程度，根据实际纱线粗细极差与标准样照上纱线粗细极差比较评定。纱线各类条干不匀类别、具体特征及规定见表3-6。

表3-6 纱线条干不匀评等规定

不匀类别	具体特征	评等规定
粗节	纱线投影宽度比正常纱线直径粗	粗节部分粗于样照，即降等
		粗节数量多于样照时，即降等；但普遍细、短于样照时，不降等
		粗节虽少于样照，但显著粗于样照时，即降等

不匀类别	具体特征	评等规定
阴影	较多直径偏细的纱线在板面上形成较阴暗的块状	阴影普遍深于样照时，即降等
		阴影深浅相当于样照，若总面积显著大于样照，即降等；阴影总面积虽大，但浅于样照，则不降等
		阴影总面积虽小于样照，但显著深于样照，即降等
严重疵点	严重粗节	直径粗于原纱1～2倍，长5cm及以上粗节，评为二等
	严重细节	直径细于原纱0.5倍，长10cm及以上细节，评为二等
	竹节	直径粗于原纱2倍及以上，长1.5cm及以上节疵，评为二等
规律性不匀	一般规律性不匀	纱线条干粗细不匀并形成规律，占板面1/2及以上，评为二等
	严重规律性不匀	满板呈规律性不匀，其阴影深度普遍深于一等样照最深的阴影，评为三等
阴阳板	板面上纱线有明显粗细的分界线	评为二等
大棉结	比棉纱直径大3倍及以上的棉结	一等纱的大棉结根据产品标准另做规定

四、检测方法与操作步骤

（一）试样准备

每个品种纱线检验一份试样，每份试样取10个卷装，每个卷装摇一块黑板，共检验10块黑板。

（二）操作步骤

（1）调整摇黑板机，根据纱线品种及粗细，调节黑板机的绕纱间距，参照表3–5，使绕纱密度达到规定要求，密度允差±10%。

（2）把黑板装入摇黑板机的左右夹内，将纱线从纱管中引出，经导纱装置、张力机构，缠绕在黑板侧缝中。

（3）按启动按钮，纱线均匀地绕在黑板上，取下黑板。若绕纱密度不均匀，可用挑针手工修整。

（4）在检验室内，将黑板与标准样照放在规定位置，检验者站在距离黑板（1±0.1）m处，视线与黑板中心应水平。

（5）将试样黑板与标准样照对比，根据样板总体外观情况初步确定对比的样照级别，再结合表3–6评等规定条文，逐块评定纱线外观质量等级。

五、检测结果

列出10块黑板优等、一等、二等、三等的比例，按不低于70%的比例确定该批试样外观质量等级。例如，某批试样的10块黑板的评定结果为优等：一等：二等=4：3：3，则该批试样的外观质量等级评定为一等。

（本实验技术依据：GB/T 9996.1—2008《棉及化纤纯纺、混纺纱线外观质量黑板检验法 第1部分：综合评定法》）

思 考 题

1. 黑板条干均匀度检验法与切断称重法、电容式条干均匀度仪法相比有何优缺点？
2. 黑板条干不匀与电容式条干不匀有何异同？
3. 黑板条干等级评定的依据是什么？

参考文献

［1］奚柏君，葛烨倩，韩潇，等. 纺织服装材料实验教程［M］. 北京：中国纺织出版社，2019.

［2］张海霞，宗亚宁. 纺织材料学实验［M］. 上海：东华大学出版社，2015.

第四章　织物结构与性能测试

第一节　织物长度、幅宽、厚度测试

一、实验目的与要求

通过实验，掌握织物长度、幅宽和厚度的测试方法与计算方法，了解测试仪器的结构与原理以及影响实验结果的因素。

二、实验仪器与试样材料

实验仪器：钢尺、测量桌、铅笔、YG141型织物厚度测试仪及附件、剪刀等。

试样材料：机织物若干。

三、仪器结构与测试原理

1. 仪器结构

YG141型织物厚度仪如图4-1所示。

2. 测试原理

在标准大气条件下，将松弛状态下的织物试样置于光滑平面上，使用钢尺测定织物的长度和幅宽。必要时织物长度可分段测定，各段长度之和即为试样总长度。

YG141型织物厚度测试仪采用电动升降、杠杆配重平衡、直接加压、自动计时、百分表读数，能自动连续测量织物厚度。将试样放置在参考板上，平行于该板的压脚将规定压力施于试样规定面积上，规定时间后测定并记录两板间的垂直距离即为试样厚度测量值。

图4-1　YG141型织物厚度仪

四、检测方法与操作步骤

（一）织物长度测试

试样应平铺于测量桌上，被测试样可以是全幅织物、对折织物或管状织物，在该平面内避免织物的扭变。

1. 方法一

整段织物首先放在标准大气中调湿，使织物处于松弛状态至少24h。测定的位置线为：对全幅织物顺着离织物边缘1/4幅宽处的两条线进行测量，并用铅笔做标记，对中间对折的织物分别在织物的两个半幅上各顺着织物边缘与折叠线间约1/2部位的线进行测量并做标记。要求每次的测量结果精确到1mm。

如果整段织物不能放在试验用标准大气中调湿，也需使织物处于松弛状态，然后进行测量。短于1m的试样应使用钢尺平行其纵向边缘测定（精确至0.001m），在织物幅宽方向的不同位置重复测定试样全长共3次。对于长于1m的试样，在织物边缘处做标记，每隔1m距离处做标记，连续标记整段试样，并用钢尺测定最终剩余的不足1m的长度。试样总长度是各段织物长度的和。

2. 方法二

用钢尺测量折幅长度。对公称匹长不超过120m的应均匀地测量10次，公称匹长超过120m的应均匀地测量15次，测量精确至1mm。求出折幅长度的平均数，然后计数整段织物的折数并测量其剩余不足1m的实际长度，按下式计算匹长：

$$匹长（m）= 实际折幅长度 \times 折数 + 不足1m的实际长度 \qquad (4-1)$$

（二）织物幅宽测试

试样应平铺于测量桌上。被测试样可以是全幅织物、对折织物或管状织物，在该平面内避免织物的扭变。

织物幅宽为织物最靠外的两边间的垂直距离。对折织物幅宽为对折线至双层外端垂直距离的2倍。

整段织物放在实验用标准大气中调湿，使织物处于松弛状态至少24h。然后以接近相等的间隔（不超过10m）测量织物的幅宽。当试样长度≤5m时，测量5次；当试样长度≤20m时，测量10次；当试样长度>20m时，至少测量10次。测量间距为2m，求出平均值即为该织物的幅宽。测量位置至少离织物头尾端1m。

如果织物的双层外端不齐，应从折叠线测量到与其距离最短的一端，并在报告中注明。当管状织物是规则的且边缘平齐，其幅宽是两端间的垂直距离。

整段织物不能放在实验用标准大气中调湿时，也需使织物处于松弛状态，然后进行测量。

（三）织物厚度测试

1. 试样准备

测定部位应在距布边150mm以上区域内按阶梯形均匀排布，各测定点都不在相同的纵向和横向位置上，且应避开影响实验结果的疵点和折皱。对易于变形或有可能影响实验操作的样品，如某些针织物、非织造布或宽幅织物等，应按表4-1裁取足够数量的试样，试样尺寸不小于压脚尺寸。

实验前样品或试样应在松弛状态下于标准大气中调湿平衡，通常需调湿16h以上，合成纤维样品至少平衡2h，公定回潮率为零的样品可直接测定。

2. 仪器调整

（1）清洁仪器基准板和压脚测杆轴，使之不沾有任何灰尘和纤维，检查压脚轴的运动灵活性。

表4-1　压脚的主要技术参数参考表

样品类别	压脚面积/mm²	加压压力/kPa	加压时间/s	最小测定数量/次	说明
普通类	200±20（推荐）、100±1、10000±100（推荐面积不适宜时再从另两种面积中选用）	1±0.01	30±5（常规10±2，非织造布按常规）	5（非织造布及土工布10）	土工布在2kPa时为常规厚度，其他压力下的厚度按需要测定
		非织造布0.5±0.01			
		土工布2±0.01、20±0.1、200±1			
毛绒类疏软类		0.1±0.001			
蓬松类	20000±100、40000±200	0.02±0.0005			厚度超过20mm的样品也可使用蓬松类压脚尺寸

注　1.不属毛绒类、疏软类、蓬松类的样品，均归入普通类。
　　2.选用其他参数需经有关各方同意。例如，根据需要，非织造布或土工布压脚面积也可选用2500mm²，但应注明。
　　3.选压时间时，其选定时间延长20%后厚度应无明显变化。

（2）根据被测织物的种类更换压脚上加压重块（压脚面积和压重块按表4-2及表4-3选择）。对于表面呈凹凸不平有花纹结构的样品，压脚直径应不小于花纹循环长度，如需要，可选用较小压脚分别测定并报告凹凸部位的厚度。

表4-2　压脚的主要技术参数参考表

压脚面积/mm²	压脚直径/mm	适用织物厚度/mm	压脚面积/mm²	压脚直径/mm	适用织物厚度/mm
50	7.98	1.60	2500	56.43	11.29
100	11.28	2.26	5000	79.80	15.96
500	25.22	5.04	10000	112.84	22.57
1000	35.68	7.14			

表4-3　各类织物的压力推荐值

织物类型	压力/（cN·cm⁻²）	织物类型	压力/（cN·cm⁻²）
毡子、绒头织物	25	丝织物	2050
针织物	1020	棉织物	50, 100
粗纺毛织物	1020	粗布、帆布类织物	100
精纺毛织物	2050		

（3）根据需要将压重时间开关拨至"10s"或"30s"，实验次数开关拨至"单次"或"连续"。

（4）接通电源，电源指示灯亮，按"开"按钮，仪器动作。

（5）调整百分表的零位，若零位差在0.2mm以上，可用百分表下部露出的$\phi8$滚花螺钉进行调整，待差不多时，转动百分表外壳进行微调。调好零位空试几次，待零位稳定后再正式测试织物。在空试零位时零位漂移不超过±0.005mm，即可进行测试。

3. 操作步骤

（1）按"开"按钮，当压脚升起时，把被测织物试样在无皱折、无张力的情况下放置在基准板上。

（2）在压脚压住被测织物试样30s（或10s）时，读数指示灯自动闪亮，尽快读出百分表上所示厚度数值并做好记录。如指示灯不亮则读数无效。

（3）采用"连续"测试时，读数指示灯熄灭后，压脚即自动上升、自动进行下一次测试。采用"单次"测试时压脚不再往复运动。

（4）利用压脚上升和再落下的间隙时间可调整被测试样的测试部位。测试部位离布边大于150mm，并按阶梯形均匀排布各测试点，都不在相同的纵向和横向位置。

（5）测试完毕取出被测织物试样，在压脚回复至初始位置（即与基准板贴合）时关掉电源。

五、检测结果

1. 织物长度

织物长度用测试值的平均数表示，单位为米（m），精确至0.01m。如果需要，计算其变异系数（精确至1%）和95%置信区间（精确至0.01m），或者给出单个测试数据，单位为米（m），精确至0.01m。

如果在普通大气条件下测量，需用修正方法加以修正。可在实验用标准大气条件下对织物松弛的一部分（剪下或不剪下均可）进行测量，再按下式修正计算：

$$L_c = L_r \times \frac{L_{sc}}{L_s} \qquad (4-2)$$

式中：L_c——调湿后的织物长度，m；

$\quad\ L_r$——普通大气条件下测得的织物长度，m；

$\quad\ L_{sc}$——调湿后织物所做标记间的平均尺寸，m；

$\quad\ L_s$——调湿前织物所做标记间的平均尺寸，m。

2. 织物幅宽

织物幅宽用测试值的平均数表示，单位为米（m），精确至0.01m。如果需要，计算其变异系（精确至1%）和95%置信区间（精确至0.01m）。

如果在普通大气条件下测定，需用修正方法加以修正。可在实验用标准大气条件下对织物松弛的一部分（剪下或不剪下均可）进行测量，再按下式修正计算：

$$W_c = W_r \times \frac{W_{sc}}{W_s} \qquad (4-3)$$

式中：W_c——调湿后的织物幅宽，m；

W_r——普通大气下测得的织物幅宽，m；

W_{sc}——调湿后织物标记处的平均幅宽，m；

W_s——调湿前织物标记处的平均幅宽，m。

3. 织物厚度

计算所测织物厚度的算术平均值（修约至0.01mm）和变异系数CV（%）（修约至0.1%）。

（本实验技术依据：GB/T 4666—2009《纺织品 织物长度和幅宽的测定》和GB/T 3820—1997《纺织品和纺织制品厚度的测定》）

思 考 题

1. 机织物长度和幅宽的定义是什么？
2. 测定长度和幅宽时如何确定修正系数？
3. 织物厚度测试中应注意哪些问题？

第二节 机织物密度与紧度测试

一、实验目的与要求

通过实验，掌握机织物密度的测试方法和紧度的计算方法，并比较不同机织物的紧密程度。

二、实验仪器与试样材料

实验仪器：Y511型织物密度分析计、钢尺、剪刀、分析针。

试样材料：机织物若干。

三、仪器结构与测试原理

1. 仪器结构

Y511型织物密度分析计的结构如图4-2所示。

2. 测试原理

机织物经、纬密度是指织物纬向或经向单位长度内经纱或纬纱根数，一般以10cm长度内经纱或纬纱根数表示。使用Y511型移动式织物密度分析计测定织物经向或纬向一定长度内的纱线根数，并折算成10cm长度内的纱线根数。

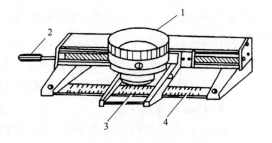

图4-2 Y511型织物密度分析计

1—放大镜 2—转动螺杆 3—刻度线 4—刻度尺

织物密度只能对纱线粗细相同的织物间进行比较。紧度是用纱线特（支）数和密度求得的相对指标，借此可对纱线粗细不同的织物间进行紧密程度的比较。织物密度和紧度的大小直接影响织物的外观、手感、厚度、强力、透气性、保暖性和耐磨性等性能。

四、检测方法与操作步骤

（一）试样准备

将要检测的试样放在标准大气中调湿24h，把试样放在测量平台上，在距头尾至少5m处选择测定位置。纬密在每匹不同经向至少测定5次，经密在每匹的全幅范围内同一纬向不同位置至少测定5次（离开布边至少3cm），以保证有足够的代表性。每一处的最小测定距离按表4-4进行。

表4-4　密度测试时的最小测定距离

密度/（根·cm^{-1}）	<10	10 ~ 25	26 ~ 40	>40
最小测定距离/cm	10	5	3	2

用于工厂内部作为质量控制等的常规实验可在普通大气中进行。幅宽在114cm及以下的织物经密测定次数可减至3次，纬密测定次数可为4次。

（二）操作步骤

1. 直接测数法

（1）移动式织物密度计测定法。实验时转动织物密度计的螺杆，使刻度线与刻度尺上的零位线对齐。将织物密度计平放在织物上，所选测定部位处刻度尺沿经纱或纬纱方向，将零位线放置在两根纱线的中间位置。用手缓慢转动螺杆，计数刻度线所通过的纱线根数，直至刻度线与刻度尺的50mm处对齐，即可得出织物5cm内的纱线根数，再折算成10cm长度内所含纱线的根数。

计数经纱或纬纱需精确至0.5根，如终点落在纱线中间，则最后一根纱作0.5根计；如不足0.25根，则不计；0.25 ~ 0.75根，作0.5根计；0.75根以上，作1根计。

对机织物，应将测得一定长度内纱线的根数，再求出算术平均数。密度计算精确至0.01根，然后按数字修约规则进行修约。

（2）织物分解点数法。不能用密度镜数出纱线根数时，可按规定的测定次数在织物的适当部位剪下长、宽略大于最小测定距离的试样。在试样的边部拆去部分纱线，再用钢尺测量，使试样长、宽各达规定的最小测定距离，允许误差0.5根纱。然后对准备好的试样逐根拆点根数，将测得的一定长度内的纱线根数折算成10cm长度内所含纱线的根数，并分别求出算术平均值。密度计算精确至0.01根，然后按数值修约规则进行修约。

2. 间接推算法

间接推算法适用于检点密度大的或纱线特数低的高密度规则组织的织物。首先检出组织循环的经纱数和纬纱数，分别乘以10cm长度的组织循环数，所得的积加上不足一循环的尾数即为织物的经（纬）密度。然后按规定求出经向和纬向密度的算术平均数。

五、检测结果

根据所给织物试样中经、纬纱线的线密度和测得的经、纬向密度计算织物紧度。

1. 经向紧度 E_j

$$E_j = d_j \times P_j \qquad\qquad (4-4)$$

式中：E_j——经向紧度，%；

$\quad\quad d_j$——经纱直径，mm；

$\quad\quad P_j$——经纱密度，根/10cm。

2. 纬向紧度 E_w

$$E_w = d_w \times P_w \qquad\qquad (4-5)$$

式中：E_w——纬向紧度，%；

$\quad\quad d_w$——纬纱直径，mm；

$\quad\quad P_w$——纬纱密度，根/10cm。

3. 总紧度 E

$$E = E_j + E_w - 0.01 E_j E_w \qquad\qquad (4-6)$$

4. 纱线直径 d

$$d = 0.0357 \sqrt{\frac{Tt}{\delta}} \qquad\qquad (4-7)$$

式中：d——纱线直径，mm；

$\quad\quad$ Tt——经（纬）纱线的线密度，tex；

$\quad\quad \delta$——经（纬）纱线的体积质量，g/cm³。

以上是在纱线呈圆柱形的情况下，没有考虑由于经纬纱在织物中相互挤压而产生的变形，因此所得的结果只是近似值。在计算紧度时通常经纬纱的紧度小于或等于100%，若大于100%，则说明织物中纱线有重叠。

（本实验技术依据：GB/T 4668—1995《机织物密度的测定》）

思 考 题

1. 织物密度与紧度有何异同？两者的关系是什么？
2. 织物密度有几种测定方法？各有什么特点？
3. 密度测定中为什么要规定最小测量距离？

第三节　针织物密度与线圈长度的测试

一、实验目的与要求

通过实验，了解仪器操作要领，掌握针织物线圈密度和线圈长度的测试方法。

二、实验仪器与试样材料

实验仪器：量尺，Y511B型或Y511C型密度分析镜或塑料玻璃板（内框边长10cm，外边长15cm），纱线长度测量仪。

试样材料：不小于15cm×15cm的针织物若干。

三、测试原理

针织物密度是指针织物单位面积的线圈总数（圈数/100cm^2）。针织物线圈长度是指每个线圈的纱线长度（mm）。

四、检测方法与操作步骤

（一）试样准备

将要检测的试样放在标准大气下调湿24h，然后把试样无拉伸地平放在测量平台上。

（二）操作步骤

1. 针织物密度测量

将移动式放大镜平放在织物上，所选测定部位处刻度尺沿横列或纵行方向。将零位线与线圈横列平行，用手缓慢转动螺杆，计数刻度线所通过的线圈数，直至刻度线与刻度尺的50mm处对齐，即可得出织物50mm内的线圈数，再折算成10cm长度内所含线圈横列数h，即为针织物横列密度。在试样不同位置上测量5次，求取平均值。用同样的方法对线圈纵行进行测量得到纵行线圈数Z。

$$线圈密度 = h \times Z \qquad (4-8)$$

2. 针织物线圈长度测量

在试样的适当区域内数100个线圈纵行并做好标记。将标记好的纱线逐根拆下并在纱线长度测量仪上测量标记间的伸直长度，该长度与线圈横列数的比值即为线圈长度。

当编织该针织物的进线路数已知时，测试次数为进线路数的3倍，并且用同一路编织而成的线圈至少要测量3处；当编织该织物的进线路数未知时，测试次数至少为一个完全组织各路进线路数的3倍。

测量伸直长度时的张力，短纤维纱采用相当于纱长250m的重力，普通长丝为2.94cN/tex，变形丝为8.82cN/tex。

五、检测结果

要求计算5次测量的线圈密度的算术平均值（圈数/100cm^2）或横列、纵行线圈数的算术平均值（圈数/10cm）。

对于双罗纹等组织的针织物，横列、纵行线圈数应为实测圈数的2倍。测量时读数保留到0.5个线圈。最后计算结果精确到0.5个线圈。线圈长度值最后计算结果精确到一位小数。

（本实验技术依据：FZ/T 70002—1991《针织物线圈密度测量法》）

思 考 题
---

1. 针织物基本组织有哪些？各有什么特点？
2. 不同的线圈密度与织物风格有什么关系？与用纱量有什么关系？

第四节 织物单位面积质量测试

一、实验目的与要求

通过实验，熟悉织物单位面积质量的测试方法，掌握织物平方米质量的计算方法和影响因素。

二、实验仪器与试样材料

实验仪器：钢尺、剪刀、天平、工作台、切割器、通风式干燥箱、干燥器。

试样材料：机织物若干。

三、测试原理

将织物按规定尺寸剪取试样放入干燥箱内，干燥至衡定重量后称重，计算单位面积干燥质量，再结合公定回潮率计算单位面积公定质量。

四、检测方法与操作步骤

（一）试样准备

试样在标准大气中调湿24h使之达到平衡。把调湿过的样品放在工作台上在适当的位置使用切割器切割10cm×10cm的方形试样或面积为10cm²的圆形试样5块。对于大花型织物，当其中含有质量明显不同的局部区域时，要选用包含此花型完全组织整数倍的样品，然后测量样品的长度、宽度和质量，并计算单位面积质量。

（二）操作步骤

1. 干燥

将所有试样一并放入通风式干燥箱的称量容器内，在（105±3）℃下干燥至恒定质量（以至少20min为间隔连续称量试样，直至两次称量的质量之差不超过后一次称量质量的0.2%）。

2. 称量

称量试样的质量精确至0.01g。

五、检测结果

1. 单位面积干燥质量

$$m_{dua} = \frac{m}{S}$$

（4-9）

式中：m_{dua}——试样的单位面积干燥质量，g/m^2；

   m——试样的干燥质量，g；

   S——试样的面积，m^2。

计算求得5块试样的测试结果及其平均值。

2. 单位面积公定质量

$$m_{rua}=m_{dua}[A_1(1+R_1)+A_2(1+R_2)+\cdots+A_n(1+R_n)] \qquad (4-10)$$

式中： m_{rua}——试样的单位面积公定质量，g/m^2；

$A_1, A_2, \cdots, A_n$——试样中各组分纤维按净干质量计算得到的质量分数；

$R_1, R_2, \cdots, R_n$——试样中各组分纤维的公定回潮率，%。

（本实验技术依据：GB/T 4669—2008《纺织品 机织物 单位长度质量和单位面积质量的测定》）

思 考 题

1. 什么是织物单位面积质量？
2. 实验过程中影响织物单位面积质量的因素有哪些？

第五节　织物缩水率测试

一、实验目的与要求

通过实验掌握织物缩水率的各种测试方法。

二、实验仪器与试样材料

实验仪器：织物缩水率试验机、水浴箱、试样盘、钢尺、缝线、铅笔、陪洗织物[由若干块双层涤纶针织物组成，尺寸为（20±4）cm×（20±4）cm，每块质量为（50±5）g]。

试样材料：织物若干。

三、仪器结构和测试原理

缩水率是表示织物浸水或洗涤干燥后织物尺寸产生变化的指标，它是织物重要的服用性能之一。缩水率的大小对成衣或其他纺织品的规格影响很大，特别是对容易吸湿膨胀的纤维织物。

（一）静态浸渍法

静态浸渍法适用于测定各种真丝及仿真丝机织物和针织物、其他纤维制成的高档薄型织物经静态浸渍后的尺寸变化率。

从样品上裁取试样经调湿后在规定条件下测量其标记尺寸，然后经过温水或皂液静态浸渍，干燥后再次测量原标记的尺寸，计算长度和宽度方向的尺寸变化率。

皂液中每升含中性皂片1g，皂片含水率不得大于5%，成分含量按干重计并符合下列要求：

游离碱按碳酸钠计不大于3g/kg，游离碱按氢氧化钠计不大于1g/kg，脂肪物质总含量不小于850g/kg。

（二）温和式家庭洗涤法

温和式家庭洗涤法适用于服用或装饰用机织纯毛、毛混纺和毛型化纤织物。

1. 仪器结构

全自动缩水率实验机主要由主机、电气控制箱和操作面板三个部分组成，其外形如图4-3所示。

2. 测试原理

将规定尺寸的试样经规定的温和家庭方式洗涤后，按洗涤前后的尺寸计算经向或纬向的尺寸变化率、缝口的尺寸变化率及经向或纬向的尺寸变化与缝口尺寸变化的差异。

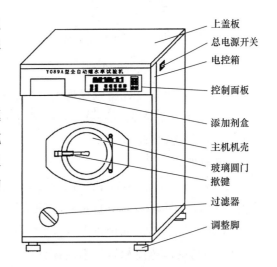

上盖板
总电源开关
电控箱
控制面板
添加剂盒
主机机壳
玻璃圆门
揿键
过滤器
调整脚

图4-3 全自动缩水率实验机

四、检测方法与操作步骤

（一）静态浸渍法

1. 试样准备

试样应尽可能选择有代表的样品，试样能代表整个织物的幅宽，不可取距布端1m以内的试样。幅宽大于120cm的织物至少测试一块试样，每块试样至少剪取500mm×500mm，各边应与织物长度及宽度方向相平行，长度及宽度方向分别用不褪色墨水或带色细线各做3对标记，每对标记间距离为350mm，如图4-4所示。如果幅宽小于500mm，可采用全幅试样，长度方向至少500mm；必要时也可采用250mm×250mm尺寸的试样。幅宽小于500mm的织物做标记方法可按图4-5的规定。

将试样放在标准大气中进行调湿，再将试样无张力地平放在试验台上，测量并记录每对标记间的距离，精确至1mm。

2. 操作步骤

（1）根据产品标准有关规定，选择甲法或乙法浸水后晾干。乙法是将实验机恒温水浴箱注入乙液（即上文中的皂液），要求试样全部浸于实验溶液中，升温至（40±3）℃，然后将测量后的试样逐块放在试样盘（网）上，每盘（网）放1块试样，使试样浸没在（40±3）℃的溶液中，待30min后取出试样，用40℃温水漂去皂液，将试样夹在平整的干布中轻压，吸去水分，再将试样置于平台上摊开铺平，用手除去折皱（注意不要使其伸长或变形），然后晾干。甲法是用清水代替乙液，其他与乙法相同。

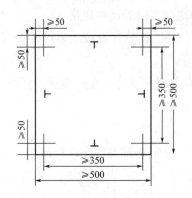

图4-4 宽幅织物试样的测量点标记及尺寸
（单位：mm）

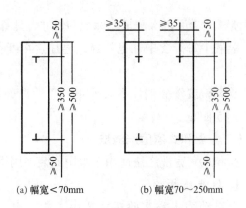

(a) 幅宽＜70mm   (b) 幅宽70～250mm

图4-5 窄幅织物试样的测量点标记及尺寸
（单位：mm）

（2）调湿、测量。先将干燥后的试样放在标准大气中进行调湿，然后将试样无张力地平放在试验台上，测量并记录每对标记间的距离，精确至1mm。

（二）温和式家庭洗涤法

1. 试样准备

（1）裁取500mm×500mm试样1块，分别在试样的经、纬向距布边40mm的一边折一折口并压烫缝合（图4-6）。140g/m²以下织物用9.7tex×3（60英支×3）棉线和14号缝纫针，应调整好缝纫机，使25mm距离内有14个针孔。

（2）用与试样色泽相异的细线在试样经、纬向各做3对标记，折口部位也分别做1对标记。

2. 操作步骤

（1）将试样在标准大气中平铺于工作台上调湿至少24h。

（2）将调湿后的试样无张力地平放在工作台上，依次测量各对标记间的距离，精确到1mm。

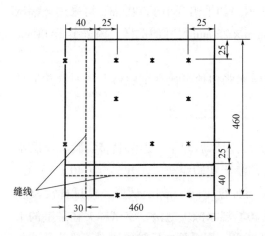

图4-6 温和式家庭洗涤法试样的测量点标记
（单位：mm）

（3）把试样放入全自动缩水率实验机，试样和陪洗织物质量共为1kg，其中试样质量不能超过总质量的一半。实验时加入1g/L的洗涤剂（洗涤剂应在温度为50℃以下的水中充分溶解，在循环开始前加入洗液中）泡沫高度不应超过3cm，水的硬度（以碳酸钙计）不超过5mg/kg。

（4）打开仪器的电源开关，再按"手动/自动"选择键使仪器处于自动洗涤状态（显示屏最左边显示为数字）。

（5）按"程序"键使显示屏中的数码管数字闪动，按"+"键或"-"键选择某一程序作为当前试验洗涤流程，选定后按"确定"键退出。

根据试样的纤维性质选择不同的洗涤程序，如：未经特殊整理的漂白棉和亚麻织物选程序"1A"；未经特殊整理的棉、亚麻或黏胶织物选程序"2A"；漂白尼龙、漂白涤/棉混纺织物选程序"3A"；经特殊整理的棉和黏胶织物染色锦纶、涤纶、腈纶混纺织物染色涤纶混纺织物选程序"4A"；棉、亚麻或黏胶织物选程序"5A"；丙烯腈、醋酯纤维和三醋酯纤维以及羊毛的混纺织物涤/毛混纺织物选程序"6A"；羊毛或羊毛与棉或黏胶混纺织物（包括毡毯）/丝绸选程序"7A"；丝绸和印花醋纤织物选程序"8A"；经过特殊整理能耐沸煮但干燥方法需滴干的织物仿手洗（模拟手工洗涤不能耐机械洗涤的织物）选程序"9A"。

（6）按"启动/停止"键仪器即按选定的程序开始工作，并在显示屏上显示工作状态，提示程序执行的工作进程。

（7）程序运行完毕，状态显示为屏暗，讯响器发出讯响，该实验流程执行完毕。若要提前结束讯响按任意键即可。

（8）取出试样，使试样无张力地平放在工作台上，置于室内自然晾干或把试样放入烘箱内烘干［把试样放在烘箱内的筛网上摊平，用手除去折皱，注意不要使其伸长或变形，烘箱温度为（60±5）℃］。

（9）按步骤（1）和（2），重新调湿并测量干燥后的试样上各对标记间的距离。

五、检测结果

分别计算试样长度方向（经向或纵向）、宽度方向（纬向或横向）的原始尺寸和最终尺寸的平均值（精确至1mm）及尺寸变化占原始尺寸平均值的百分率（精确至0.1%）。

$$尺寸变化率 = \frac{L_1 - L_0}{L_0} \times 100\% \qquad (4-11)$$

式中：L_0——实验前测量的两标记间距离，mm；

L_1——实验后测量的两标记间距离，mm。

实验结果以负号（－）表示尺寸减小（收缩），正号（＋）表示尺寸增加（伸长）。

（本实验技术依据：GB/T 8628—2013《纺织品　测定尺寸变化的试验中织物试样和服装的准备、标记及测量》，GB/T 8629—2017《纺织品　试验用家庭洗涤和干燥程序》，GB/T 8630—2013《纺织品　洗涤和干燥后尺寸变化的测定》，GB/T 8631—2001《纺织品　织物因冷水浸渍而引起的尺寸变化的测定》）

<hr>

思 考 题

1. 织物的尺寸变化率测试方法有哪些？
2. 影响织物尺寸变化率的因素有哪些？

第六节　织物强伸性能测试

一、实验目的与要求

通过实验熟悉织物强伸性能的测试方法，掌握织物强力试验机的结构与操作方法，了解影响实验结果的各种因素。

二、实验仪器与试样材料

实验仪器：HD026N型电子织物强力仪、钢尺、剪刀等。

试样材料：不同种类机织物。

三、仪器结构与测试原理

（一）仪器结构

HD026N型电子织物强力仪由主机（传动机构、强力测试机构、伸长测试机构）、控制箱、打印机等部分组成，如图4-7所示。

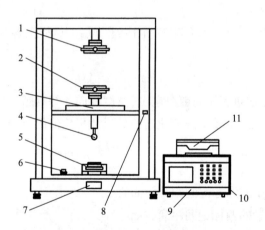

图4-7　HD026N型电子织物强力仪

1—上夹持器　2—下夹持器　3—传感器　4—顶破金属　5—顶破夹持器座　6—水平泡　7—产品铭牌
8—启动按钮　9—控制箱　10—电源开关　11—打印机

（二）测试原理

将一定规格尺寸的试样按一定的方法夹在上、下夹持器上，下夹持器以恒定的速度下降直到把试样拉断，得到最大强力和伸长率，并计算试样的最大强度。

四、检测方法与操作步骤

（一）试样准备

在每批棉本色布整理后成包前的布匹中随机取样，其数量不少于总匹数的0.5%，并不得少于3匹。

在所取织物上进行检验布样的剪取，用剪刀剪取长度约40cm（上浆织物为50cm）的检验布样。检验布样必须在进行实验时一次剪取，并立即进行实验，检验布样上不能有表面疵点。用钢尺测量布样尺寸。

在检验布样上剪取实验布条，如图4-8所示，将试样剪成宽6cm（扯去边纱后为5cm）、长30～33cm的实验布条，经向和纬向各5个实验布条。

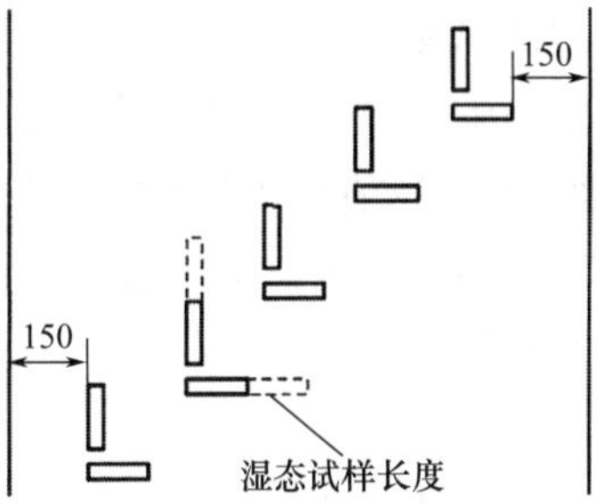

图4-8　样品裁剪样图

（三）操作步骤

（1）校正仪器水平。

（2）检查、设置仪器。连接好主机与控制箱及打印机的连接线，打开电源开关。仪器自检正常后按"设置"键展开菜单，每进行一项参数设置必须按一次"←"键加以确认，然后按"↓"键换下一屏。

实验方式选择"定速拉伸"，总次数为5次，预加张力按表4-5确定。

表4-5　单位面积质量与预加张力的关系

单位面积质量/（g·m^{-2}）	≤200	200～500	>500
预加张力/N	2	5	10

预试1～2条试样，根据织物的断裂伸长率按表4-6设定拉伸实验仪的拉伸速度或伸长速率。

表4-6　断裂伸长率与拉伸速度或伸长速率的关系

断裂伸长率/%	<8	8～75	>75
隔距长度/mm	200	200	100
拉伸速度/（mm·min^{-1}）	20	100	100
伸长速率/（%·min^{-1}）	10	50	100

撕破长度和取值伸长率不设置，日期、时间按当时做实验的时间确定，经、纬向按实验布条的经纬方向确定。

打印方式设置：移动光标"→"选择，然后按"设置"键确认或取消该打印方式。"打印曲线"每次实验均自动打印拉伸曲线图形，"全打印"可打印出每次的测试结果，"结算打印"只打印平均值。一般选择"全打印"或"结算打印"。

以上设置工作结束后按"←"键两次回到"设置主菜单"，再按一次"←"键进入工作状态进行实验操作或按屏幕提示操作。

按屏幕提示按"拉伸"键，仪器即能按预设置定长数值自动校正，使仪器上、下夹持器的实际位置和设置位置一致为止。结束后按"←"键返回主菜单。

（3）测试。将剪好的试样按规定夹入上、下夹持器，按"拉伸"键直到把试样拉断，显示屏上显示本次的测试结果。下夹持器自动返回原来的起始位置自停，打印机打印测试结果。在总次数拉伸结束后仪器自动显示并打印强力平均值（N）、伸长率平均值（%）、断裂功平均值（J）、断裂时间平均值（s）、强力CV值（%）、伸长CV值（%）、断裂功CV值（%）等。若实验布条在夹持器的夹持线钳内断裂或从钳中滑脱，则实验结果无效。若在距钳口5mm内断裂，如钳口断裂值大于5块试样的最小值则保留，否则则舍弃。

五、检测结果

经向、纬向断裂强力各以其算术平均值作为结果，计算结果在100N及以下修约至1N；计算结果大于等于100N且小于1000N的修约至10N；计算结果在1000N以上的修约至100N。

织物强伸性能实验易受温湿度条件的影响，故实验室的温湿度应控制在标准状态下，在此条件下将试样展开平放24h以上，达到一定回潮率再进行测试。但棉纺织厂通常为了迅速完成织物断裂强力的测试可采用快速试验。快速试验时可以在一般温湿度条件下进行，将实测结果根据试样的实际回潮率和温度加以修正。棉布断裂强力修正公式如下：

$$P_0=K \times P \qquad (4-12)$$

式中：P_0——织物修正后的断裂强力（相当于在标准大气条件下织物的断裂强力），N；

K——温度与回潮率对织物断裂强力的修正系数；

P——在非标准大气条件下测得的织物实际断裂强力，N。

经向、纬向断裂伸长率各以其算术平均值作为结果，计算结果精确到小数点后一位。

（本实验技术依据：GB/T 3923.1—2013《纺织品　织物拉伸性能　第1部分：断裂强力和断裂伸长率的测定（条样法）》，FZ/T 10013.2—2011《温度与回潮率对棉及化纤纯纺、混纺制品断裂强力的修正方法　本色布断裂强力的修正方法》）

思 考 题

1. 取样时为什么采用扯边纱条样法？
2. 影响织物拉伸强度的因素有哪些？

第七节　织物顶破性能测试

一、实验目的与要求

通过实验，观察织物顶破的力学特征，掌握织物顶破强力的测试方法，了解影响织物顶破性能的因素。

二、实验仪器与试样材料

实验仪器：HD026N型电子织物强力仪、剪刀、圆形划样板、圆环试样夹。

试样材料：机织物、针织物试样各一种。

三、仪器结构与测试原理

（一）仪器结构

HD026N型电子织物强力仪由主机（传动机构、强力测试机构、伸长测试机构）、控制箱、打印机等部分组成，其结构如图4-7所示。

（二）测试原理

本实验采用钢球法，是利用钢球球面来顶破织物。原理是将裁剪好的圆形试样夹持在固定基座的圆环试样夹内，圆球形顶杆以恒定的移动速度垂直顶向试样使试样，变形直至破裂，测得顶破强力。

四、检测方法与操作步骤

（一）试样准备

将要检测的试样放在标准大气中调湿24h，并裁剪成规定的圆形试样（直径6cm）。试样应具有代表性数量，至少5块，试样区域应避免折叠、折皱、疵点并避开布，边距离布边至少150mm。可以参考图4-9取样。

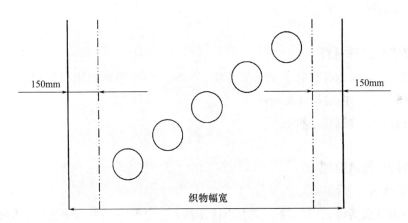

图4-9　顶破样品裁剪样图

（二）操作步骤

（1）仪器调整。选择直径为25mm或38mm的球形顶杆，将球形顶杆和夹持器安装在实验机上保持环形夹持器的中心在顶杆的轴心线上。选择力的量程使输出值在满量程的10%～90%。设置实验方式为顶破拉伸，实验机速度为（300±10）mm/min，上、下夹持器间的距离为450mm。

（2）安装试样。将试样反面朝向，顶杆夹持在夹持器上，保证试样平整、无张力、无折皱。

（3）测试。启动仪器进行顶破实验，待试样完全顶破后记录其最大值作为该试样的顶破强力，以牛顿（N）为单位。如果测试过程中出现纱线从环形夹持器中滑出或试样滑脱的现象，应舍弃该实验结果。

五、检测结果

以5块试样的顶破强力平均值作为实验结果。

（本实验技术依据：GB/T 19976—2005《纺织品　顶破强力的测定　钢球法》）

思 考 题

1. 观察不同品种的织物破裂时裂口的形状。
2. 分析影响织物顶破强力的因素。

第八节　织物撕破性能测试

一、实验目的与要求

通过实验，观察织物的撕破特征，掌握舌形法和梯形法织物撕破强力的测试方法，了解影响织物撕破强力的各种因素。

二、实验仪器与试样材料

实验仪器：HD026N型电子织物强力仪、YG033型落锤式织物撕裂仪、钢尺、挑针、剪刀、张力夹、试样撕裂尺寸样板等。

试样材料：织物试样一种。

三、仪器结构与测试原理

1. 仪器结构

（1）YG033型落锤式织物撕裂仪由小增重锤A、扇形锤、大增重锤B、撕破刀把、动夹钳、固定夹钳等组成，其结构如图4-10所示。

（2）HD026N型电子织物强力仪主要由主机（传动机构、强力测试机构、伸长测试机构）、控制箱、打印机等部分组成，其结构如图4-7所示。

2. 测试原理

织物撕破强力测试可用两种仪器：落锤式织物撕裂仪和电子织物强力仪。

（1）落锤式织物撕裂仪。试样固定在夹具上，将试样切开一个切口释放处于最大势能位置的摆锤，可动夹具离开固定夹具时试样沿切口方向被撕裂，把撕破织物一定长度所做的功换算成撕破力。

（2）电子织物强力仪。将舌形试样的舌片和梯形试样的两条不平行的边分别夹持于上、下夹持器之间，用强力仪拉伸，试样内纱线逐根断裂，试样沿切口线撕破。记录织物撕裂

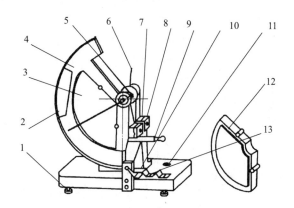

图4-10　YG033型落锤式织物撕裂仪

1—水平调节螺钉　2—力值标尺　3—小增重锤A　4—扇形锤　5—指针调节螺钉　6—动夹钳　7—固定夹钳
8—止脱执手　9—撕破刀把　10—扇形锤挡板　11—水平泡　12—大增重锤B　13—指针挡板

到规定长度的撕破强力，并根据撕裂曲线的峰值计算出最高撕破强力和平均撕破强力。

四、检测方法与操作步骤

（一）试样准备

按有关规定取好试样（每匹剪取长约70cm的样品1份）并进行预调湿、调湿处理。

在距布边1/10幅宽（幅宽在100cm以上的距布边10cm）内采用舌形法（图4-11）、梯形法（图4-12）、落锤法（图4-13）裁剪裁取经向、纬向试样条各5条。试样条上除不得有影响测试结果的严重疵点外，还要求各试样条不含有同一根经纱或纬纱，并使试样条的长、短边线与布面的经纱或纬纱相平行，切口线与布面的经纱或纬纱相平行。

（二）操作步骤

1. 落锤式织物撕裂仪

（1）仪器调整。选择摆锤的质量使试样的测试结果落在相应标尺满量程的15%～85%。校正仪器的零位将摆锤升到起始位置。

（2）安装试样。试样夹在夹具内使试样长边与夹具的顶边平行。将试样夹在中心位置轻轻将其底边放在夹具的底部，在凹槽对边用小刀切一个（20±0.5）mm的切口，余下

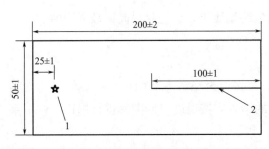

图4-11　舌形法（单舌法）试样尺寸（单位：mm）

1—撕裂长度终点　2—切口

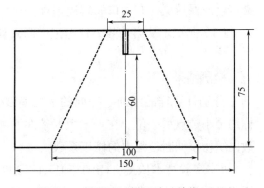

图4-12　梯形法试样尺寸（单位：mm）

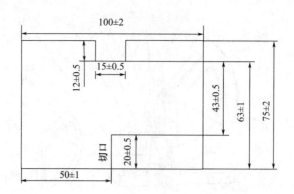

图4-13 落锤法试样尺寸（单位：mm）

的撕裂长度为（43±0.5）mm。

（3）测试。按下摆锤停止键放开摆锤，当摆锤回摆时握住它以免破坏指针，从测量装置标尺分度值或数字显示器上读出撕破强力，单位为牛顿（N）。

观察撕裂是否沿力的方向进行以及纱线是否从织物中滑移而不是被撕裂。满足以下条件的实验为有效实验：

纱线未从织物中滑移，试样未从夹具中滑移撕裂完全且撕裂一直在15mm宽的凹槽内。

不满足以上条件的实验结果应剔除。如果某样品的5块试样中有3块或3块以上被剔除则此方法不适用。

2. 电子织物强力仪

（1）仪器设置。

① 撕裂拉伸撕裂长度：舌形法（150+伸长值）mm，梯形法（85+伸长值）mm。

② 隔距长度：舌形法100mm，梯形法25mm。

③ 拉伸速度：100mm/min。

（2）安装试样。采用舌形法撕破时，将试样的两个舌片各夹入一只夹具中，切割线与夹具的中心线对齐，试样的未切割端处于自由状态，注意保证两个舌片固定于夹具中，使撕裂开始时平行于切口且在撕力所施加的方向。采用梯形法撕破时，将试样不平行的两端分别沿夹持线夹紧于上、下夹持器正中间，使钳口线与夹待线相吻合，并注意在拧紧下夹持器前保持试样有切口的短边垂直。

（3）测试。从启动强力仪至试样撕破到撕裂终端线为止，记录最高撕破强力值。

五、检测结果

分别计算样品经向、纬向的平均撕破强力，保留至小数点后两位，按数值修约规则修约至小数点后一位。在一般大气条件下测试的结果应按温度、回潮率进行修正，修正系数同织物拉伸断裂强力的修正系数。

（本实验技术依据：GB/T 3917.1—2009《纺织品 织物撕破性能 第1部分：冲击摆锤法撕破强力的测定》，GB/T 3917.2—2009《纺织品 织物撕破性能 第2部分：裤形试样

（单缝）撕破强力的测定 》，GB/T 3917.3—2009《纺织品　织物撕破性能　第3部分：梯形试样撕破强力的测定》）

思 考 题

1. 织物撕破强力的测试方法有哪些？各有何异同？

2. 用单舌法在HD026N型电子织物强力仪上测试织物的撕破强力时撕破长度如何确定？如何计算织物的撕破强力？

3. 影响织物撕破强力的因素有哪些？

第九节　织物拉伸弹性测试

一、实验目的与要求

通过实验，了解织物拉伸弹性的分类和测试方法，掌握定伸长弹性回复率和塑性变形率的计算方法。

二、实验仪器与试样材料

实验仪器：HD026N型电子织物强力仪或YG026-250型织物强力试验机、钢尺、剪刀等。

试样材料：机织物若干。

三、测试原理

织物经定伸长或定负荷拉伸产生形变，经规定时间后释去拉伸力，使其在规定时间内回复后测量其残留伸长，据此计算弹性回复率和塑性变形率以表征织物的拉伸弹性。

四、检测方法与操作步骤

（一）试样准备

在距样布布边10cm处剪取试样，每块试样不应含有相同的纱线。每个试样至少剪取经向、纬向各3块试样，试样长度应满足隔距长度200mm，宽度应满足有效宽度50mm。

取样应具有代表性，确保避开明显的折皱及影响实验结果的疵点部位。将取好的样品放在标准大气中调湿24h。

（二）操作步骤

1. 仪器调整

（1）实验前应校准仪器，记录装置的零位、满力。

（2）校正隔距长度为200mm，并使夹钳相互对齐和平行。

（3）设置拉伸速度。对于定伸长拉伸，当伸长率≤8%时，拉伸速度为20mm/min；当伸长率＞8%时，拉伸速度为100mm/min。对于定负荷拉伸，预实验达到规定力时的伸长率≤8%时，拉伸速度为20mm/min；当伸长率＞8%时，拉伸速度为100mm/min。

2. 夹持试样

将试样夹持在夹钳中间位置，保证拉力中心线通过夹钳的中心。根据表4-7中的预加张力值对织物施加一定的预加张力。如果产生的伸长率＞2%，则减小预加张力值。

表4-7　织物种类、单位面积质量与预加张力的关系

织物种类	预加张力值/N		
	＜200g/m²	200～500g/m²	＞500g/m²
普通机织物	2	5	10
弹力机织物	0.3或较低值	1	1

3. 测试

（1）定负荷弹性的测定。启动仪器拉伸试样至定负荷读取试样长度L_1，保持定负荷1min后读取试样长度L_2，然后以相同速度使夹钳回复零位停置3min，再以相同速度拉伸试样至表4-7中规定的预加张力，读取试样长度L_3。

（2）定伸长弹性的测定。启动仪器拉伸试样至定伸长值L_5，读取对应的力，单位为牛顿（N）。停置1min，然后以相同速度使夹钳回复至零位，停置3min再施加预加张力，读取预加张力对应的试样长度L_4，再以相同速度拉伸试样至定伸长L_5。

五、检测结果

1. 定负荷弹性指标的计算

$$定负荷伸长率 = \frac{L_1 - L_0}{L_0} \times 100\% \qquad （4-12）$$

$$定负荷弹性回复率 = \frac{L_2 - L_3}{L_2 - L_0} \times 100\% \qquad （4-13）$$

$$定负荷塑性变形率 = \frac{L_3 - L_0}{L_0} \times 100\% \qquad （4-14）$$

式中：L_0——隔距长度，mm；

　　　L_1——试样拉伸至定负荷时的长度，mm；

　　　L_2——试样拉伸至定负荷保持1min后的长度，mm；

　　　L_3——试样回复至零位停置3min后再施加预张力时的长度，mm。

2. 定伸长弹性指标的计算

$$定伸长弹性回复率 = \frac{L_5 - L_4}{L_5 - L_0} \times 100\% \qquad （4-15）$$

$$定伸长塑性变形率 = \frac{L_4 - L_0}{L_0} \times 100\% \qquad （4-16）$$

式中：L_0——隔距长度，mm；

　　　L_4——试样回复至零位停置3min后再施加预张力时的长度，mm；

　　　L_5——试样拉伸至定伸长时的长度，mm。

（本实验技术依据：FZ/T 01034—2008《纺织品　机织物拉伸弹性试验方法》）

思 考 题

1. 织物拉伸弹性分为哪两种？分别是怎样测试的？
2. 影响织物拉伸弹性的因素有哪些？

第十节　织物耐磨性能测试

织物在使用过程中受到外界因素的作用使用价值降低直至最后损坏。衣着用织物经常与周围接触的物体相摩擦，在洗涤时受到搓揉、水温和皂液等的影响，外用织物穿用时受到阳光照射，内衣则受到汗液作用，有些工作服还受到化学试剂或高温等的作用，因而织物在使用过程中受到机械、物理、化学以及微生物等各种因素的综合作用，造成损坏现象。织物在一定使用条件下抵抗损坏的性能称为织物的耐用性。虽然织物在使用中损坏的原因很多，但实践证明磨损是损坏的主要原因之一。所谓磨损，是指织物与另一物体由于反复摩擦而使织物逐渐损坏。耐磨性就是织物抵抗磨损的特性。

织物耐磨性的测试方法主要有两大类，即实际穿着实验与实验室仪器实验。实际穿着实验是把织物试样做成衣裤、袜子和手套等，组织适合的人员进行穿着，待一定时间后观察与分析衣裤、袜子和手套等各部位的损坏情况，确定淘汰界限算出淘汰率。淘汰率是指超出淘汰界限的淘汰件数与试穿件数之比，以百分率表示。例如，在穿着实验中试穿件数为200件，测得破损特征超过淘汰界限的淘汰件数为25件，则淘汰率为12.5%。但穿着实验花费大量人力与物力，而且实验所需时间很长。为克服这些不足，对织物在实验室进行仪器实验。耐磨的种类有以下五种，平磨、曲磨、折边磨、动态磨与翻动磨。

（1）平磨是对织物试样以一定的运动形式做平面摩擦。它模拟衣服袖部、臀部、袜底等处的磨损形态。织物平磨仪的种类很多。对毛织物测试时，在我国与国际羊毛局规定用马丁旦尔仪。实验时将一定尺寸的织物试样在规定压力下与作为磨料的标准毛织物互相接触，并使试样以利萨如（Lissajou）轨迹相对于磨料运动，其结果使试样受到多方向的均匀磨损至试样上出现某种破坏特征时，记下擦次数作为耐磨性指标。有的耐磨仪也按圆轨迹或直线轨迹运动。

（2）曲磨是使织物试样在弯曲状态下受到反复摩擦。它模拟衣裤的肘部与膝盖的磨损形态。曲磨仪如图4-14所示，织物试样1的两端被夹持在上、下平板的夹头2和3内，试样绕过作为磨料的刀4，刀片借重锤5给试样一定张力。随着下平板的往复运动，试样受到反复磨损和弯曲作用，直到试样断裂为止。计取摩擦次数或测试摩擦一定次数后的拉伸强度下降率。

（3）折边磨是将试样对折后对试样的对折边缘进行磨损，如图4-15所示。它模拟上衣领口、袖口与裤脚折边处的磨损状态。

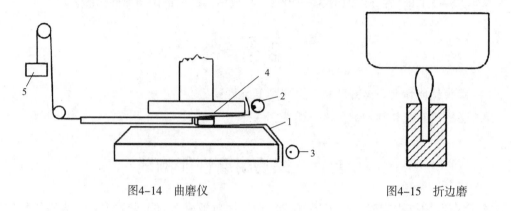

图4-14　曲磨仪　　　　　　　　　　　　　　　图4-15　折边磨

（4）动态磨如图4-16所示。织物试样1夹于往复平板2上的两夹头内并穿过往复小车3上的四只导棍。砂纸磨料4在一定压力下与试样相接触。实验时平板与小车做相对往复运动，试样在动态下受到反复摩擦、弯曲与拉伸等作用。

（5）翻动磨如图4-17所示。实验前先将织物试样的四周用黏合剂黏合，防止边缘的纱线脱落，并称取试样重量。然后将试样投入仪器的试验筒1内。在实验筒内壁衬有不同的磨料，如塑料层、橡胶层或金刚砂层等。实验筒内安装有叶片2。实验时叶片进行高速回转，试样在叶片的翻动下连续受到摩擦、撞击、弯曲、压缩与拉伸等作用。经规定的时间后取出试样再称其重量，重量损失率越小表示织物或针织物越耐磨，反之则表示耐磨性差。

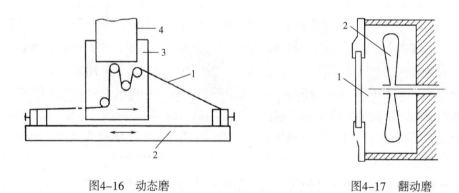

图4-16　动态磨　　　　　　　　　　　　　　　图4-17　翻动磨

一、实验目的与要求

通过实验，观察织物磨损现象，了解织物耐磨仪的基本结构，掌握其操作方法，对比分析两种织物的耐磨性能。

二、实验仪器与试样材料

实验仪器：Y522型圆盘式织物平磨仪、马丁代尔耐磨试验仪、天平、尺子、剪刀。

试样材料：织物若干。

三、仪器结构与测试原理

（一）仪器结构

Y522型圆盘式织物平磨仪包括工作圆盘、砂轮、支架、吸尘管、计数器等，如图4-18所示。

（二）测试原理

1. 圆盘式织物平磨仪

将圆形织物试样固定在工作圆盘上，工作圆盘匀速回转，在一定的压力下砂轮对试样产生摩擦作用使试样

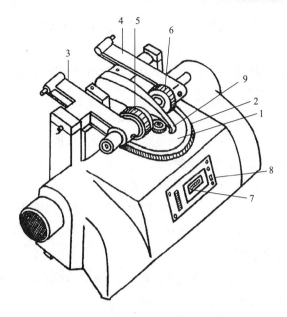

图4-18 Y522型圆盘式织物平磨仪

1—试样 2—工作圆盘 3—左方支架 4—右方支架 5—左方砂轮磨盘
6—右方砂轮磨盘 7—计数器 8—开关 9—吸尘管

形成环状磨损。根据织物表面的磨损程度或织物物理性能的变化评定织物的耐磨性能。

砂轮对试样产生的压力是影响试样磨损的重要因素，可根据支架上的负荷来计算。支架本身的重量为250g，其砂轮轴上可加装加压重锤，支架末端可加装平衡重锤或平衡砂轮。因此，砂轮对试样的加压=250g+加压重锤重量−平衡重锤或平衡砂轮重量。不同织物对加压重量有不同要求，见表4-8。

表4-8 不同织物的加压重量和适用砂轮种类

织物类型	砂轮种类（砂轮号数）	加压重量（不含砂轮重量）/g
粗厚织物	A-100（粗号）	750（或1000）
一般织物	A-150（中号）	500（或750/250）
薄型织物	A-280（细号）	125（或250）

2. 马丁代尔耐磨实验仪

安装在试样夹具内的圆形试样在规定的负荷下以轨迹为李莎茹圆形的平面运动与磨料进行摩擦，试样夹具可绕其与水平面垂直的轴自由转动。根据试样磨损的总摩擦次数确定织物的耐磨性能。

四、检测方法与操作步骤

（一）试样准备

1. 圆盘式织物平磨仪

将样品在标准大气中调湿18h，将织物剪成直径125mm的圆形试样，在试样中央剪一

个小孔，共裁五个实验试样，试样上不能有破损。

2. 马丁代尔耐磨试验仪

将样品在标准大气中调湿18h，在距布边至少100mm处从整幅样品上剪取足够数量的试样，一般至少3块。从样品上模压或剪切试样要特别注意切边的整齐状况，以避免在下一步处理时发生不必要的材料损失。试样直径为38mm，磨料的直径或边长应至少为140mm，机织羊毛毡底衬的直径应为140mm，试样夹具泡沫塑料衬垫的直径应为38mm。

（二）操作步骤

1. 圆盘式织物平磨仪

（1）用天平称重并记录织物试样的磨前重量。

（2）把试样放在工作圆盘上夹紧并用六角扳手旋紧夹布圆环，使试样受到一定张力表面平整。

（3）选用适当的砂轮。轻薄型的织物用细号砂轮，中厚型的织物用中号砂轮，厚重型的用粗号砂轮。然后放下左右支架。

（4）选择适当的压力。加压重量的选择见表4-8。

（5）调节吸尘管高度，使之高出试样1～1.5mm。

（6）将计数器转至零位。

（7）吸尘管的风量根据磨屑的多少用平磨仪右侧的调压手轮来调节。

（8）开启电源开关进行实验，使工作圆盘回转若干圈。

（9）当实验结束后把支架、吸尘管抬起，取下试样，清理砂轮。称取试样的磨后重量并记录。重复做5次。

2. 马丁代尔耐磨实验仪

（1）试样的安装。将试样夹具压紧螺母放在仪器台的安装装置上，试样摩擦面朝下居中放在压紧螺母内。当试样的单位面积质量小于500g/面时，将泡沫塑料衬垫放在试样上，将试样夹具嵌块放在压紧螺母内，再将试样夹具接套放上后拧紧。

（2）磨料的安装。移开试样夹具导板，将毛毡放在磨台上，再把磨料放在毛毡上。放置磨料时要使磨料织物的经纬向纱线平行于仪器台的边缘。将质量为（2.5±0.5）kg、直径为（120±10）mm的重锤压在磨台上的毛毡和磨料上面，拧紧夹持环固定毛毡和磨料，取下加压重锤。

（3）安装试样和辅助材料后将试样夹具导板放在适当的位置，准确地将试样夹具及销轴放在相应的工作台上，将耐磨实验规定的加载块放在每个试样夹具的销轴上。

摩擦负荷总有效质量（即试样夹具组件的质量和加载块质量的和）为：

①（795±7）g（名义压力为12kPa）。适用于工作服、家具装饰布、床上亚麻制品、产业用织物。

②（595±7）g（名义压力为9kPa）。适用于服用和家用纺织品（不包括家具装饰布和床上亚麻制品）也适用于非服用类涂层织物。

③（198±2）g（名义压力为3kPa）。适用于服用类涂层织物。

（4）启动仪器对试样进行连续摩擦直至达到预先设定的摩擦次数。从仪器上小心地取下装有试样的试样夹具，不要损伤或弄歪纱线，检查整个试样摩擦面内的破损迹象。如果还未出现破损，将试样夹具重新放在仪器上开始进行下一个检查间隔的实验和评定，直到摩擦终点即观察到试样破损。

表4-9 磨损实验的检查间隔

实验系列	预计试样出现破损时的摩擦次数/次	检查间隔/次
0	≤2000	200
a	2000<次数≤5000	1000
b	5000<次数≤20000	2000
c	20000<次数≤40000	5000
d	>40000	10000

注 以确定破损的确切摩擦次数为目的的实验，当实验接近终点时，可减小间隔直到终点。

对于熟悉的织物，实验时可根据试样预计耐磨次数的范围来设定检查间隔，见表4-9。如果试样经摩擦后出现起球，可继续实验，也可剪掉球粒后继续实验，并在报告中记录这一事实。

五、检测结果

测试结果的评定包括两方面。

一是一般采用在相同的实验条件下经过规定次数的磨损后观察试样表面光泽、起毛、起球等外观效应的变化。通常与标准样品对照来评定其等级。也可采用经过磨损后用试样表面出现一定根数的纱线断裂或试样表面出现一定大小的破洞所需要的摩擦次数作为评定的依据。

二是将试样经过规定次数的磨损后测定其质量、厚度、断裂强力等力学性能的变化来比较织物的耐磨程度。常用以下几种方法表示。

1. 试样重量减少率

在相同的实验条件下实样重量减少率越大织物越不耐磨。

$$试样重量减少率 = \frac{G_0 - G_1}{G_0} \times 100\% \qquad （4-17）$$

式中：G_0——磨损前试样重量，g；

G_1——磨损后试样重量，g。

2. 试样厚度减少率

在相同的实验条件下试样厚度减少率越大织物越不耐磨。

$$试样厚度减少率 = \frac{T_0 - T_1}{T_0} \times 100\% \qquad （4-18）$$

式中：T_0——磨损前试样厚度，mm；

T_1——磨损后试样厚度，mm。

3. 试样断裂强力变化率

在相同的实验条件下试样强力降低率越大织物越不耐磨。

$$试样强力降低率 = \frac{P_0 - P_1}{P_0} \times 100\% \qquad (4-19)$$

式中：P_0——磨损前试样强力，N；

P_1——磨损后试样强力，N。

测定断裂强力的试样尺寸：10cm（长）×3cm（宽）。在宽度两边扯去相同根数的纱线使其成为2.5cm×10cm的试样条，在强力仪上测定其断裂强力。计算精确至小数点后三位，按数值修约规则修约至小数点后两位。

思 考 题

1. 耐磨的种类有哪些？影响织物耐磨性的因素有哪些？
2. 织物耐磨性的测试方法和评定方法各有哪几种？

第十一节　织物抗折皱性能测试

一、实验目的与要求

通过实验，掌握织物折皱弹性仪的基本原理和实验方法，了解影响织物折皱弹性的因素。

二、实验仪器与试样材料

实验仪器：YG（B）541E智能式织物折皱弹性仪、有机玻璃压板、手柄、试样尺寸图章、剪刀、宽口镊子、1kg加压重锤。

试样材料：机织物和针织外衣织物。

三、仪器结构与测试原理

（一）仪器结构

1. 控制面板

图4-19所示为YG（B）541E智能式织物折皱弹性仪控制面板。

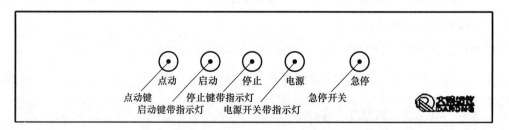

图4-19　YG（B）541E智能式织物折皱弹性仪控制面板

（1）启动键带指示灯。在仪器待机状态点击该键启动仪器测试。当仪器处于工作测试状态指示灯常亮。

（2）停止键带指示灯。在仪器测试状态点击该键停止仪器测试。当仪器处于待机、停止复位状态，指示灯常亮，当仪器处于故障状态指示灯会闪烁。

（3）点动键。当仪器处于待机状态，可以点动该键清理各个工位试样和残余毛线，或在长时间的使用过程中点动该键，清理机内灰尘和残余毛线。

（4）急停开关。急停开关用于实验过程中万一出现异常，按该开关采取紧急的急停措施，以防损坏仪器硬件。当排除故障后就可以按箭头方向旋转急停开关解除停止。

（5）电源开关。打开电源开关，整机就处于带电工作状态。

2. 织物折皱弹性仪

图4-20所示为YG（B）541E智能式织物折皱弹性仪。

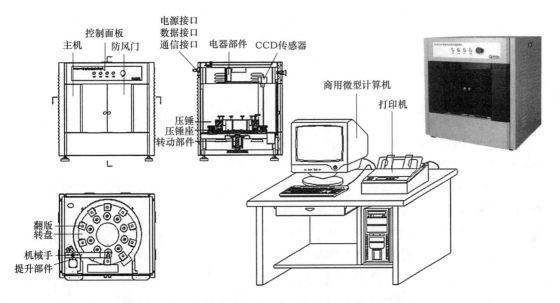

图4-20　YG（B）541E智能式织物折皱弹性仪

（二）测试原理

一定形状和尺寸的试样在规定条件下折叠加压并保持一定时间。卸除负荷后让试样经过一定时间的回复，然后测量折痕回复角，以测得的角度来表示织物的折痕回复能力。

四、检测方法与操作步骤

（一）试样准备

依据GB/T 3819—1997《纺织品　织物折痕回复性的测定　回复角法》，织物折皱性的测试方法有两种：垂直法和水平法。测试之前针对检测标准进行取样。

试样在样品上的采集部位和尺寸如图4-21所示。试样离布边的距离大于50mm。裁剪试样时尺寸必须正确，经纬向要剪得平直。在样品和试样的正面打上织物经向或纵向的标记。

　　每次实验采用的试样至少为20个，其中经向（或纵向、长度方向）与纬向（或横向、宽度方向）各一半再从中分正面对折和反面对折两种。另外，还要准备10个备用试样。

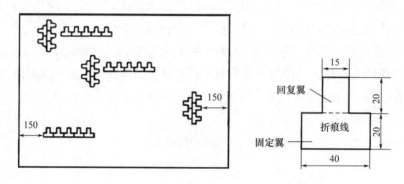

图4-21　试样的采集部位及试样尺寸（单位：mm）

（二）操作步骤

1. 垂直法

（1）打开仪器电源开关，等待仪器摆臂自检完毕，电源按键指示灯、停止键指示灯常亮，检查联机计算机中的设置是否符合实验要求，如建立测试文件，包括试样信息、实验环境和相关说明。

（2）打开仪器工作室防风门，按启动键，停止键指示灯暗，启动键指示灯常亮，仪器工位初始化复位。

（3）转盘第一转。实验人员应压下翻板并将已准备好的试样逐个正确地装夹在当前翻板上。注意：试样的折叠边要对准翻板面的标志线，并按先5经向、后5纬向的顺序装夹，每个工位放样时间为15s，超过该时间仪器会报警，每隔3s蜂鸣器响1次，且停止键指示灯闪烁1次，此时只需要压下翻板并放样，点击点动按键就会继续实验。

（4）转盘第二转。实验人员应用夹样刀将试样测试翼沿折叠边翻折过来，并盖上压板，等待机械手提升压锤到位，平稳地落在压板上面再松手。按上述动作重复将10只试样压好，并将实验室的防风门拉下。注意：当遇到试样折叠后容易互粘，卸压后回复翼难以分开时，必须在折叠边中间垫入0.2mm厚的塑料薄膜片，保证回弹测试的正确性。

（5）转盘第三转。第一工位到位，机械手提升压锤对试样卸压（试样受压时间：5min±5s），将压锤返回到压锤座上，工位继续旋转到测试位置，进行急弹（卸压时间：15s±1s）回复角测试，并拍照。操作控制系统会准确地指示仪器将逐个工位上的试样卸压（试样受压时间：5min±5s）。重复上述动作直到完成10个工位，卸压并急弹回复角测试完毕。

（6）转盘第四转。第一工位旋转到测试位置，进行缓弹（试样卸压后5min±5s）试样回复角测试，并拍照。然后逐个工位自动旋转到位，完成10个试样缓弹回复角测试。

（7）第一组实验完毕后，按控制面板上点动键清理翻板上的试样，使翻板装夹面保持清洁无灰尘。

（8）保存并打印测试报表。

2. 水平法

（1）试样尺寸为40mm×15mm，受压面积为15mm×15mm。在试样的长度方向两端对齐折叠后用宽口镊子夹住，夹住位置从布端起不超过5mm，如图4-22所示，然后移至标有15mm×20mm标记的平板上。试样确定位置后立即轻轻放上压力负荷，加压负荷为1kg，加压时间为5min±5s。

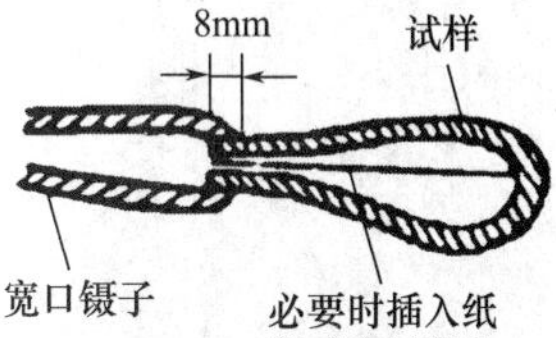

图4-22　水平法试样的折叠

（2）卸去负荷，用镊子将试样移至测量回复角的试样夹中。试样一翼被夹住，另一翼自由悬垂。

（3）连续调整仪器使悬垂下来的自由端始终保持垂直位置，卸压5min后读取折痕回复角。如果自由端有轻微转曲或扭转，可将该端中心与刻度轴轴心的垂直平面作为折痕回复角读数的基准。用经向和纬向的折痕回复角之和表示折痕回复性。

五、检测结果

分别计算经向（纵向）折痕回复角的平均值、纬向（横向）折痕回复角的平均值，总折痕回复角计算到小数点后一位。

［本节技术依据：大荣仪器YG（B）541E型智能式织物折皱弹性仪使用说明书］

思　考　题

1. 测试折痕回复角时试样的自重对测试结果是否有影响？
2. 比较垂直法与水平法的优缺点。

第十二节　织物悬垂性能测试

一、实验目的与要求

通过实验，掌握织物悬垂性能的测试方法及其指标计算。

二、实验仪器与试样材料

实验仪器：YG811D型数字式织物悬垂风格仪、透明纸环（当内径为18cm时外径为24cm、30cm、36cm；当内径为12cm时外径为24cm）、天平、钢尺、剪刀、半圆仪、笔、制图纸。

试样材料：各个品种的织物。

三、仪器结构与测试原理

图4-23所示为YG811D型数字式织物悬垂风格仪。图4-24所示为织物悬垂原理示意图。

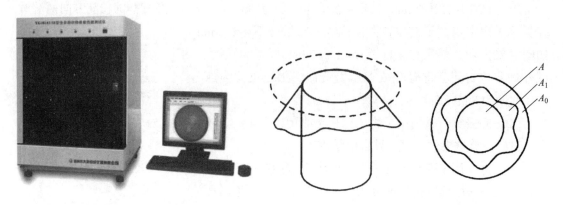

图4-23　YG811D型数字式织物悬垂风格仪　　　　　图4-24　织物悬垂原理示意图

将圆形试样置于圆形夹持盘间，用与水平相垂直的平行光线照射得到试样投影图，再通过光电转换计算或描图求得悬垂系数。

四、检测方法及操作步骤

（一）试样准备

在离布边100mm范围内从样品上裁取无折痕试样3块，在每块圆形试样的圆心处剪（冲）直径为4mm的定位孔。试样的尺寸标准如下：

（1）仪器夹持盘直径为18cm时，先使用直径为30cm的试样进行预实验并计算该直径时的悬垂系数（D30）。

①若悬垂系数在30%～85%，则所用试样直径为30cm。

②若悬垂系数在30%～85%以外，所用试样直径除了采用30cm外还要按以下③和④所述条件选取对应的试样直径进行补充测试。

③对于悬垂系数小于30%的柔软织物，所用试样直径为24cm。

④对于悬垂系数大于85%的硬挺织物，所用试样直径为36cm。

（2）当仪器夹持盘直径为12cm时，所有试样的直径均为24cm。

（二）操作步骤

1. A法（直接读数法）

（1）打开实验仓门，将试样（透光明显的织物不适用此法，可用B法）托放在试样夹持盘上，缓缓向下按动支架按钮使支架张开，持续三次，然后拉出投影板覆盖在试样夹持盘上方，关上实验仓门。

（2）点击测试界面上方的"自动绘制轮廓线"按钮（或"自动绘制轮廓线"图标）在图形边缘自动绘制出轮廓线。

（3）点击测试界面上方的"手绘轮廓线"按钮（或"手绘轮廓线"图标）对图形的轮廓线进行修改，使轮廓线更加准确。

（4）当图形的轮廓线确定后，点击测试界面上方的"修正轮廓线"按钮（或"修正轮廓线"图标）使图形的轮廓线更加清晰地显示出来。

（5）点击测试界面上方的"计算"按钮（或"计算"图标）自动计算出该方向的试样面积及悬垂系数。

$$D = \frac{A_1 - A}{A_0 - A} \times 100\% \qquad (4-20)$$

式中：D——悬垂系数，%；

　　A_0——试样面积；

　　A_1——试样投影面积；

　　A——圆台面积。

2. B法（描图称重法）

（1）将纸环放在仪器上，其外径与试样直径相同。

（2）将试样正面朝上放在下夹持盘上，使定位柱穿过试样的定位孔，然后立即将上夹持盘放在试样上，使定位柱穿过上夹持盘的中心孔。

（3）从上夹持盘放到试样上时开始用秒表计时，30s后打开灯源沿纸环上面的投影边缘描绘出投影轮廓线。

（4）取下纸环放在天平上，称取纸环的质量记作m_1精确至0.01g。

（5）沿纸环上描绘的投影轮廓线剪取弃去纸环上未投影的部分，用天平称量剩余纸环的质量，记作m_2，精确至0.01g。

（6）将同一试样反面朝上，使用新的纸环重复步骤（1）~（5）。

（7）一个样品至少取3个试样，对每个试样的正反两面均进行测试，所以一个样品至少进行6次上述操作。

五、检测结果

计算每个样品的悬垂系数D，以百分率表示：

$$D = \frac{m_2}{m_1} \times 100\% \qquad (4-21)$$

式中：D——为悬垂系数，%；

　　m_1——为纸环的总质量，g；

　　m_2——代表投影部分的纸环质量，g。

分别计算试样正面和反面的悬垂系数平均值，并计算样品悬垂系数的总体平均值。

［本节技术依据：YG（L）811DN数字式织物悬垂风格仪使用说明］

97

思 考 题

1. 测试织物悬垂性的方法有哪些？各有何特点？
2. 影响织物悬垂性的因素有哪些？

第十三节　织物起毛起球性能测试

一、实验目的与要求

通过实验，掌握织物起毛起球的基本原理和试验方法，了解圆轨迹法、马丁代尔法、起球箱法起毛起球特点及各自的适用范围。利用织物起球实验仪对各类纺织织物在受轻微压力下进行起毛起球实验，评定织物的抗起毛起球性能。

二、实验仪器与试样材料

1. 圆轨迹起球仪

实验仪器：锦纶刷磨料织物（2201全毛华达呢）、泡沫塑料垫片、裁样器（或用模板笔、剪刀取样）、标准样照、评级箱。

试样材料：各种纺织织物。

2. 马丁代尔型磨损实验仪

实验仪器：机织毛毡聚氨酯泡沫塑料、直径为40mm的圆形冲样器（或用模板、笔、剪刀裁取试样）、标准样照、评级箱。

试样材料：各种机织物。

3. 起球箱

实验仪器：方形木箱（内壁衬以厚3.2mm的橡胶软木），未衬前内壁每边长235mm、箱子转速为60r/min）、聚氨酯载样管、方形冲样器（或用模板、笔、剪刀剪取试样）缝纫机、胶带纸、标准样照、评级箱。

图4-25　YG502型织物起毛起球仪

三、仪器结构与测试原理

1. 圆轨迹法

圆轨迹法是按规定方法和实验参数利用锦纶刷和磨料或单用磨料使织物起毛起球。然后在规定光照条件下将起球后的试样对比标准样照评定起球等级。如图4-25所示为YG502型织物起毛起球仪。

2. 马丁代尔法

装在磨头上的试样在规定压力下与磨台上的自身织物磨料相互摩擦一定次数。试样与磨料相对运动轨迹为李莎茹图形。在规定光照条件下将磨过的试样对比标准样照评定起球等级。

3. 起球箱法

试样在不受压力下与起球箱内壁相互摩擦一定次数。在规定光照条件下将磨过的试样对比标准样照评定起球等级。

四、检测方法及操作步骤

（一）圆轨迹法

（1）试样必须在实验用标准大气下暴露24h以上。

（2）在距织物布边10cm以上部位随机剪取试样，试样上不得有影响实验结果的疵点。

（3）实验前仪器应保持水平，锦纶刷保持清洁分别将泡沫塑料垫片、试样和磨料装在实验夹头和磨台上，试样必须正面朝外。

（4）按表4-10调节试样夹头加压重量及摩擦次数进行实验。

表4-10　试样夹头加压重量及摩擦次数

样品类型	压力/cN	起毛次数/次	起球次数/次
化纤丝针织物	590	150	150
化纤梭织物	590	50	50
军需服（精梳混纺）	490	30	50
精梳毛织物	780	0	600
粗梳毛织物	490	0	50

（5）在评级箱内根据试样上的球粒大小、密度、形态对比相应标准样照，以最邻近的0.5级评定每块试样的起球等级。当试样正面起球状况异常时，视其对外观服用影响的程度综合评定并加以说明。

（二）马丁代尔法

（1）在机织物样品上随机取样，但不得在样品上距布边10cm内随机取样。剪取一组为4块直径40mm的试样，另一组为4块直径140mm的磨料。如有花式织物，应包括布面呈现的所有不同的组织和色泽。如4块试样不够代表所有不同的组织和色泽，应增加试样块数。

（2）将样品放在实验用标准大气下调湿24h以上，仲裁实验采用二级标准大气。

（3）试样装在马丁代尔起毛起球试验仪（图4-26）的夹头上，试样的测试面朝外。所试织物不大于500g/m²或是复合织物时则不需垫泡沫塑料。各只试样夹上的试样受到的张力应相同。

（4）将毛毡和磨料放在磨台上，把重陀放在磨料上然后放上压环旋紧螺母，使压环磨料固定在磨台上。四个磨台上的磨料应该受到同样的张力。

（5）把磨头放在磨料上加压，销轴穿过面板轴承压在磨头上，此时压在磨料上的压力为196cN。

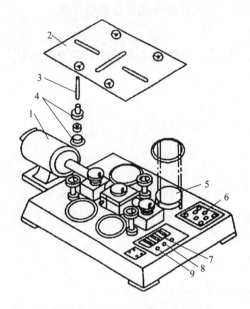

图4-26　马丁代尔起毛起球试验仪

1—电动机　2—上面板　3—销轴
4—试样夹头　5—磨台　6—砝码
7—计算器　8—启动按钮　9—停止按钮

（6）预置计数器为1000，开动仪器转动达1000次仪器自动停止。

（7）取下试样，在评级箱内对比标准样照评定每块试样的起球程度，对每一块试样进行评级。

（三）起球箱法

（1）样品在试验用标准大气下调湿。

（2）在距织物布边10cm以上部位随机剪取114mm×114mm试样4块。试样上不得有影响实验结果的疵点。

（3）将试样测试面向里对折后在距边6mm处用缝纫机缝成试样套，其中2个纵（经）向的试样套和2个横（纬）向的试样套。把缝好的试样套反过来使织物测试面朝外。

（4）试样在均匀的张力下套在载样管上，试样套缝边应分开扁平地贴在载样管上。

（5）为了固定试样在载样管上的位置和防止试样边松散，在试样边上包以胶带纸（长度不超过载样管圆周一圈半）。

（6）实验前起球箱内必须清洁，不得留有任何短纤维或其他影响实验的物质。

（7）把4个套好试样的载样管放进箱内，牢固地关上箱盖，把计数器拨到所需转动次数。

（8）预置转数。粗纺织物翻动7200转，精纺织物翻动14400转，或按协议的转数。

（9）启动起球箱。当计数器达到所需转数后从载样管上取下试样，除去缝线展平试样，在评级箱内对比标准样照评定每块试样的起球程度，对每一块试样进行评级。

五、检测结果

圆轨迹法是计算5个试样等级的算术平均数并修约至邻近的0.5级计。马丁代尔法和起球箱法是以4块试样的平均值（级）表示试样的起球等级，计算平均值修约到小数点后两位。如小数部分小于或等于0.25，则向下一级靠（如2.25，即为2级）；如大于或等于0.75，则向上靠（如2.85，即为3级）；如大于0.25且小于0.75，则取0.5。

（本节技术依据：标准GB/T 4802.1—2008《纺织品　织物起毛起球性能的测定　第1部分：圆轨迹法》、GB/T 4802.2—2008《纺织品　织物起毛起球性能的测定　第2部分：改型马丁代尔法》、GB/T 4802.3—2008《纺织品　织物起毛起球性能的测定　第3部分：起球箱法》）

1. 织物起球实验方法有哪几种?
2. 影响织物起毛起球性的因素有哪些?

第十四节 织物硬挺度测试

纺织品已是现代社会人们生活中必不可少的一种日常用品。随着近年来国民经济的快速健康稳定发展,人们对于各类高档纺织品的生产使用工艺要求由以前的同类产品功能实用性和同类产品使用耐久性逐渐提高转变为达到更为优良的加工制作手感、舒适性和美观性。日常贴身服用的运动服装和直接制作贴身内衣服装的专用纤维织物则一般需要必须同时具有良好的柔软性和舒适性,用于直接加工制作贴身服装运动外套的专用纤维织物则一般需要必须同时具有良好的硬挺性、悬垂性。

织物的硬挺度是指日常服用纺织品的柔软性,是一件织物整体受到与自身的水平面高度垂直的物体力或力矩的相互作用时产生弯曲或者变形的柔性程度。一件织物的硬挺度及其性能与织物的刚性和柔性有关。

一、实验目的与要求

织物的硬挺度是研究织物的挺括性、悬垂性、柔软性等的重要物理量。一般测试过程中采用抗弯长度(也称悬垂硬挺度)和抗弯刚度(也称弯曲硬挺度)两个力学指标来表达织物抵抗其弯曲方向形状变化的能力,统称为硬挺度。

这种两种力学指标适用于棉、毛、丝、麻、化纤等各类机织物、针织物和一般性的非织造织物、涂层织物等纺织品的硬挺度实验,同时也广泛适用于各类纸张、皮革、薄膜等柔软性较强的各类材料的刚度和柔性度的计量测试。

在织造类型中,机织物比针织物具有更优异的硬挺度。这是由于在相同厚度情况下与针织物相比机织物具有较大的抗弯刚度,且在其他相同条件的情况下平纹机织物较刚硬,故手感硬挺。但在制造过程中通过增加织物中纱线浮长的加工工艺使经纬纱间的交织点减少,织物抗弯刚度降低,织物本身变得柔软。

对于日常服用的各种材料,比如内衣或者其他服装等,通常需要具有良好的柔软性以及充分满足人体运动的内贴身和适体性,但对于用作外衣或者其他纺织品的各种材料,需要保持必要的刚度。因此织物硬挺度的衡量就变得很重要。

二、实验仪器与试样材料

通常情况下,织物采用LLY-01B计算机控制硬挺度仪或ME207B心形法织物硬挺度仪测试硬挺度。根据不同测试标准选定适当的测试仪器。

三、仪器结构与测试原理

目前测试纺织品硬挺度的最简单的方法为斜面悬臂法，通常采用图4-27所示的仪器测量。采用的测试标准为ZB W04003—1987《织物硬挺度试验方法 斜面悬臂法》。其试验原理是将一定尺寸的织物狭长试样作为悬臂梁，根据其弯曲程度可测试计算其弯曲时的长度、弯曲刚度与抗弯模量，这些可作为织物硬挺度的指标。

弯曲长度在数值上等于织物密度单位面积重量所具有的抗弯刚度的立方根，弯曲长度数值越大，表示织物越硬挺而不易弯曲，柔软性差。弯曲刚度是单位宽度的织物所具有的抗弯刚度，弯曲刚度越大，表示织物越刚硬。弯曲刚度随织物厚度而变化，与织物厚度的三次方成比例，以织物厚度的三次方除弯曲刚度可求得抗弯弹性模量，抗弯弹性模量数值越大表示材料刚性越大，越不易弯曲变形。

数据计算原理如图4-28所示。

图4-27 LLY-01B电子硬挺度仪

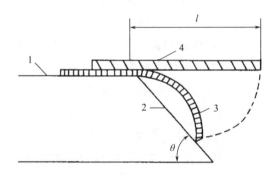

图4-28 斜面悬臂法原理示意图

1—水平平台 2—倾斜角 3—织物测试试样 4—金属板

按照测试标准，根据公式（4-22）计算得到织物的抗弯刚度，判断织物的硬挺度。

$$B = G \times l^3 \times 10^{-1} \times \frac{\cos\frac{1}{2}\theta}{8\tan\theta} \qquad (4-22)$$

式中：B——织物单位宽度下的抗弯长度，cm；

G——织物单位面积的质量，g。

当然，常用的斜面悬臂法仍测试不了较精密的织物，反而会造成一定的误差。对于一些极易卷曲、样品尺寸不稳定的织物，应采取GB/T 18318.2—2009《纺织品 弯曲性能的测定 第2部分：心形法》利用如图4-29的仪器测试织物的硬挺度。

测试样品模型如图4-30所示。保证取得试样的有效测量长度为20.0cm，织物无明显褶皱及破损，制成的心形环平面垂直于悬吊织物的平板条。组装完成后1min内测量水平平板条顶部至心形环最低处的距离l（mm）。织物的经、纬向及其正、反面各测5次，用距离l值的平均值判断织物的硬挺度。

图4-29　ME207B心形法织物硬挺度仪

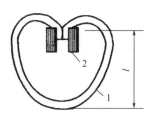

图4-30　心形法测试模拟图

1—样品　2—夹条

四、检测方法及操作步骤

（一）悬臂法测试步骤

（1）试样准备。取织物尺寸为25cm×2.5cm且织物上不能有影响实验结果的疵点，试样数量为10块。其中5块为经向织物试样，5块为纬向织物试样。试样至少取至离布边10cm，并尽量不用手触摸织物。在标准大气条件下测试样品应调湿24h以上。

（2）仪器开机。将LLY-01B计算机控制硬挺度仪开机预热15min，并保证仪器处于水平状态。

（3）测量开始。仪器在"F-01"状态按"复位"键使LED显示"000"并调整仪器的测量角度为45°，手动将仪器压板抬起，将上述准备的试样放于工作台上并与工作台前端对齐，然后手动放下压板，按测量键开始测量，仪器压板向前推进，试样因自重而下垂。当试样下垂至挡住红外光束检测线时，仪器压板停止推进，之后返回起始位置。此时LED版面显示实际伸出长度即为织物的抗弯长度，并将织物翻面重复上述操作。

（4）重复实验。织物经纬向测试5次取长度平均值可判定织物的硬挺度。抗弯曲硬挺度与柔软度是倒数关系，即抗弯曲长度越短表示柔软性越好，反之则相对较差。

（5）实验结束，关闭仪器，记录数据并分析。

（二）心形法测试步骤

（1）首先同时取5个经向5个纬向织物取样时，避免取到布边以及瑕疵处，影响测试结果造成误差。

（2）测试时将取样织物的两端用胶带（1.25cm×7.6cm左右）平整地粘贴在夹条上，实验时测试仪器部件及样品的整体尺寸为318mm×19mm×3mm，将织物按照心形状测量夹持完成后开始测量。

（3）测量工作开始后按倒计时1min，读取测量水平平板条顶部至心形环最低处的距离l值（依靠仪器红外线测试功能读取度数），并重复实验，取平均值。依靠织物的抗弯刚度以及弯曲长度可判断出织物的硬挺度。

不同类型织物采用不同的测试方法，既能完成对织物硬挺度的评定，又能减小误差，并结合织物的实际应用方向选择合适硬挺度的纤维纺织品。

五、检测标准

目前，我国测试织物硬挺度大多采用ZB W04003—1987、GB/T 18318.2—2009、GB/T 18318.4—2009以及其他国际标准（如ISO 9073—7，ASTM D1388，BSEN22313）等（表4-11）。

表4-11　不同测试标准下的测试方法

序号	标准	试样数量/个	取样方法	数据处理
1	GB/T 18318.4—2009《纺织品　织物弯曲长度的测定　第4部分：悬臂法》	10	5块经向织物 5块纬向织物	计算5块经纬织物的正反面的抗弯长度并取平均值
2	ZB W04003—1987《织物硬挺度试验方法　斜面悬臂法》	10	5块经向织物 5块纬向织物	计算5块经纬织物的正反面的抗弯长度并取平均值
3	GB/T 18318.2—2009《纺织品　织物弯曲长度的测定　第2部分：心形法》	10	5块经向织物 5块纬向织物	计算5块经纬织物心形环最低处的距离l

思 考 题

1. 日常服用织物测试硬挺度的核心评判指标是什么？
2. 举例说明织物硬挺度测试的必要性。

第十五节　织物勾丝性测试

织物勾丝性就是指纤维和纱线因勾挂而被拉扯出织物表面的一种现象。织物在继续使用或穿着时，一些纤维丝环和织物毛绒自身或相互间纠缠，会堆积成一个个小型球粒，突出在织物表面，这种情况不但会影响织物或服装的外观，而且对织物的内在质量和服用性能也有很大的影响。因此，勾丝已成为消费者和生产经营者越来越重视的服用性能指标。

总的来说，针织物中比机织物易勾丝。结构紧密、表面平整的织物不易勾丝。平针织物不易勾丝而提花针织物相对易勾丝。提花织物中大提花针织物相对于普通提花针织物来说较易勾丝。织物可通过热定形和树脂整理使其拥有平整的表面，减少勾丝现象。选择不同季节、不同款式的纺织服装面料，勾丝性是必须要考虑的性能之一。

在国家标准GB/T 11047—2008中规定了评定织物勾丝程度的方法，它比较适用于外衣类针织物和机织物，也可用于其他易勾丝的织物，特别适用于变形纱和化纤长丝织物。勾丝长度是指从勾出丝的尾端到该织物的表面之间的长度，勾丝长度可划分为三类：小勾丝长度（≤2mm）、中勾丝长度（2mm＜长度＜10mm）和长勾丝长度（≥10mm）。

一、实验目的与要求

通过实验，了解织物勾丝性能的测试方法，掌握钉锤式勾丝仪和针筒式勾丝仪的测试原理和测试评价方法。

二、实验仪器与试样材料

实验仪器：钉锤式勾丝仪、针筒式勾丝仪、毛毡垫、卡尺、钢尺、画笔、试样垫板（100mm×250mm）、画样板（100mm×300mm）、放大镜、缝纫机、铰剪、评定板（厚度小于3mm幅面为140mm×280mm）。

试样材料：若干试样。

三、仪器结构与测试原理

目前纺织品勾丝性的测试方法主要有钉锤法、针筒法、回转箱法、豆袋法和针排法五类，其中前2类应用最多。勾丝性能分为5级，5级最好，1级最差。

（一）钉锤法

1. 仪器结构（图4-31）

2. 检测原理

仪器运行滚筒转动，则钉锤上的针钉在试样上来回作用，使织物产生勾丝。经过一定转数后，滚筒停止转动，将该测试试样与标准样对比进行评级。

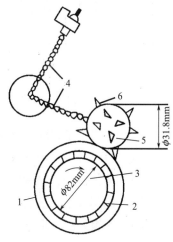

图4-31 钉锤式勾丝仪示意图

1—试样 2—毛毡 3—转筒 4—链条
5—钉锤 6—角钉

（二）针筒法

1. 仪器结构（图4-32）

2. 检测原理

将试样条一端固定在转筒上，另一端呈自由状态。当转筒以恒速转动时，试样有来回摩擦，具有转动阻力的针筒使试样产生勾丝。一定转数后拿出试样，在规定条件下与标准样对比评级。

四、检测方法及操作步骤

（一）钉锤法

1. 试样准备

（1）每份样品至少取550mm×全幅，样品要求平展、无皱褶、无疵点。

（2）在经过一级标准大气调湿的样品上，按图4-33的排样方法，纵向试样和横向试样各剪2块。试样的长度为330mm，宽度为200mm。

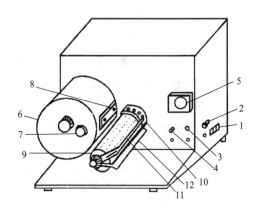

图4-32 针筒式勾丝仪示意图

1—电源插座 2—电源开关 3—启动按钮（黄灯）
4—步进按钮（红灯） 5—时间继电器 6—夹布滚筒
7—夹布器松紧螺丝 8—夹布器 9—刺辊
10—调节杆方位角度尺 11—调节杆 12—安全罩

（3）先在试样背面做有效长度（有效长度为试样套筒周长）标记线，伸缩性大的针织物为270mm，一般织物为280mm。然后由正面往里对折，沿有效长度标记线缝成筒状再翻转，使织物正面朝外。适当调节试样的松紧程度。

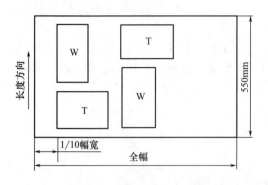

图4-33 钉锤法勾丝试样排样图

（4）实验参数选择。

①转筒速度为（60±2）r/min。

②实验转数为600r。

2. 实验步骤

（1）首先将试样套在转筒上，缝边向两侧伸展、铺平。然后试样一端由橡胶环固定，保证试样表面的圆整度，再将另一端固定。在装放针织物横向试样时应注意使其中一块试样纵行线圈尖端向左，另一块试样纵行线圈尖端向右；机织物试样应随机装放在转筒上（装放位置应随机）。

（2）将钉锤绕过导杆缓慢地放在试样上。

（3）运行仪器，钉锤能够自由地在转筒的整个宽度上移动，否则需要停机进行检查。

（4）达到规定转数后，仪器将自动停止，挪去钉锤，拿下试样。

（5）评级。试样取下至少静置4h后再进行评级。将评定板插入筒状试样，评级区在评定板正面，断线应位于反面中心。将样品放进评级箱观察窗内，标准样放在另一侧，对比评级。织物评级箱如图4-34所示。

（二）针筒法

1. 试样准备

（1）按图4-35所示的排样方法，剪取纵向试样和横向试样各2块。试样尺寸：300mm（长）×100mm（宽）。

（2）试样的正面如图4-35所示做出4条标记线（图中标记线为虚线）。

（3）试样垫板（100mm×250mm）、画样板（100mm×300mm）、放大镜、缝纫机、铰剪、评定板（厚度小于3mm，幅面为140mm×280mm）。

（4）实验参数选择。

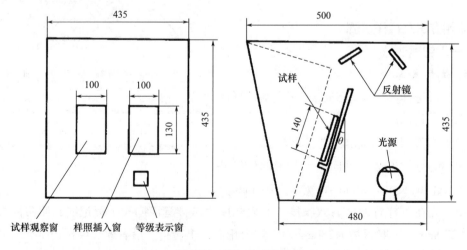

图4-34 织物评级箱示意图（单位：mm）

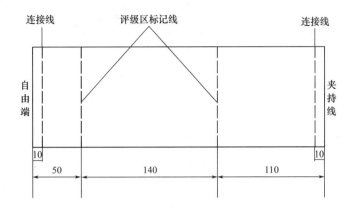

图4-35　针筒法勾丝试样尺寸示意图（单位：mm）

① 针筒的转动阻力为2N。

② 导杆位置参数。导杆与针筒中心距离为60mm；导杆的方位角为40°（指导杆与针筒轴所在平面与垂直面的夹角）。

③ 转速为（25±1）r/min。

④ 实验转数为15r。

2. 操作步骤

（1）将试样（正面朝外）和垫片同时夹在转筒上，试样长边与转筒边线平行。夹装针织物横向时，一块纵行线圈头端被夹，另一块则相反。

（2）运行仪器，当仪器达到规定转数后，取下试样。如果实验中试样自由端有脱散现象，可重新换样进行实验。

（3）若同向试样在评级时勾丝级别差异超过1级，应增加2块试样进行实验。

（4）评级。取下试样至少静置4h后再评级。将试样正面朝外对折并沿连接线固定，再将评定板插入成环状的试样内。使评级区标记线恰好位于板边缘，采用对照法评级。

五、检测结果

根据试样勾丝的密度评级，精准到0.5级。若试样勾丝中含中、长勾丝，则应按表4-12和表4-13的规定对其进行等级顺降。在1块试样中，长勾丝累计顺降等级不能高于1级。

表4-12　视觉描述评级

级数	状态描述
5	表面无变化
4	表面轻微勾丝和（或）紧纱段
3	表面中度勾丝和（或）紧纱段，不同密度的勾丝（紧纱段）覆盖试样的部分表面
2	表面明显勾丝和（或）紧纱段，不同密度的勾丝（紧纱段）覆盖试样的大部分表面
1	表面严重勾丝和（或）紧纱段，不同密度的勾丝（紧纱段）覆盖试样的整个表面

表4-13 试样中、长勾丝顺降级别

勾丝类别	占全部勾丝比例	顺降等级（级）
中勾丝 （长度为2~10mm的勾丝）	$\frac{1}{2} \sim \frac{3}{4}$	$\frac{1}{4}$
	$\geqslant \frac{3}{4}$	$\frac{1}{2}$
长勾丝 （长度>10mm的勾丝）	$\frac{1}{4} \sim \frac{1}{2}$	$\frac{1}{4}$
	$\frac{1}{2} \sim \frac{3}{4}$	$\frac{1}{2}$
	$\geqslant \frac{3}{4}$	1

六、检测标准

目前，我国测试织物勾丝性大多采用GB/T 11047—2008，标准规定了评价织物勾丝程度的两种测试方法：钉锤法和针筒法。标准适用于外衣类针织物和机织物及其他易勾丝的织物，特别是化纤长丝及其变形纱织物。

思 考 题

1. 影响织物勾丝性的因素有哪些？
2. 减少织物的勾丝性有哪些方法？

第十六节　织物透气性能测试

纺织织物透气性是指空气透过织物的性能，以在规定的实验面积压降和时间条件下气流垂直透过试样的速率表示。

一、实验目的与要求

通过实验，掌握透气量仪的测试原理和各压力差的含义。掌握透气性的测定方法和指标。对比分析各种织物透气性的差异，进一步理解影响织物透气性的因素。

二、实验仪器与试样材料

（一）实验仪器

织物透气性测试仪如图4-36所示。纺织面料透气性测试仪符合GB/T 5453—1997、ISO 9237—1995、ISO 9073：15—2007，其测量范围广，适用于针织物、机织物、非织造布、涂层织物、纸张、薄膜、皮革等，用于测试气流通过织物的阻力。

（二）试样材料

试验面积为20cm²，试样的裁取面积应大于20cm²，也可用大块试样测试同一样品的不同部位，至少测试10次。试样的调湿及透气性的测定需在三级标准大气下进行。仲裁检验采用二级标准大气。

图4-36　织物透气性测试仪

三、测试原理

织物透气性指在织物两侧存在压力差的情况下织物通过空气的能力。也就是说，在织物两侧规定的压差下单位时间内每单位面积流经织物的空气体积单位为L/（mm²·s）。由于压差是气流的必要条件，因此只有被测织物两侧之间有一定压差才能在织物中产生气流。这是水蒸气分子穿透衣服层的速度。这种运动取决于皮肤表面和衣服外空气之间的水分浓度（或湿度）差异以及织物的物理阻力。湿度的差异又取决于穿着者的运动强度（运动强度越大出汗越多）和所处的气候。织物阻力是服装所用材料种类和厚度的特性。衣服越厚，抵抗力越强，透气性越差。

四、检测方法及操作步骤

（一）检测方法

透气性测试方法可分为压差法（differential-pressure method）与等压法（equal-pressure method）。广泛使用的是压差法，可分为真空差压法和正差压法（容积法）。随着微量氧检测技术的发展，微量氧传感器逐渐应用于材料氧渗透性测试领域，即渗透性测试中的传感器方法。不同的气体传感器可用于检测不同气体对材料的渗透性。目前，氧气和二氧化碳传感器的检测技术方法已经成熟。此外，气相色谱法可用于检测材料的渗透性。传感器法和气相色谱法都可归类为渗透性测试的等压法。

1. 压差法

真空法是压差法中最具代表性的测试方法，其测试原理（图4-37）是利用试样将渗透室分隔成两个独立的空间。首先对试样两侧进行真空处理，然后将一侧（A高压一侧）填充0.1MPa（绝对压力）的测试气体，而另一侧（B低压一侧）保持真空状态，在试样两侧形成0.1MPa的测试气体压差。气体通过薄膜渗透到低压侧引起低压侧压力的变化。用高精度真空计测量低压侧压力的变化，利用公式可以计算出试样的透气性（GTR）。相关标准有ISO 2556、ISO 15105-1、ASTM D 1434（M法）、GB/T 1038—2000、JIS K 7126（A法）等。ISO 15105-1提供的气体透过量（GTR）计算公式如下：

$$\mathrm{GTR} = \frac{V_\mathrm{C}}{R \times T \times p_\mathrm{u} \times A} \times \frac{\mathrm{d}p}{\mathrm{d}t} \tag{4-23}$$

式中：V_C——低压侧的体积；

$\quad\quad T$——实验温度（热力学温度）；

$\quad\quad p_u$——高压侧的气体压强；

$\quad\quad A$——有效渗透面积；

$\mathrm{d}p/\mathrm{d}t$——当渗透状态稳定后在低压侧单位时间内压强的变化量；

$\quad\quad R$——气体常数。

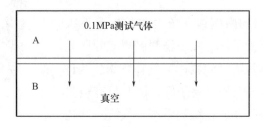

图4-37　真空法测试原理

真空法采用负压差法实现样品两侧0.1MPa的压差。也可以通过正压差法实现，最常用的正压差法是容积法。由于容积法不需要对渗滤室进行真空处理并保持真空度，因此降低了设备制造和测试的难度。相关的测试标准有ASTMD 1434（V法）等。

差压法在气体测试中具有很好的通用性。由于膜技术理论的支持，真空法一直是渗透性测试的基本方法，主要用于科研和测试机构。随着真空计检测技术的进步和高真空技术在设备设计中的应用，设备的检测精度和测试数据的重复性都有了很大的提高。其突出优点是通过一次实验可以得到渗透系数、扩散系数和溶解度系数三个阻隔指标。

2. 等压法

传感器法是目前检测包装材料透气性的等压法的主要检测方法。这个方法对于测试气体有选择性，主要以氧气为主。测试原理（图4-38）如下：透射室分为2个，在独立的气流系统中一侧是流动的测试气体（A，纯氧或含氧的混合气体），另一侧是流动的干燥氮气（B）。样品两侧的压力相同但氧分压不同。氧气在浓度差的作用下通过薄膜进入氮气流并输送到氧气传感器。氧气传感器准确测定通过氮气流输送的氧气量，并据此计算材料的氧气渗透率。传感器方式仪器正式实验前，需使用标准膜校正仪器，确定仪器的修正系数并将其用于正式实验的计算。传感器法的相关标准有ISO 15105-2、ASTMD 3985、ASTMF 1927、ASTMF 1307等。ISO 15105-2提供的氧气透过量（GTR_{O_2}）计算公式如下：

$$\mathrm{GTR}_{O_2} = \frac{k\,(U-U_0)}{A} \times \frac{p_a}{p_0} \quad\quad\quad （4-24）$$

式中：U——试样测试时的输出电压信号；

$\quad\quad U_0$——电压零信号；

$\quad\quad k$——设备的校正因子；

$\quad\quad p_a$——环境大气压；

p_0——测试气体中的氧气分压差；

A——有效渗透面积。

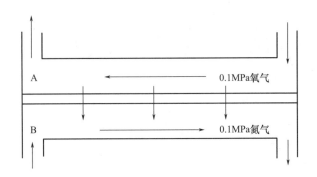

图4-38 传感器法测试原理

氧气传感器用于检测材料的氧气渗透率，只能分析氧气的渗透性。由于氮气被用作输送透过样品的测试气体的载气，因此，目前该测试结构检测氮气透射率还没有达到。

（二）操作步骤

（1）按要求准备好试样并裁剪成规定尺寸。

（2）检查校验仪器。

（3）开启电源开关。进入控制面板界面进行实验参数设定，设定后进入测试准备界面。

（4）安装试样。将试样放入检测区夹持在试样圆台上，测试位置应避开布边及折皱处，夹持试样时采用一定的张力使试样平整而又不变形。为防止漏气可在试样的低压一侧垫上垫圈。垫圈可采用厚度为2.5mm、硬度65~70 IRHD的橡胶片。如果织物正反两面透气性有差异，则测试时应注明测试面。

（5）按下启动键仪器开始自动测试。吸风机启动使空气通过试样，当压力降逐渐接近规定值时可自动记录气流流量。

（6）测试完成按测试头压板释放夹持试样。将试样下一测试位置放置至检测区，按压测试头压板夹紧试样，按下启动键仪器再次开始进行测试。

（7）重复上述操作直至做完一组试样。在相同的条件下同一样品的不同部位重复测试至少5次。

（8）实验结束后可通过测试面板进行查询，可依次查询和浏览每次测试结果并显示测试平均值。如遇夹具漏气的现象，可测定漏气量并从数据中去掉该值。

（9）按压测试压板释放夹持器以免疲劳。关闭仪器电源并拔下电源插头，为仪器盖上防尘罩。

五、检测结果

（1）列表记录各块试样的流量孔径大小、流量压差（ΔP值）及对应的透气量（Q值）。

（2）计算各试样Q值的算术平均值及变异系数。

六、检测标准

目前，常用于透气性测试的标准有：ASTM D737《纺织品透气性测试方法》、ISO 9237《纺织品织物透气性测试方法》、GB/T 5453—1997《纺织品　织物透气性的测试》和 JIS L1096《纺织品透气性测试方法》。

思 考 题

1. 影响织物透气性的因素有哪些？
2. 织物透气性测试仪对试样的要求是什么？

第十七节　织物耐汗渍色牢度测试

一、实验目的与要求

通过实验，掌握纺织品耐汗渍色牢度的基本原理、测试和评价方法。

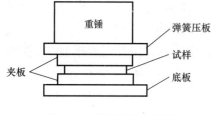

图4-39　耐汗渍色牢度仪

二、实验仪器与试样材料

实验仪器：耐汗渍色牢度仪（图4-39）、Y902型汗渍色牢度烘箱、电子天平、直尺、剪刀、pH计、灰色样卡。

试样材料：不同种类机织物（标注贴衬织物，表4-14）、各种化学试剂。

表4-14　单纤维标准贴衬织物

第一块	第二块	第一块	第二块
棉	羊毛	黏胶纤维	羊毛
麻	羊毛	聚酰胺纤维	羊毛或棉
丝	棉	聚酯纤维	羊毛或棉
羊毛	棉	聚丙烯纤维	羊毛或棉

三、仪器结构与测试原理

将纺织品试样与标准贴衬织物缝合在一起，置于不同酸性组氨酸和碱性组氨酸两种试液中，一段时间后去除试液，将试样放于两块平板间使之受到规定的压强，再将试样和贴衬织物分别干燥。根据GB/T 3922—2013《纺织品　色牢度试验　耐汗渍色牢度》用灰色样卡评定试样变色和贴衬织物的沾色等级。

四、检测方法与操作步骤

（1）试样准备。耐汗渍色牢度测试选取为40mm×100mm的长方形试样，夹于两块40mm×100mm长方形贴衬试样中间，沿一短边缝合制得组合试样。

耐汗渍色牢度试样为单纤维织物时，应符合GB/T 7568.1～GB/T 7568.6、GB/T 13765—1992的标准。第一块贴衬织物与试样纤维同类，第二块贴衬织物见表4-14。若试样为混纺或交织织物，第一块贴衬织物由试样中主要含量纤维制成，第二块贴衬织物由试样中次要含量纤维制成。

（2）人造汗液的制备。人造汗液可配制成碱性试液（pH=8.0）和酸性试液（pH=5.5）。两种配制方法见表4-15。所用试剂均为化学纯，使用三级水配制，现配现用，符合GB/T 6682—2008标准。试液的pH均由0.1mol/L的氢氧化钠（NaOH）溶液调整而得。

表4-15 人造汗液的配制

试液	试剂名称	化学式	试剂质量/g
碱性	L-组氨酸盐酸盐一水合物	$C_6H_9O_2N_3 \cdot HCl \cdot H_2O$	0.5
	氯化钠	$NaCl$	5.0
	磷酸氢二钠十二水合物	$Na_2HPO_4 \cdot 12H_2O$	5.0
	磷酸氢二钠二水合物	$Na_2HPO_4 \cdot 2H_2O$	2.5
酸性	L-组氨酸盐酸盐一水合物	$C_6H_9O_2N_3 \cdot HCl \cdot H_2O$	0.5
	氯化钠	$NaCl$	5.0
	磷酸二氢钠二水合物	$NaH_2PO_4 \cdot 2H_2O$	2.2

（3）将组合试样置于平底容器内，注入配制好的碱性溶液，浴比为1：50，室温放置30min调整试样，使之完全润湿并保证试液均匀地渗透到组合试样中。

（4）取出试样，用玻璃棒除去其中多余试液并平铺在两块玻璃板之间，然后放入已预热至设定温度的实验装置中，调整压力为（12.5±0.9）kPa，并将整个实验装置放入（37±2）℃的烘箱内恒温4h。

（5）取出组合试样并展开，使试样与贴衬织物间有一条缝，悬挂在温度≤60℃空气中干燥。

（6）酸性试样与碱性试样操作方法和步骤相同。

五、检测结果

用灰色样卡评定试样的变色和贴衬织物的沾色情况，进而评定试样的耐汗渍色牢度等级。

思 考 题

1. 耐汗渍色牢度测试需要注意哪些事项？
2. 耐汗渍色牢度实验的测试原理是什么？

第十八节　织物耐洗色牢度测试

一、实验目的与要求

通过实验，掌握纺织品耐洗色牢度基本原理、测试和评价方法。

二、实验仪器与试样材料

实验仪器：SW–12A型耐洗色牢度仪（图4-40）、电子天平、直尺、剪刀、不锈钢珠、灰色样卡。

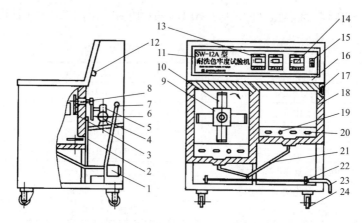

图4-40　SW–12A型耐洗色牢度测试仪

1—排水泵　2—加热保护器　3—被动齿轮　4—电动机　5—减速器　6—电动机副齿轮　7—排水接口　8—主动齿轮　9—旋转架　10—试样杯　11—工作室温度控制仪　12—时间继电器　13—蜂鸣器　14—预热室温度控制仪　15—排水开关　16—门盖　17—电源开关　18—保温层　19—温度传感器　20—管状加热器　21—排水管道　22—排水管接口　23—水管　24—走轮

试样材料：不同种类机织物标准贴衬织物（表4-16）、标准肥皂、无水碳酸钠、三级水。

表4-16　单纤维标准贴衬织物

第一块	第二块	
	实验条件：40℃和50℃	实验条件：60℃和95℃
棉	羊毛	黏胶纤维
麻	羊毛	黏胶纤维
丝	棉	—
羊毛	棉	—
黏胶纤维	羊毛	棉
醋酸纤维	黏胶纤维	黏胶纤维
聚酰胺纤维	羊毛或棉	棉
聚酯纤维	羊毛或棉	棉
聚丙烯纤维	羊毛或棉	棉

三、仪器结构与测试原理

将纺织品试样与一块或两块规定的标准贴衬织物缝合在一起置于皂液中，在规定的时间和温度下经机械搅拌，取出后经冲洗和干燥得测试样品。根据GB/T 3921—2008《纺织品　色牢度试验　耐皂洗色牢度》用灰色样卡评定试样变色和白色贴衬织物沾色等级。

四、检测方法与操作步骤

耐洗色牢度实验方法有5种。根据实验条件，从方法A到E洗涤操作过程由温和到剧烈（表4-17）。若测试试样为棉、涤纶和腈纶，可采用方法C；若试样为蚕丝、黏胶纤维、羊毛和锦纶，可采用方法A。

表4-17　耐洗色牢度实验条件

实验方法	温度/℃	时间/min	不锈钢珠数量/粒	皂液组成/（g·L^{-1}）
A	40	30	0	标准皂片5
B	40	45	0	标准皂片5
C	60	30	0	标准皂片5 无水碳酸钠2
D	95	30	10	标准皂片5 无水碳酸钠2
E	95	240	10	标准皂片5 无水碳酸钠2

（1）试样准备。耐洗色牢度测试选取为40mm×100mm的长方形试样，夹于两块40mm×100mm长方形贴衬试样中间，沿一短边缝合制得组合试样。

耐洗色牢度样品试样为单纤维织物，第一块贴衬织物与试样纤维同类，第二块贴衬织物按表4-16选择。若试样为混纺或交织织物，第一块贴衬织物由试样中主要含量纤维制成，第二块贴衬织物由试样中次要含量纤维制成。

（2）配制皂液。将一定量肥皂充分溶解于（25±5）℃的三级水中充分搅拌，根据试样材料选择合适的实验方法配制皂液，按试样与皂液浴比为1∶50计算出皂液质量并放于试样杯中。配置的皂液浓度为5g/L时可用于方法A和B；若选择方法C、D和E时，每升水中应含5g肥皂和2g无水碳酸钠。

（3）接通SW12D型耐洗色牢度仪器电源，设定实验的温度和时间，在仪器内注入蒸馏水至规定水位，将装有皂液的试样杯放于仪器固定位置开始加热。

（4）当仪器内温度达到规定温度，打开仪器取出试样杯，将准备的试样置于试样杯中再放回仪器中开始实验。

（5）当仪器发生断续报警时实验结束。

（6）取下试样杯，取出组合试样，用三级水清洗两次并用流动水清洗10min，挤出多余水分。组合样沿短边展开将其悬挂在温度≤60℃的空气中干燥。

五、检测结果

取干燥的组合试样，对比原始试样用灰色样卡评定试样的变色和白色贴衬织物的沾色情况，进而评定试样的耐洗色牢度等级。

思 考 题

1. 织物耐洗色牢度测试需要注意哪些事项？
2. 织物耐洗色牢度的测试原理是什么？

第十九节　织物耐摩擦色牢度测试

一、实验目的与要求

通过实验，掌握纺织品耐摩擦色牢度的基本原理、测试和评价方法。

二、实验仪器与试样材料

实验仪器：Y571型耐摩擦色牢度仪（图4-41）、直尺、剪刀、灰色样卡。

试样材料：不同种类染色机织物摩擦用棉布（GB/T 7568.2—2008，棉织物经退浆、漂白，剪成50mm×50mm的正方形用于圆形摩擦头）、三级水。

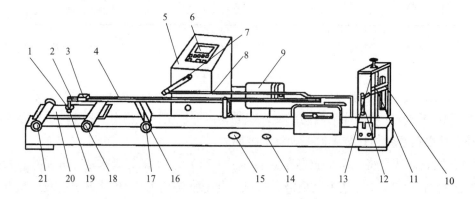

图4-41　Y571型耐摩擦色牢度仪

1—套圈　2—摩擦头球头螺母　3—重块　4—往复扁铁　5—减速箱　6—计数器　7—曲轴　8—连杆　9—电动机
10—压轮　11—滚轮　12—摇手柄　13—压力调节螺钉　14—启动开关　15—电源开关　16—捏手
17—撑柱　18—右凸轮捏手　19—摩擦头　20—试样台　21—左凸轮捏手

三、仪器结构与测试原理

将纺织品试样分别与一块干摩擦布和湿摩擦布摩擦，此时染色试样的颜色因摩擦而褪色。根据GB/T 3920—2008《纺织品　色牢度试验　耐摩擦色牢度》用灰色样卡评定干、湿摩擦布的沾色程度。

四、检测方法与操作步骤

1. 试样准备

选择不同种类染色机织物样品，尺寸大小为50mm×140mm。准备两组样品，分别用于干摩擦和湿摩擦实验，每组两块，一块试样的长度方向平行于经纱；另一块长度方向平行于纬纱。若测试有多种颜色的纺织品，应使所有颜色都被摩擦到，如果试样各颜色面积足够大，需全部取样。

2. 固定试样

将试样平放于仪器底板上固定两端，并保证试样的长度方向与仪器动程方向一致且试样平坦、无褶皱。

（1）干摩擦实验。将正方形干摩擦棉布直接固定在试验机的摩擦头上，同时保证摩擦布的经向与摩擦头的运动方向一致。

（2）湿摩擦实验。将干摩擦布用三级水浸湿，经轧液装置轧压，含水率保持在95%~105%，再固定在试验机摩擦头上用于湿摩擦色牢度测试。

3. 启动实验

点击启动按钮，1s内1个往复摩擦循环，共摩擦10个循环，往复动程为100mm，垂直压力为9N。

4. 实验结束

取下摩擦布，湿摩擦布在室温下晾干，再用于后续评级。

五、检测结果

用灰色样卡评定干、湿摩擦布的沾色等级，进而评定试样的耐摩擦色牢度等级。

思 考 题

---

1. 织物耐摩擦色牢度测试需要注意哪些事项？
2. 织物耐摩擦色牢度测试的原理是什么？

第二十节　织物耐光色牢度测试

一、实验目的与要求

通过实验，掌握纺织品耐光色牢度的基本原理、测试和评价方法。

二、实验仪器与试样材料

实验仪器：XENOTEST ALPHA-M型耐日晒色牢度仪（图4-42）、电子天平、直尺、剪刀。

试样材料：不同种类机织物、蓝色羊毛标样。

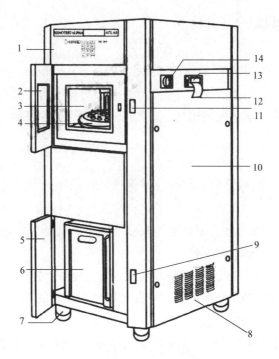

图4-42 XENOTEST ALPHA-M型耐日晒色牢度仪

1—操作面板与触摸屏 2—测试箱门与观察箱 3—测试箱与旋转系统及辐照装置 4—旋转系统和试样架座
5—补水系统门 6—水槽 7—高度调节架 8—冷却氙灯与电气部件的进气口 9—补水系统门卡 10—配电系统门
11—测试箱门卡 12—打印输出纸带 13—打印测试数据的选配打印机 14—主开关

三、仪器结构与测试原理

将纺织品试样与一组蓝色羊毛标样一起在人造光源下按照规定条件暴晒，根据GB/T 8427—2019《纺织品 色牢度试验 耐人造光色牢度：氙弧》将实验后的试样与蓝色羊毛标样进行对比评级。

四、检测方法与操作步骤

1. 试样准备

装样示意图如图4-43所示。

2. 暴晒实验

在预定条件下对试样和蓝色羊毛标样同时进行暴晒。其方法和时间要以能否对照蓝色羊毛标样完全评出每块试样的色牢度为准。测试方法有五种。

（1）方法一。通过检查试样来控制暴晒周期，测试结果精确，在有争议时可采用。

将试样和蓝色羊毛标样按图4-43（a）排列，将遮盖物AB放在试样和蓝色羊毛标样的中段1/3处，按规定条件暴晒，不时提起遮盖物AB检查试样的光照效果，直至试样的暴晒和未暴晒部分间的色差达到灰色样卡4级。如果试样是白色纺织品即可终止暴晒。用另一个遮盖物CD遮盖试样和蓝色羊毛标样的左侧1/3处继续暴晒，直至试样的暴晒和未暴晒部分的色差等于灰色样卡3级。

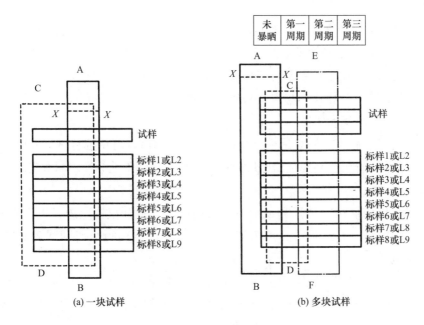

图4-43 装样示意图

如果蓝色羊毛标样7或L7的褪色程度比试样先达到灰色样卡4级，此时暴晒即可终止。这是因为当试样具有等于或高于7级或L7级耐光色牢度时，需要很长的时间暴晒才能达到灰色样卡3级的色差。当耐光色牢度为8级或L9级时这样的色差就不可能测得。因此，当蓝色羊毛标样7或L7以上产生的色差等于灰色样卡4级时，即可在蓝色羊毛标样7～8或蓝色羊毛标样L7～L8的范围内进行评级。

（2）方法二。通过检查蓝色羊毛标样来控制暴晒周期，只需用一套蓝色羊毛标样对一批具有不同耐光色牢度的试样实验，从而节省蓝色羊毛标样的用量。该方法适用于大量试样同时测试。

试样和蓝色羊毛标样按图4-43（b）排列。用遮盖物AB遮盖试样和蓝色羊毛标样总长的1/5～1/4，按规定条件暴晒。不时提起遮盖物检查蓝色羊毛标样的光照效果。能观察出蓝色羊毛标样2的变色达到灰色样卡3级或L2的变色等于灰色样卡4级，并对照蓝色羊毛标样1、2、3或L2上所呈现的变色情况，对试样的耐光色牢度进行初评。将遮盖物AB重新准确地放在原来的位置上继续暴晒，直至蓝色羊毛标样4或L3的变色等于灰色样卡4级。放上另一遮盖物CD重叠盖在第一个遮盖物AB上继续暴晒，直到蓝色羊毛标样6或L4的变色等于灰色样卡4级。放上最后一个遮盖物EF，其他遮盖物仍保留在原处。继续暴晒直到出现下列任意一种情况：在蓝色羊毛标样7或L7上产生的色差等于灰色样卡4级，在最耐光的试样上产生的色差等于灰色样卡3级，白色纺织品在最耐光的试样上产生的色差等于灰色试样卡4级。

（3）方法三。适用于核对与某种性能规格是否一致，允许试样只与两块蓝色羊毛标样一起暴晒，一块按规定为最低允许色牢度的蓝色羊毛标样，另一块为更低色牢度的蓝色羊毛标样。

连续暴晒直到在最低允许牢度的蓝色羊毛标样的分段面上等于灰色样卡4级（第一阶段）和3级（第二阶段）的色差。

（4）方法四。适用于检验是否符合某一商定的参比样。

将试样与指定的参比样一起连续暴晒，直到参比样上等于灰色样卡4级和（或）3级的色差。白色纺织品晒至参比样等于灰色样卡4级。

（5）方法五。适用于核对是否符合认可的辐照能值。可单独将试样暴晒或与蓝色羊毛标样一起暴晒，直至达到规定辐照量为止，然后和蓝色羊毛标样一同取出。

3. 仪器操作

（1）将装好的样品架放于测试室中关上测试门。打开仪器电源、进水阀和纯水机。进入"PROGRAM"编辑程序，点击"P1"键设定测试运行总时间或者总能量，点击"ENTER"键保存。

（2）点击进入"P2"界面，选择一种标准进行测试。

（3）按"START"键开始测试，对试样和蓝色羊毛标样同时开始暴晒。每次取出测试样品观察时需等待5~15min机器自行冷却。

五、检测结果

对比原始试样用灰色样卡评定试样的变色情况，进而评定试样耐光色牢度等级。

思 考 题

织物耐光色牢度测试需注意哪些事项？

参考文献

［1］张辉，周永凯，黎焰. 服装工效学［M］. 2版. 北京：中国纺织出版社，2015.

［2］陈东生，袁小红. 服装材料学实验教程［M］. 上海：东华大学出版社，2015.

［3］朱进忠，毛慧贤，李一. 纺织材料学实验［M］. 2版. 北京：中国纺织出版社，2008.

［4］奚柏君，葛烨倩，韩潇，等. 纺织服装材料实验教程［M］. 北京：中国纺织出版社，2019.

［5］张海霞，宗亚宁. 纺织材料学实验［M］. 上海：东华大学出版社，2015.

［6］张萍. 织物检测与性能设计［M］. 北京：中国纺织出版社，2018.

［7］于伟东. 纺织材料学［M］. 北京：中国纺织出版社，2006.

［8］阎克路. 染整工艺与原理［M］. 北京：中国纺织出版社，2009.

［9］李南. 纺织品检测实训［M］. 北京：中国纺织出版社，2010.

［10］姚穆，周锦芳，黄淑珍. 纺织材料学［M］. 北京：纺织工业出版社，1990.

［11］李楠，杨秀稳. 纺织品检测实物［M］. 北京：中国纺织出版社，2010.

［12］余序芬，鲍燕萍，吴兆平．纺织材料实验技术［M］．北京：中国纺织出版社，2004.

［13］瞿才新，陈春霞，陈继娥．纺织检测技术［M］．北京：中国纺织出版社，2011.

［14］孟祥姝，李武胜，胡玉霞．悬臂梁法测某纤维硬挺度实验技术研究［C］．//中国核科学技术进展报告（第六卷）：中国核学会2019年学术年会论文集第4册（同位素分离分卷）．2019：537–542.

［15］孙草，杜赵群．应用CHES-FY系统的织物硬挺度测试［J］．纺织学报，2015，36（9）：114–119.

［16］王雪梅，李进进．浅谈织物服用性能测试和研究［J］．印染助剂，2010，27（5）：39–42+46.

［17］何碧霞．针织家纺产品的设计与应用［J］．国际纺织导报，2012，40（2）：58–60+80.

［18］周颖，葛红丹．异形合成纤维的性能及应用［J］．辽宁丝绸，2015（1）：34–35.

［19］李勇．浅谈服装材料的舒适性［J］．北京纺织，2005，（3）：60–61.

［20］张柱．服装热湿舒适性和材料的热湿传递特性［J］．广西纺织科技，1996，（2）：21–24.

［21］应莉．防水透湿涂层整理［J］．上海工程技术大学学报，1995，9（2）：48–52.

［22］袁智骐．国外涂层整理概况［J］．印染，1985，（3）：51–57.

［23］钟江．专家解读：织物的顶破性能和胀破性能测试［J］．中国纤检，2020（11）：54–56.

［24］赵超，刘新金，王广斌．常见仿真丝面料的织物性能测试与分析［J］．丝绸，2018，55（5）：31–37.

［25］黄平，夏建明，罗炳金．织物撕裂性能试验研究［J］．天津纺织科技，2021（2）：41–44.

［26］中国纺织信息中心．ISO 13934-1：2013纺织品 织物拉伸特性 第1部分：使用条样法测定最大受力和最大受力时的伸长率［S］．2013.

［27］刘高丞．职业装用高强锦纶混纺纱线及面料的研究与开发［D］．上海：东华大学，2021.

［28］于凤娟．纺织品的悬垂性模拟分析［J］．纺织报告，2022，41（1）：22–24.

［29］王霞，罗戎蕾．织物悬垂性的研究现状及发展趋势［J］．纺织导报，2021（9）：78–82.

［30］杨红英，康晓佩，曾玲玲，等．结构参数及后整理方式对棉织物悬垂性的影响［J］．棉纺织技术，2021，49（4）：33–36.

［31］滕越，徐云，李恭艳．对织物起毛起球性能检测方法的思考［J］．中国纤检，2022（2）：51–53.

［32］王惠．纺织品起毛起球性能测定方法对比分析［J］．化纤与纺织技术，2021，50（7）：74–75+148.

［33］严慧娟，蔡益标．纺织品起毛起球原因浅析及检测方法介绍［J］．国际纺织导报，2020，48（11）：38–40+42.

［34］陈可，张娣，吉宜军，等．精梳涤纶条含量对涤纶针织物性能的影响［J］．纺织学报，2021，42（9）：66–69，75.

［35］全国纺织品标准化技术委员会．GB/T 5453-1997纺织品 织物透气性的测定［S］．北京：中国标准出版社，1997.

［36］赵艳艳，张明礼．耐汗渍色牢度影响因素研究［J］．生物化工，2021，7（1）：54–56，69.

［37］赵艳艳．耐汗渍色牢度试验参数探讨［J］．纺织报告，2020，39（10）：21–23.

［38］全国纺织品标准化技术委员会．GB/T 3922—2013 纺织品 色牢度试验 耐汗渍色牢度［S］．北京：中国标准出版社，2013.

［39］全国纺织品标准化技术委员会. GB/T 3921—2008 纺织品　色牢度试验　耐皂洗色牢度［S］. 北京：中国标准出版社，2008.

［40］全国纺织机械与附件标准化技术委员会. FZ/T 98013—2014 耐洗色牢度试验仪［S］. 北京：中国标准出版社，2014.

［41］纺织计量技术委员会. JJF（纺织）026—2010 耐洗色牢度试验机校准规范［S］. 北京：中国标准出版社，2010.

［42］全国纺织品标准化技术委员会. GB/T 3920—2008 纺织品　色牢度试验　耐摩擦色牢度［S］. 北京：中国标准出版社，2008.

［43］全国皮革工业标准化技术委员会. GB/T 39366—2020 皮革　色牢度试验　耐摩擦色牢度［S］. 北京：中国标准出版社，2020.

［44］全国纺织品标准化技术委员会. GB/T 5712—1997 纺织品　色牢度试验　耐有机溶剂摩擦色牢度［S］. 北京：中国标准出版社，1997.

［45］全国纺织品标准化技术委员会. GB/T 8427—2019 纺织品　色牢度试验　耐人造光色牢度：氙弧［S］. 北京：中国标准出版社，2019.

［46］全国纺织品标准化技术委员会. GB/T 30669—2014 纺织品　色牢度试验　耐光黄变色牢度［S］. 北京：中国标准出版社，2014.

［47］全国纺织品标准化技术委员会. GB/T 8426—1998 纺织品　色牢度试验　耐光色牢度：日光［S］. 北京：中国标准出版社，1998.

第五章　服装安全与功能测试

第一节　纺织品吸湿性能测试方法与标准

一、实验目的与要求

通过实验，了解织物吸湿快干的原理及测试标准，了解仪器的结构及测试过程，熟悉仪器的操作方法和所测试各项指标的意义。

二、实验仪器与试样材料

实验设备：滴水扩散设备，垂直芯吸设备，毛巾吸水测试仪。

试样材料：不同原料试样若干。

三、测试原理与检测方法

（一）滴水扩散时间法

将一滴水从固定高度滴到拉紧的纺织品表面，记录从水滴接触织物表面到完全扩散（不再呈现镜面反射）所需时间。通过对滴管规格的选择来控制每滴水的体积。除BS 45541970（2012）标准的滴水高度为6mm外，其他标准的滴水高度均为10mm。AATCC 79—2014和JIS 1907：2010标准规定，若吸湿时间超过60s，则终止测试。JIS 1907：2010标准的终止时间为200s，GB/T 21655.1—2008标准的终止时间为300s。为了更好地观察吸湿效果，BS 4554：1970（2012）还配置了遮光罩、30W光源和观测环，如图5-1所示。当吸湿时间小于2s时，BS 4554：1970（2012）规定用50%糖溶液代替蒸馏水。

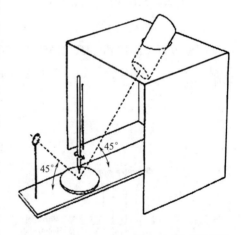

图5-1　BS 4554：1970（2012）测试原理图

AATCC 198—2013标准与上述测试原理稍有不同，如图5-2所示。首先在纺织品上画一直径为100mm的圆，然后在圆中心位置处利用滴管释放1mL的水，并开始计时。当水润湿至圆圈边线时，停止测试，并记录此时水润湿面料的长度、宽度和润湿时间。若5min内仍不能润湿圆圈边线，可停止测试，并记录下时间、润湿长度和宽度，并按下式计算芯吸速率。

$$W = \frac{\frac{\pi}{4} d_1 d_2}{t} \tag{5-1}$$

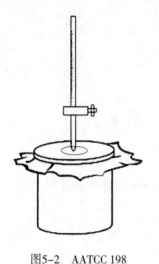

图5-2 AATCC 198
测试原理图

式中：W——芯吸速率，mm^2/s；

d_1——长度方向的芯吸距离，mm；

d_2——宽度方向的芯吸距离，mm；

t——芯吸时间，s。

（二）垂直芯吸法

应用垂直芯吸法的标准有AATCC 197—2013、JIS 1907：2010和GB/T 21655.1—2008。其中，AATCC 197—2013中又有A法和B法。

A法为测规定距离的芯吸时间。如图5-3所示，将纺织品末端5mm浸入水中，记录水沿着面料爬升到20mm和150mm测试线所花的时间。若5min仍没有达到20mm测试线，或者30min时仍没有达到150mm的线，可终止测试，并记录芯吸高度。

B法为测给定时间内的芯吸高度。使试样下边缘刚刚接触到液面，并开始计时。记录2min、10min后或其他规定时间的面料芯吸高度，多采用30min。若10min后面料仍没有任何芯吸，或芯吸到面料另外一端的时间超过30min，终止测试，并记录测试时间和芯吸高度，并按下式计算芯吸速率。

$$W = \frac{d}{t} \qquad (5-2)$$

式中：W——芯吸速率，mm/s；

d——芯吸高度，mm；

t——芯吸时间，s。

JIS 1907：2010和GB/T 21655.1—2008均采用了AATCC 197—2013方法B的原理，但纺织品一端浸入水中的距离分别为20mm和15mm。图5-4为GB/T 21655.1—2008的测试原理

图5-3 AATCC 197—2013 A法测试原理图

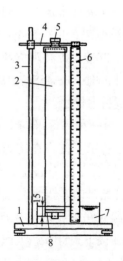

图5-4 GB/T 21655.1—2008垂直芯吸测试原理图

1—底座 2—试样 3—垂直支架 4—横梁架
5—试样夹 6—标尺 7—容器 8—张力夹

图。JIS 1907：2010中规定需要报告10min后的芯吸高度，GB/T 21655.1—2008则报告30min后的芯吸高度。

（三）静态润湿法

运用静态润湿法的标准有BS 3449：1990和GB/T 21655.1—2008。BS 3449：1990将面料放入如图5-5所示的十字金属框架中，浸入水中20min后取出，再放到离心脱水机中甩干15s后称重，并利用下式计算吸水率。十字金属框架可以有效地使试样完全浸没于水中，而不漂浮。

$$吸水率 = \frac{M_2 - M_1 - M_3}{M_3} \times 100\% \qquad （5-3）$$

式中：M_1——容器质量，g；

　　　M_2——容器和湿试样的质量，g；

　　　M_3——调湿后试样的质量，g。

GB/T 21655.1—2008的浸没时间为5min，取出后垂直悬挂，直至试样不再滴水后称重，最后计算出试样的吸水率。

（四）沉降法

沉降法是将试样水平放入盛水水槽中，使试样下表面水平接触水面，此时开始计时，随着试样吸水，试样开始下沉，记录试样完全浸没于水中所需的时间。

（五）毛圈吸水—水流法

如图5-6所示，ASTMD 4772—2014采用毛圈吸水—水流法测试毛巾织物的吸水性。在漏斗中加入50mL蒸馏水，水流经漏斗和量筒流到面料表面，控制整个水流时间在（25±5）s。一部分水被测试试样吸收，另一部分水经试样流到试样下方的空盘中。将盘中收集到的水倒入量筒，称取体积。再用50mL减去盘中水体积，得到试样的吸水量。按照上述步骤，完成织物正面吸水量的测试后，还要进行织物反面吸水量的测试。最终，取面料正面和反面吸水量的平均值，作为该面料的总体吸水量。

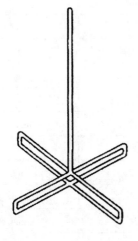

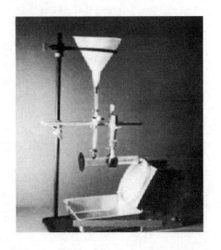

图5-5　BS 3449：1990中所使用的十字金属架　　　图5-6　ASTMD 4772—2014测试原理图

（六）液态水分管理测试方法

采用液态水分管理测试仪，按图5-7所示测试原理，将试样放置于设备的上下同心传感器之间，将一定量的模拟汗液滴到织物上，模拟汗液在织物上沿三维方向传递：液态水沿织物的浸水面扩散；从织物的浸水面向浸透面传递；在织物的浸透面扩散。而与测试面料紧密接触的上下传感器会测量出电阻，进而计算出面料内液态水的动态传递情况，得出浸湿时间和吸水速率。

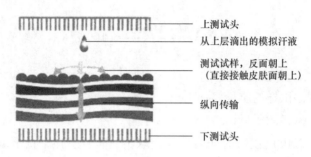

图5-7　水分传递测试的基本原理示意图

四、测试表征指标

表5-1列出了不同标准采用的吸湿指标。国外标准一般多为测试方法，不提供各测试指标需达到的最低要求。但中国国家推荐性标准GB/T 21655.1—2008和GB/T 21655.2—2019中，不仅提供了吸湿速干测试方法，还规定了该类产品需达到的最低值，见表5-2～表5-4。

表5-1　不同标准的吸湿测试指标

原理	标准	表征指标	单位
滴水扩散时间法	AATCC 79—2014	润湿时间	s
	BS 4554：1970（2012）	润湿时间	s
	JIS 1907：2010	润湿时间	s
	GB/T 21655.1—2008	滴水扩散时间	s
	AATCC 198—2013	芯吸时间	s
		芯吸高度	mm
		芯吸速率	mm/s
垂直芯吸法	AATCC 197—2013	芯吸时间	s
		芯吸高度	mm
		芯吸速率	mm/s
	JIS 1907：2010	芯吸高度	mm
	GB/T 21655.1—2008	芯吸高度	mm

续表

原理	标准	表征指标	单位
静态润湿法	BS 3449：1990	吸水率	%
	GB/T 21655.1—2008	吸水率	%
沉降法	BS EN 14697：2005	浸没时间	s
	JIS 1907：2010	浸没时间	s
毛圈吸水—水流法	ASTM D4772—2014	正面吸水量	mL
		反面吸水量	mL
		总体吸水量	mL
液态水分管理测试方法	GB/T 21655.2—2019	浸湿时间	s
		吸水速率	%/s

表5-2　GB/T 21655.1—2008吸湿快干性能技术要求

产品类别	吸湿性检测项目			速干性检测项目	
	吸湿率/%	滴水扩散时间/s	芯吸高度/mm	蒸发速率/（g·h^{-1}）	透湿量/（g·m^{-2}·d^{-1}）
针织产品	≥200	≤3	≥100	≥0.18	≥10000
机织产品	≥100	≤5	≥90	≥0.18	≥8000

表5-3　GB/T 21655.2—2019规定的各项性能指标分级标准

性能指标等级	1	2	3	4	5
吸湿时间T/s	>120	20.1~120	6.1~20	3.1~6	≤3
吸水速率/（%·s^{-1}）	0~10	10.1~30	30.1~50	50.1~100	>100
浸透面最大浸湿半径R/mm	0~7	7.1~12	12.1~17	17.1~22	>22
浸透面液态水扩散速率S/（mm·s^{-1}）	0~1	1.1~2	2.1~3	3.1~4	>4
单向传递指数	<-50	-50~100	100.1~200	200.1~300	>300

表5-4　GB/T 21655.2—2019吸湿快干性能技术要求

性能	项目	要求
吸湿速干性	浸水面和渗透面浸湿时间	≥3级
	浸水面和渗透面吸水速率	≥3级
	浸透面最大浸湿半径	≥3级
	浸透面液态水扩散速度	≥3级
吸湿排汗性	渗透面浸湿时间	≥3级
	渗透面吸水速率	≥3级
	单向传递指数	≥3级

1. 纺织材料吸湿性的测试方法有哪几种？
2. 纺织品吸湿性能测试表征指标有哪些？

第二节 纺织品快干性能的测试方法与标准

一、实验目的与要求

通过实验，了解织物吸湿快干的原理及测试标准，了解仪器的结构及测试过程，熟悉仪器的操作方法和所测试各项指标的意义。

二、实验仪器与试样材料

实验仪器：水分分析仪、干燥速率测试仪等测试设备。

试样材料：各种不同原料试样若干。

三、测试原理与检测方法

（一）滴湿/润湿称重法

JIS 1096：2010的8.25节为润湿称重方法，是将试样浸没于20℃的水中，随后从水中取出，悬挂滴干称重，并记录试样达到恒重所花的时间。

滴湿称重法按照试样放置方式分垂直悬挂和水平放置两种，参数见表5-5。采用垂直悬挂法的有GB/T 21655.1—2008、ISO 17617：2014的方法A_1和A_2。以ISO 17617：2014的方法A_2为例，测试过程如下：用微量吸液管将0.08mL的水施加到试样接触皮肤面的中心处，再将试样垂直悬挂于天平上，并称得初始重量M_0，如图5-8所示。接下来每隔5min称一次重量，直至测试60min或试样含水量不高于初始水量的10%为止。

表5-5 滴湿称重法测试标准的参数

放置方式	测试标准	样品大小	滴水量/mL	测量间隔/min	测试终点
垂直悬挂	GB/T 21655.1—2008	至少10cm×10cm	0.2	5	直至连续两次称取质量的变化不超过1%
	ISO 17617：2004方法A_1	200mm×200mm	0.3	5	直至测试达60min，或含水量小于等于初始含水量的10%
	ISO 17617：2004方法A_2	100mm×100mm	0.08	5	
水平放置	ISO 17617：2004方法B	直径为85mm的圆	0.1	5	
	IHTM 048	面积为100cm²的圆	3	5 15	30min
	IHTM 048A		1	30	

1. 干燥质量百分比 L_t

通过天平在各时刻称量的试样质量，按下式可计算出 t 时刻的干燥质量百分比 L_t。再对 t 和 L_t 的散点图做线性拟合，即可得到干燥速率。

$$L_t = \frac{M_0 - M_t}{M_0 - M_w} \times 100\% \qquad (5-4)$$

式中：M_0——$t=0$ 时，试样的质量，g；

M_t——t 时刻，试样的质量，g；

M_w——滴水前试样的质量，g。

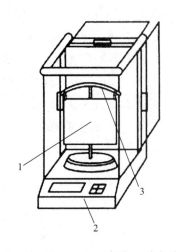

图5-8　ISO 17617：2014方法 A_2 测试原理图

1—测试试样　2—天平悬挂试样的支架
3—悬挂试样的支架

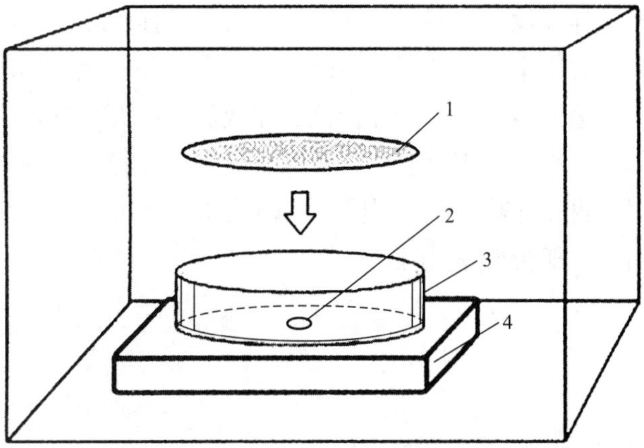

图5-9　IHTM 048A测试原理图

1—测试试样　2—水滴　3—培养皿　4—天平

2. 蒸发率

采用水平放置方法的有ISO 17617：2014的方法B和IHTM 048和IHTM 048A。以IHTM 048A为例，如图5-9所示，将试样放入培养皿中并称重，记为重量 A。再将试样从培养皿中移出，在培养皿中滴1mL水，然后将试样重新放入培养皿中的液滴上，正面朝上，并马上称重，记为重量 B。在此之后，分别在5min、15min和30min时称重，记为重量 C。按下式可计算出蒸发率。

$$蒸发率 = \frac{B-C}{B-A} \times 100\% \qquad (5-5)$$

（二）液态水分管理测试方法

液态水分管理测试仪可同时测纺物的吸湿和快干性能，测试过程同吸湿测试过程一样。快干测试的技术指标有渗透面最大浸润半径和渗透面液态水扩散速度。液态水扩散速度是指织物表面浸湿后扩散到最大浸湿半径时，沿半径方向液态水的累计传递速度。GB/T 21655.2—2019方法中，还引入了吸湿排汗性，用渗透面浸湿时间、渗透面吸水速率和单向传递指数来考核。单向传递指数是指液态水从织物浸水面传递到渗透面的能力，是织物两面吸水量的差值与测试时间的比值。

（三）水分分析仪法

AATCC 199—2013运用水分分析仪自带的加热装置，将湿润的面料加热，当达到双方协定的测试终点时，记录下干燥过程所需的时间。双方协定的测试终点，可以是面料的原始干重，也可以是协定的某一重量，比如，可以使面料干重加上4%的水含量。

测试分为三个步骤。第一步，先找出样品的吸水面并判断样品是否适合采用AATCC 199—2013测试。先将平衡后的样品按照AATCC 79—2014分别滴一滴液滴在面料的正面和反面，看哪面吸水更快，更快的面为测试面。若正反两面的滴水吸收时间均超过30s，则该面料不适合采用AATCC 199—2013测试，测试终止。第二步，将试样称干重，记为W_1，将试样浸没在水溶液中1min后取出，悬挂晾5min，再次称重，记为W_2，利用式（5-6）计算出含水率。再利用得出的含水率和样品干重，运用式（5-7）计算在干燥面料上加水的量。第三步，在水分分析仪上完成测试，开机并设定温度为37℃，30min后，打开加热腔体，一次放入支撑架和金属网，放入干燥样品，在干燥的样品上滴式（5-7）计算出的水量，再在样品上放金属网。关闭腔体，开始加热，直至测试终点，记录达到测试终点所花时间，即为干燥时间。

$$含水率 = \frac{W_2 - W_1}{W_1} \times 100\% \qquad （5-6）$$

$$y = xW_1 \qquad （5-7）$$

式中：y——总的加水量，mL；

$\quad x$——含水率；

$\quad W_1$——样品干重；

$\quad W_2$——样品湿重。

（四）热板法

AATCC 201—2013加热板法的测试设备如图5-10所示，设备顶端有风扇，可在测试热板上方空间内提供1.5m/s的风速。打开设备舱门，可见中心带有圆孔的金属板。圆孔的正上方1cm处，有一红外热电偶探头，用来检测面料温度。按照标准设计，金属板可加热至37℃，金属板下方为隔热板。在设备前部还配有风速仪。

测试时，先启动设备，开启风扇，使金属热板温度稳定在37℃，注意监测风速为1.5m/s。之后将试样放置于金属热板上5min，接触皮肤面接触热板。然后，掀起测试面料一角，露出金属热板上的圆孔，在圆孔处滴0.2mL水。再重新将试样放好，使样品覆盖水滴，并压好压板，此时开始计时。设备会自动记录各个时刻的面料温度。刚开始，面料温度会急剧下降，随着

图5-10　AATCC 201干燥速率测试仪

时间推移，部分水分蒸发，温度上升，直至稳定。由此可得到面料的温度和时间曲线，如图5-11所示。对最陡的一段和最平缓的一段曲线做线性拟合，其交点即为测试终点，由此得出干燥时间。干燥速率R和干燥时间的关系如下：

$$R=\frac{V}{t} \tag{5-8}$$

式中：R——干燥速率，mL/h；

　　　V——测试时滴水的体积，mL；

　　　t——干燥时间终止时间与起始时间的差值，h。

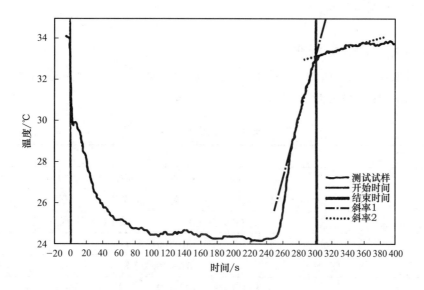

图5-11　AATCC 201—2013加热板法测试温度—时间曲线图

（四）透湿量法

GB/T 21655.1—2008考核了透湿量，测试方法依照GB/T 12704.1—2009《纺织品　织物透湿性试验方法　第1部分：吸湿法》进行。不同于国外标准的吸湿量测试，透湿杯分两次放入恒温恒湿箱中。先在图5-12所示的透湿杯中放入35g无水氯化钙干燥剂，再将试样测试面朝上放置于透湿杯上，加装垫圈、压环和乙烯胶密闭透湿杯。将此透湿杯放入规定条件的恒温恒湿箱内1h后，取出，盖好杯盖，放入硅胶干燥器中平衡30min，并称重。

GB/T 12704.1—2009推荐三种恒温恒湿的环境，其中优先选择条件a，即（38±2）℃，（90±2）%的相对湿度。称重后轻微震动杯内的干燥剂，使其上下混

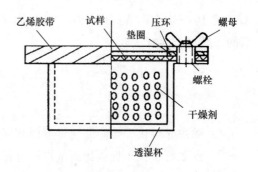

图5-12　GB/T 21655.1—2008透湿量法所用的透湿杯

合，取走杯盖，再次将透湿杯放入恒温箱内1h，称重。最后，面料的透湿量（透湿率）计算式如下：

$$WVT= \frac{\Delta m-\Delta m'}{At}$$ （5-9）

式中：WVT——透湿率，g/（m^2·24h）；

　　Δm——同一实验组合体两次称重之差，g；

　　$\Delta m'$——空白样的同一实验组合体两次称重之差，g；

　　A——有效实验面积（0.00283m^2）；

　　t——实验时间，h。

四、纺织品快干性能测试标准

国内外常用的快干性能测试标准有9个，从测试原理看，可分为5类（表5-6），其中IHTM 048和IHTM 048A为天祥（Intertek）公司内部测试方法。

表5-6　快干测试标准及原理

测试原理	测试标准
滴湿/润湿称重法	JIS L 1096：2010 织物和针织物的试验方法"干燥"
	GB/T 21655.1—2008 纺织品　吸湿速干性的评定　第一部分：单项组合实验法
	ISO 17617：2014 纺织品　水分干燥速率的测定
	IHTM 048 蒸发率
	IHTM 048A 蒸发率
液态水分管理测试法	AATCC 195—2017 纺织品的液态水动态传递性能
	GB/T 21655.2—2019 纺织品　吸湿速干性的评定　第2部分：动态水分传递法
水分分析仪法	AATCC 199—2013 纺织品的干燥时间：水分计法
热板法	AATCC 201—2014 织物干燥速率：加热板法
透湿量法	GB/T 21655.1—2008 纺织品　吸湿速干性的评定　第1部分：单项组合试验法，8.5节透湿量

这9个测试标准在测试范围上，均适用于各类纺织品。但AATCC 199—2013指出，若AATCC 79—2014的预测试结果大于30s，则该类产品不适合按AATCC 199—2013测试。除AATCC 199—2013、AATCC 201—2014和JIS L 1096：2010外，大部分标准考核了洗前和洗后的产品快干性能。

思 考 题

1. 纺织材料快干性能的测试方法有哪几种？
2. 纺织材料快干性能的测试指标有哪些？

第三节　防水透湿纺织品的防水性能测试方法与标准

纺织品的防水性是指织物抵抗被水润湿和渗透的性能。防沾水织物考核的是织物抵抗被水润湿的性能。根据防水性能的强弱以及被水润湿和渗透的性能，测试方法可分为静水压法和喷淋法。喷淋法又可分为沾水法、淋雨法和冲击渗透法，如图5-13所示。

静水压试验以纺织品承受的静水压来表示织物抵抗静态水渗漏的性能。喷淋法是指水滴以一定角度喷射到试样表面，考核面料表面沾水或透水情况。比较而言，静水压法对面料施加的压力远大于喷淋法，考核的是织物抵抗被水渗透的能力。所以，具有高防水要求的产品，除需满足防沾水要求之外，还需满足耐静水压的测试要求。

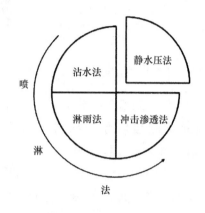

图5-13　防水织物防水测试方法的划分

一、实验目的与要求

通过实验，了解织物防水透湿的原理及测试标准，了解防水性仪器的结构及测试过程，熟悉仪器的操作方法和所测试各项指标的意义。

二、实验仪器与试样材料

实验仪器：手动式Mullen水压测试仪、FX 3000-Ⅳ型静水压测试仪、水平淋水试验仪、冲击渗透实验仪等测试设备。

试样材料：各种测试设备、各种不同原料试样若干。

三、测试原理与检测方法

（一）静水压法

静水压指水透过纺织品时所遇到的阻力。静水压实验以织物能承受的静水压来表示织物抵抗静态水渗漏的性能，通常试样被环形夹具夹持，一面承受持续上升的水压，面料逐渐被水顶起凸出，直到另外一面出现三处渗水点为止，记录第三处渗水点出现时的压力值，如图5-14所示，结果以kPa、mmhg、mmH$_2$O、cmH$_2$O或N表示。织物能承受的静水压越大，防水性或抗渗漏性越好。常用的测试标准见表5-7，这些测试标准虽然原理相似，但各测试方法之间仍有差异。从测试量程上来看，有低压和高压两种。低压一般选用FX3000IV型设备，最大量程为50000mmH$_2$O

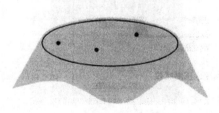

图5-14　静水压测试示意图

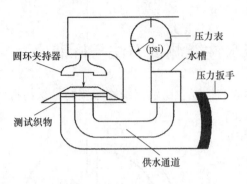

图5-15 手动式Mullen水压测试仪

（490kPa），高压选用Mullen测试仪，其测试量程较大，可以给织物施加高达1379kPa的均匀压力。

选用Mullen测试设备的测试标准有ASTMD 751程序A和ASTMD 3393。利用ASTMD 751程序A时，试样被加持在内孔直径为（31.8±0.5）mm的圆环夹持器中，如图5-15所示，织物的涂层面、层压面或高密织物的耐久性拒水处理面与水接触。试样被夹持进入仪器测试前，试样夹下侧水平面必须与橡皮密封圈平齐，使得测试时水平面和试样之间不存在空气。可选择程序1或程序2进行操作。按程序1操作时，以（1.64±0.07）cm³/s的速度匀速平稳地增加水压，直到织物表面出现第一处水滴为止，记录此时的静水压值，单位N，测试10个试样。通常所加的静水压不超过1103kPa。按程序2进行操作时，在试样上施加恒定水压14kPa，并保持5min。在此过程中，记录渗水情况，出现渗水即为样品不合格，共测试5块样品。美国规定采用Mullen水压测试仪时织物防水的最低压力值标准为241.32kPa。

表5-7　纺织品静水压测试标准

标准编号	标准名称
AATCC 127—2017	抗水性：静水压法
ASTMD 751—2006（2011）	涂层织物标准测试法
ASTMD 3393—1991（2014）	涂层织物耐水性的标准规范
ISO 811：2018	纺织织物抗渗水性的测定　静水压法
ISO 1420：2016	橡胶或塑料涂覆织物　抗水渗透性测定
JIS L 1092：2009	纺织品的防水性测试方法
GB/T 4744—2003	纺织品　防水性能的检测和评价　静水压法
FZ/T 01004—2008	涂层织物　抗渗水性的测定

图5-16　FX 3000-Ⅳ型静水压测试仪

随着低压式静水压设备不断更新，测试量程也不断提高，目前可达500kPa，而一个人跪倒在湿地上或坐在湿透的小船座位上时，在织物上产生的压力为172.4～344.7kPa，所以低压式静水压设备已经可以满足这类情形的测试要求，而大多数产品也不需要高达上千千帕的抗静水压要求。所以，Mullen法的测试局限性也凸显出来，因其施加的压力值过高而受到批评，测试需求越来越少。同时，由于Mullen测试设备的夹头面积不同于其他静水压设备，一般也不会将Mullen测试结果同其他设备的测试结果做比较。

目前，低压式静水压设备多采用瑞士Textest公司生产的FX系列，如图5-16所示为FX
3000-Ⅳ型静水压测试仪，设备配有水槽和环形夹头，可通过观望窗口更好地看到面料表
面出水情况。该设备同样可以满足等速加压和在某一固定压力值保持一定时间的测试要
求。表5-8为各标准具体的测试参数。

表5-8　为各标准具体的测试参数

标准编号	样品数量和尺寸	静水压单位	判断依据	加压方式和加压速度
AATCC 127—2017	3块 200mm×200mm	mm	3处出水	匀速加压，6kPa/min
ASTMD 3393	5块 200mm×200mm	—	（60±5）s内是否出水	（207±7）kPa，保持（60±5）s
ISO 811：2018	5块 200mm×200mm	cm或mbar	3处出水	（10±0.5）cmH₂O/min或 （60±3）cmH₂O/min
ISO 1420：2016 FZ/T 01004—2008	5块 200mm×200mm 或直径130~200mm 的圆	—	2min（当指定压力<30kPa时）或5min（当指定压力>30kPa时）内是否有出水	匀速升压，1min（当指定压力≤30kPa时）或2min（当指定压力>30kPa时）内升压至指定压力，保持2min（当指定压力≤30kPa时）或5min（当指定压力>30kPa时）
JIS L 1092：2009 方法A	5块 150mm×150mm	mm	3处出水	（600±30）mm/min或（100S）mm/min
GB/T 4744—2013	5块 200mm×200mm	kPa	3处出水	（60±3）cmH₂O/min

同其他低压标准不同的是，ASTM D3393虽然采用了Mullen法的测试设备，但其加压
的压力并不很高。夹持好试样后，先在1min内对试样5次加水压至（207±7）kPa，5次加
压结束后，使水压为（207±7）kPa保持（60±5）s，并观察试样是否有出水情况。若有，
则判为不合格。

ISO 1420：2016方法中还引入了防止涂层试样变形、爆裂的金属网，金属网由直径为
1.0~1.2mm的金属丝组成，其网眼周长不大于30mm。将金属网放置在测试试样上方，用
试样夹夹紧。匀速升压，并在1min（当指定压力≤30kPa时）或2min（当指定压力>30kPa
时）内升压至指定压力，保持2min（当指定压力≤30kPa时）或5min（当指定压力>30kPa
时），看试样是否有漏水现象。

JIS L 1092：2009中的静水压测试方法分方法A（低压法）和方法B（高压法）。高压法
适用于施加不小于10kPa压力的测试，低压法测试等效于ISO 811：2018。

GB/T 4744—2013除给出测试方法，还给出了基于6kPa/min的升压速度的抗静水压等
级和防水性能，见表5-9。

FZ/T 01004—2008基于ISO 1420：2001，不同的是FZ/T 01004—2008标准中还增加了
最终静水压的测定及结果的表示。测定最终静水压时，以一定速率连续增压，直到试样表

面出现水渗透点为止，记录此时的静水压值。

表5-9　GB/T 4744—2013中的抗静水压等级和防水性能评价

抗静水压等级	静水压值P/kPa	防水性能评价
0级	$P<4$	抗静水压性能增加
1级	$4\leq P<13$	具有抗静水压性能
2级	$13\leq P<20$	
3级	$20\leq P<35$	具有较好的抗静水压性能
4级	$35\leq P<50$	具有优异的抗静水压性能
5级	$P\geq50$	

（二）沾水法

如图5-17所示，沾水法测试原理为：将试样安装在环形夹持器上，保持夹持器与水平呈45℃，试样中心位置距喷嘴下方150mm。用250mL的蒸馏水或去离子水喷淋试样，持续喷淋25～30s。喷淋后，立即将夹有试样的夹持器拿开，使织物正面向下几乎呈水平，然后对着一个固体硬物轻轻敲打一下夹持器，接着水平旋转夹持器180°后，再次轻轻敲打夹持器。敲打结束后，通过试样外观与沾水现象描述及图片的比较，评定织物的沾水等级。沾水的测试方法见表5-10。图5-17中所标尺寸为GB/T 4745—2012和ISO 4920：2012中所规定的。

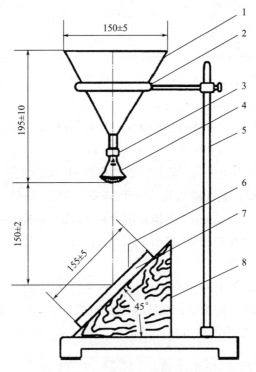

图5-17　沾水法测试的喷淋装置

1—漏斗　2—支撑杯　3—橡胶管　4—淋水喷嘴　5—支架　6—试样　7—环形夹持器　8—底座

表5-10 纺织品沾水法测试标准

标准编号	标准名称
AATCC 22—2017	拒水性：喷淋试验
ISO 4920：2012	纺织面料表面抗湿性测定（喷淋试验）
GB/T 4745—2012	纺织品 防水性能的检测和评价 沾水法
JIS L 1092：2009	纺织品的防水性测试方法

不同于ISO 4920：2012方法，GB/T 4745—2012中还包含了对半级沾水现象的描述（表5-11），同时给出了纺织品防水性能的评价（表5-12）。

AATCC 22—2017采用的评级方法与GB和ISO方法略有不同，采用的是沾水图示例法，评分采用100分制，并给出了ISO方法中各等级的对应关系，如图5-18所示。若级数介于两个等级之间，也可以报告中间等级，如95/85/75等。

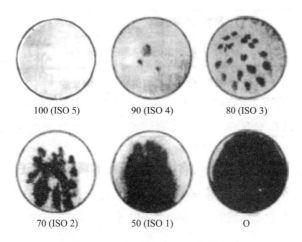

100 (ISO 5)　　90 (ISO 4)　　80 (ISO 3)

70 (ISO 2)　　50 (ISO 1)　　O

图5-18 AATCC 22—2017评级图

JIS L 1092：2009中的7.2为沾水测试，其等效采用了ISO 4920：2012的测试方法。

表5-11 GB/T 4745—2012沾水等级的描述

沾水等级	沾水现象描述
0级	整个试样表面完全润湿
1级	受淋表面完全润湿
1-2级	试样表面超出喷淋点处润湿，润湿面积超出受淋表面一半
2级	试样表面超出喷淋点处润湿，润湿面积约为受淋表面一半
2-3级	试样表面超出喷淋点处润湿，润湿面积少于受淋表面一半
3级	试样表面喷淋点处润湿
3-4级	试样表面等于或少于半数的喷淋点处润湿
4级	试样表面有零星的喷淋点处润湿
4-5级	试样表面没有润湿，有少许水珠
5级	试样表面没有水珠或润湿

表5-12　GB/T 4745—2012防水性能评价

沾水等级	沾水现象描述
0级	不具有抗沾湿性能
1级	
1–2级	抗沾湿性能差
2级	
2–3级	抗沾湿性能较差
3级	具有抗沾湿性能
3–4级	具有较好的抗沾湿性能
4级	具有很好的抗沾湿性能
4–5级	具有优异的抗沾湿性能
5级	

（三）淋雨法

根据淋雨方式不同，淋雨法又可分为水平喷淋法、邦迪斯门淋雨法和维拉淋雨法，涉及标准见表5-13。采用水平喷淋法的标准有AATCC 35—2018、ISO 22958：2005、GB/T 23321—2009和JIS L 1092：2009附录 JC.2.1的方法A。其中国标法是基于ISO方法稍做修改，而JIS则是基于AATCC方法。国标法测试原理为：将背面附有已知质量吸水纸的试样在规定条件下用水喷淋5min，然后称量吸水纸的质量，通过吸水纸质量的增加来判定实验过程中透过试样的水的质量，如图5-19所示。喷水时间和水压高度协商决定。美国海关关税编码（HTSUS）第62章附加法律注释2中规定，出口美国的机织防水产品，需按照AATCC 35进行测试，测试时选用600mm的水压高度，喷淋2min，吸水纸吸水不能超过1g。

表5-13　纺织品淋雨法测试标准

标准编号	标准名称
AATCC 35—2018	拒水性：淋雨测试
ISO 9865：1991	纺织品用邦迪斯门淋雨试验对织物拒水性的测定标准
ISO 22958：2005	纺织品耐水性淋雨试验：水平喷淋法
BS 5066：1974（R2017）	纺织品耐人工喷淋试验方法
GB/T 14577—1993	织物拒水性测定邦迪斯门淋雨法
GB/T 23321 —2009	纺织品　防水性　水平喷射淋雨试验
JIS L 1092：2009	纺织品的防水性测试方法

邦迪斯门淋雨法的测试标准有ISO 9865：1991、GB/T 14577—1993和JIS L 1092：2009。该法模拟不同气象条件下的雨滴大小和雨量时面料的防水性。测试设备原理图如图5-20所示，将试样放于测试杯上，在指定的淋雨设备下经受人造淋雨，然后用样

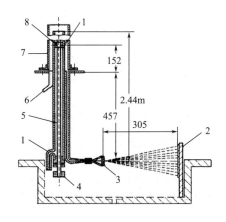

图5-19 水平淋雨试验仪
（除已标注单位的，其他数字单位均为mm）

1—过流水 2—试样夹持器 3—带孔喷嘴 4—阀门控制器
5—铜制阀杆 6—进水口 7—耐热玻璃管 8—阀门

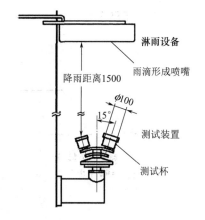

图5-20 邦迪斯门淋雨法测试设备原理图
（单位：mm）

照与润湿试样进行目测对比，确定拒水性。称量试样在实验中吸收的水分，记录透过试样收集在测试杯中的水量。该方法用拒水性等级来表征织物的防水性能，可用于评价织物在运动状态下经受阵雨的拒水性整理工艺效果。但该标准仅为测试方法，没有给出防水性能的评价指标。

BS 5066：2017和JIS L 1092：2009采用维拉淋雨测试仪，其测试原理如图5-21所示。模拟淋雨设备将水淋在已知重量的试样上，该试样固装在一斜坡玻璃板上，玻璃板上有棱，玻璃板同水平方向夹角30°。每次试验用水500mL，水流结束后测量保留在试样里的水量和穿透试样而收集的水量。

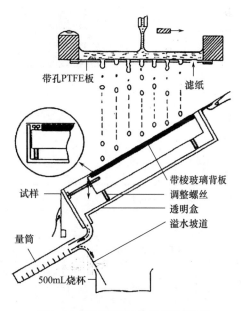

图5-21 维拉淋雨测试仪测试原理

（四）冲击渗透法

如图5-22所示，冲击渗透法是在沾水法的基础上，在面料背面衬一张已知质量的吸水纸，然后把500mL的水从610mm（美国标准为600mm）的高度喷淋到试样上，然后称量吸水纸的质量。两次称量质量的差值为渗水量。差值越大，渗水量越多，样品的抗渗水性越差。测试设备还配备了水滴收集器，用于在连续喷淋停止后2s时收集水滴，防止剩余的水滴滴落在试样上。

采用冲击渗透法的测试标准见表5-14。FZ/T 01038—1994分方法A和方法B，方法A的测试原理同上述。方法B中，试样背面垫有一块湿度检测板，当试样有渗透时，测定所需时间和持续淋雨的流量。

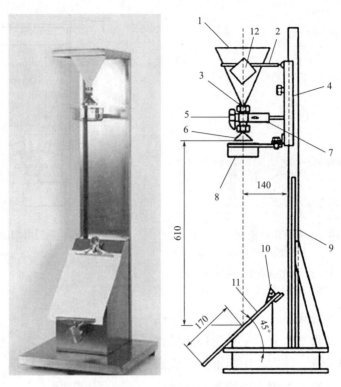

图5-22 冲击渗透实验设备及示意图（单位：mm）

1—漏斗　2—环形支撑架　3—金属箍　4—滑动组件　5—控制阀　6—喷头
7—固定夹　8—水滴收集器　9—试验支架　10—弹簧夹　11—试样台　12—隔板

表5-14　纺织品冲击渗透法测试标准

标准编号	标准名称
AATCC 42—2017	防水性：冲击渗透试验
GB/T 33732—2017	纺织品　抗渗水性的测定　冲击渗透试验
GB/T 24218.17—2017	纺织品　非织造布试验方法　第17部分：抗渗水性的测定（喷淋冲击法）
FZ/T 01038—1994	纺织品防水性能　淋雨渗透性试验方法
ISO 18695：2007	纺织品抗渗水性的测定　冲击渗透试验
ISO 9073：2008	纺织品　非织造布试验方法　第17部分：抗渗水性的测定（喷淋冲击法）

四、防水指标的技术要求

表5-15为静水压法中外标准的技术要求，表5-16为喷淋法中外标准的技术要求。

表5-15　静水压法中外标准的技术要求

标准编号	标准名称	静水压技术指标要求（不小于）/kPa
FZ/T 43012—2013	锦纶丝织物	4

续表

标准编号	标准名称	静水压技术指标要求（不小于）/kPa			
GB/T 23330—2019 （EN 343：2003 MOD）	服装 防雨性能要求	1级：预处理之前的材料、预处理之前的接缝	8		
		2级：预处理之前的接缝、预处理之后的材料	8		
		3级：预处理之前的接缝、预处理之后的材料	13		
GB/T 23317–2019 （BS 6408：1983 MOD）	涂层服装抗湿 技术要求	面料扭曲弯挠9000次后	10		
		接缝	20		
GB/T 28464—2012	纺织品 服用涂层织物	分类	原样	屈挠后	水洗后
		Ⅰ 一般服用类	15	—	—
		Ⅱ 防水透湿服用类	30	25	15
		Ⅲ 工作服类	30	20	15
		Ⅳ 防水服用类	60	45	25
GB/T 28463—2012	纺织品 装饰用涂层织物	室外装饰用（遮阳布、灯箱布、篷盖布等）	50		
GA 10—2014	消防员灭火防护服	洗涤25次后，防水透气层材料	50		
GA 634—2015 ISO 15538：2001 NEQ	消防员隔热防护服	面料外层	17		
GA 362—2009	警服材料 防水透湿复合布		60		
GA 362—2009	警服 雨衣	成品缝合部位	18		
GA 357—2009	警服材料 聚氨酯 湿法涂层雨衣布	初始	60		
		5次水洗后	45		
FZ/T 14009—2014	篷盖用维纶 染色防水帆布	篷布用织物	3.5		
		盖布用织物	6		
BB/T 0037—2012	双面涂覆聚氯乙烯 阻燃防水布、篷布		20		
TB/T 1941—2013	铁路货车篷布	涂覆织物和焊缝	20		
GB/T 20463—2015 ISO 8096：2005，MOD	防水服用 橡胶或塑料涂覆织物 规范	分类	屈挠后	老化和屈挠后	磨损后	干洗后
		A类：材料用于休闲外罩和工作服	15	15	见成品服装最终用途规范的要求	15
		B类：长时间轻度活动工作服面料或衬里材料	30	25		

标准编号	标准名称	静水压技术指标要求（不小于）/kPa				
GB/T 20463-2015（ISO 096：2005，MOD）	防水服用橡胶或塑料涂覆织物规范	分类	屈挠后	老化和屈挠后	磨损后	干洗后
		C类：长时间中度至高度活动工作服面料或衬里材料	30	25	见成品服装最终用途规范的要求	15
		D类：长时间活动户外工作服	45	30		20
		E类：长时间重度活动户外工作服	60	45		25
ISO 10966：2011	体育和娱乐品篷盖用织物规范	织物用途	类型A		类型B	
		住宅用涂层篷盖用织物，用于屋顶	15		8	
		游览用涂层篷盖用织物，用于屋顶	15		8	
		住宅用非涂层篷盖用织物，用于屋顶	—		4	
		游览用非涂层篷盖用织物，用于屋顶	5		3	
		住宅用涂层篷盖用织物，用于墙壁	10		4	
		游览用涂层篷盖用织物，用于墙壁	15		4	
		住宅用非涂层篷盖用织物，用于墙壁	2.5		2.5	
		游览用非涂层篷盖用织物，用于墙壁	2.5		2	
		冬季用篷盖用织物，用于屋顶	15		8	
		冬季用篷盖用织物，用于墙壁	15		4	
MZ/T 011.2—2010	救灾帐篷第2部分：12m² 单帐篷	50				
MZ/T 011.4—2010	救灾帐篷第4部分：12m² 棉帐篷	50				
GB/T 33272—2016	遮阳篷和野营帐篷用织物	I类		10		
		II类		15		
		III类		20		
GB/T 32614—2016	户外运动服装冲锋衣	分级	I级		II级	
		洗前	面料50接缝40		面料30接缝20	
		洗后	面料40接缝30		面料20接缝15	

续表

标准编号	标准名称	静水压技术指标要求（不小于）/kPa			
FZ/T 81010—2018	风衣	分等	优等品	一等品	合格品
		洗后面料	50	35	20
		洗后接缝处	35	20	20
GB/T 21980—2017	专业运动服装和防护用品通用技术规范	洗后	13		
FZ/T 14023—2021	涤（锦）纶防水透湿雨衣面料	有防雨功能的成品	13		
		有防暴功能的成品	35		
		初始	50		
		5次水洗后	20		
		加速老化试验	20		
FZ/T 81023—2019	防水透湿服装	—	一等品	合格品	
		洗后	面料50	面料40	
			接缝40	接缝30	

表5-16 喷淋法各标准的技术要求

标准编号	标准名称	喷淋等级指标要求（不低于）	
FZ/T 43012—2013	锦纶丝织物	优等品、一等品	4级
		二等品、三等品	3级
GB/T 23317—2009（BS 6408：1983 MOD）	涂层服装抗湿技术要求	4级	
GB/T 28464—2012	纺织品服用涂层织物	I一般服用类	3级
		II防水透湿服用类	4级
		III工作服用类	3级
		IV防水服用类	4级
GA 10—2014	消防员灭火防护服	外层材料洗涤5次后	3级
GA 362—2009	警服材料防水透湿复合布	初始	4级
		5次水洗后	2级
GA 357—2009	警服材料聚氨酯湿法涂层雨衣布	初始	4级
		5次水洗后	3级
FZ/T 14009—2014	蓬盖用维纶染色防水帆布	优等品	4级
		一等品	4级
		二等品	3级
GB/T 20463—2015（ISO 8096：2005 MOD）	防水服用橡胶或塑料涂覆织物规范	4级	

续表

标准编号	标准名称	喷淋等级指标要求（不低于）		
			I级	II级
GB/T 32614—2016	户外运动服装冲锋衣	洗前	4级	4级
		洗后	3级	—
FZ/T 81010—2018	风衣	洗后	4级	
GB/T 21980—2017	专业运动服装和防护用品通用技术规范	洗后	3~4级	
FZ/T 14023—2021	涤（锦）纶防水透湿雨衣面料	初始	4级	
		5次水洗后	3级	
FZ/T 14021—2021	防水、拒油防污、免烫印染布		原样	洗10后
		优等品	5级	4级
		一等品	4级	3级
		二等品	3级	2级
FZ/T 81023—2019	防水透湿服装		一等品	合格品
		洗后	3~4级	3级

思 考 题

1. 防水透湿纺织品防水性能的测试方法有哪几种？
2. 简述防水透湿纺织品静水压法的测试原理？

第四节　防水透湿纺织品的透湿性能测试方法与标准

透湿性是因为织物两边存在一定的水蒸气浓度差，根据纺织品的基本性质，当织物两边的水蒸气压力不同时，水蒸气会从高压一边透过织物向另一边，此时气态的水分透过织物的性能称为透湿性。衡量透湿性可从透湿量和湿阻两方面着手。

人们多用称重法来评价织物的透湿量，在织物两面分别保持恒定水蒸气压的条件下，测定规定时间内通过单位面积织物的水蒸气质量，常用单位为g/（m²·24h）或g/（m²·h）。因为主要的测试装置是杯子，织物透湿量的测试方法也叫透湿杯法。透湿杯法包括吸湿剂法和蒸发法，还可以根据操作方法分为正杯法和倒杯法。

一、实验目的与要求

通过实验，了解织物防水透湿的原理及测试标准，了解透湿性仪器的结构及测试过程，熟悉仪器的操作方法和所测试各项指标的意义。

二、实验仪器与试样材料

采用正杯法及倒杯法等吸湿设备进行测试，各种不同原料试样若干。

三、测试原理及检测方法

（一）正杯吸湿法

我国标准GB/T 12704.1—2009、日本标准JIS L 1099：2012中方法A-1和美国标准ASTM E96/E96M—2016采用正杯吸湿测试法，其原理为在测试杯内加入一定量的干燥剂，施加垫圈和压环后用胶带封住杯子边缘，将测试杯组合体放入一定温湿度和风速环境中，每隔一定时间称重，通过透湿杯组合体质量变化计算透湿率等参数。但这三个标准在测试过程和参数计算上还有一定差异，表5-17列出了三个标准测试参数比对。

表5-17　正杯吸湿法测试参数比对

标准	温度和湿度	风速/（m·s^{-1}）	干燥剂质量/g	干燥剂与试样距离/mm	表征参数
JIS L 1099：2012 方法A-1	（40±2）℃，（90±5）%	≤0.8	33	3	透湿率
GB/T 12704.1—2009	a.（38±2）℃，（90±2）% b.（23±2）℃，（90±2）% c.（20±2）℃，（65±2）%	0.3~0.5	34	4	透湿率 透湿度 透湿系数
ASTM E96/E96M	非极端湿度条件： 程序A：23℃ 程序C：32.2℃ 程序E：37.8℃ 湿度：（50±2）%	0.02~0.3	—	6	透湿率 透湿度
	极端湿度条件： （38±1）℃，（90±2）%				

1. 日本标准 JIS L 1099：2012 中方法 A-1

将如图5-23所示的透湿杯组合体放入规定温湿度的恒温恒湿箱体中1h，取出称重，记为a_1，重新放回恒温恒湿箱体中1h，再次取出称重，记为a_2。按下式计算出透湿率：

$$P_{A1} = \frac{a_2 - a_1}{S_{A1}} \tag{5-10}$$

式中：P_{A1}——透湿率，g/（m^2·h）；

$a_2 - a_1$——透湿杯组合体每小时的质量变化，g/h；

S_{A1}——透湿面积，m^2。

2. 中国标准 GB/T 12704.1—2009

将盛放干燥剂的透湿杯组合体和不放干燥剂的空白透湿杯组合体放入恒温恒湿箱中1h，取出并盖好杯盖，放入硅胶干燥器中平衡30min。随后，从硅胶干燥器中取出称重。称重后轻微振动杯中的干燥剂，使其上下混合，以免长时间使用而使上层干燥剂的干燥效

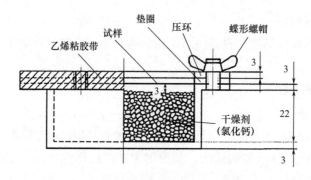

图5-23　JIS L 1099方法A-1氯化钙法

果减弱。振动过程中，应避免干燥剂与试样接触。去除杯盖，将透湿杯组合体放入恒温恒湿箱内1h，再迅速盖好杯盖称重，按式（5-11）计算透湿率，按式（5-12）计算透湿度，按式（5-13）计算透湿系数。

（1）透湿率。

$$WVT = \frac{\Delta m - \Delta m'}{A \cdot T} \qquad (5\text{-}11)$$

式中：WVT——透湿率，g/（m²·h）或g/（m²·24h）；

　　　Δm——同一实验组合体两次称重之差，g；

　　　$\Delta m'$——空白试样的同一实验组合体两次称重之差，g，不做空白实验时，$\Delta m'$=0；

　　　A——有效实验面积，A=0.00283m²；

　　　T——试验时间，h。

（2）透湿度。

$$WVP = \frac{WVT}{\Delta P} = \frac{WVT}{P_{CB}(R_1 - R_2)} \qquad (5\text{-}12)$$

式中：WVP——透湿度，g/（m²·Pa·h）；

　　　ΔP——试样两侧水蒸气压差，Pa；

　　　P_{CB}——在实验温度下的饱和水蒸气压力，Pa；

　　　R_1——实验时实验箱的相对湿度，%；

　　　R_2——透湿杯内的相对湿度，%，可按0计算。

（3）透湿系数。

$$PV = 2.778 \times 10^{-8} WVP \cdot d \qquad (5\text{-}13)$$

式中：PV——透湿系数，g·cm/（cm²·s·Pa）；

　　　d——试样厚度，cm。

3. 美国标准 ASTME 96/96M—2016

将干燥剂放入透湿杯中，使干燥剂上表面层距试样6mm。将试样附着在透湿杯上并密封，放入恒温恒湿箱内，立即称重。随后，每隔一段时间称重一次，整个测试过程称重8～10次，每次称重后要轻轻摇动透湿杯，使干燥剂混合均匀。当试样的预期透湿度小于

3ng/（m·s·Pa）时，需使用空白样来补偿环境变化对测试结果的影响，空白样透湿杯内不添加干燥剂。并计算出透湿率和透湿度，计算方法同GB/T 12704.1—2009。

（二）倒杯吸湿法

倒杯吸湿法的标准有欧盟标准ISO 15496：2018，日本标准JIS L 1099：2012中方法B-l、方法B-2和方法B-3。这些标准所采用的设备、吸湿剂及操作原理基本相同，主要区别在于实验条件和计算上。

根据ISO 15496：2018中，将试样和防水透湿微孔膜放于环形样品架上，样品架放入水槽，使膜接触水，如图5-24（a）所示。15min后，用另外一张防水透湿微孔膜覆盖盛有饱和乙酸钠溶液的透湿杯，称重后将透湿杯倒置于水槽中的样品架上，使膜和样品接触。在湿度差的作用下，水槽中的水蒸气透过样品架上的透湿膜和样品，并通过透湿杯上的透湿膜被饱和乙酸钾溶液吸收。15min后，移走透湿杯，再次称重。同时，安排空白实验，样品架上不附着测试样品，仅覆盖透湿膜，从而得到两张透湿膜和设备本身的透湿度。样品的透湿度依照式（5-14）~式（5~16）得出。

$$\Delta m = m_{15} - m_0 \tag{5-14}$$

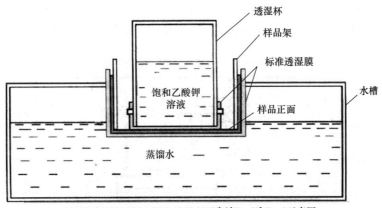

(a) ISO 15496:2018、JIS L 1099:2012方法B—2和B—3示意图

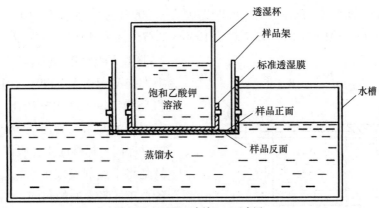

(b) JIS L 1099:2012方法B—1示意图

图5-24 倒杯吸湿法实验示意图

$$\mu_{\text{WV, app}} = \frac{\Delta m_{\text{app}}}{a \cdot \Delta P \cdot \Delta t} \qquad (5\text{-}15)$$

$$\mu_{\text{WV}} = \left(\frac{a \cdot \Delta P \cdot \Delta t}{\Delta m} - \frac{1}{\mu_{\text{WV, app}}} \right)^{-1} \qquad (5\text{-}16)$$

式中：m_{15}——15min后称得的透湿杯质量，g；

    m_0——透湿杯初始质量，g；

    $\mu_{\text{WV, app}}$——设备自身的透湿度，g/（$m^2 \cdot Pa \cdot h$）；

    Δm_{app}——空白样时透湿杯的质量变化，g；

    a——透湿杯开口面积，m^2；

    ΔP——试样两侧水蒸气压差，当水槽温度和室温均为23℃时，ΔP为2168Pa；

    Δt——测量时间，h；

    μ_{WV}——样品的透湿度，g/（$m^2 \cdot Pa \cdot h$）。

ISO 15496：2018计算了透湿度，同时需要安排空白实验，而JIS L 1099：2012中方法B-1和B-2只需计算透湿率，无须做空白实验。ISO 15496：2018和JIS L 1099：2012中方法B-2、B-3采用两张透湿膜，分别覆盖测试样品和透湿杯，而JIS L 1099：2012中方法B-1只采用一张透湿膜，用于覆盖透湿杯，如图5-24（b）所示。另外，这些标准的实验条件也不完全相同，见表5-18。JIS L 1099：2012方法B-3等效采用ISO 15496：2004。

表5-18　倒杯吸湿法实验条件对比

标准	实验条件	
	水槽温度/℃	空气温度/℃
JIS L 1099：2012方法B-1	23	30 ± 2
JIS L 1099：2012方法B-2	23	30 ± 2
JIS L 1099：2012方法B-3	23 ± 0.1	23 ± 3

（三）正杯蒸发法

正杯蒸发法的测试方法主要有 GB/T 12704.2—2009 中方法 A、JIS L 1099：2012中方法A-2、ASTM E96/E96M—2016、BS 7209：1990（2017）、BS 3424部分34：方法37：1992和AATCC 204—2017。GB/T 12704.2—2009中方法A、JIS L 1099：2012中方法A-2和ASTM E96/E96M—2016中的方法均是在恒温恒湿箱内利用透湿杯完成的。测试过程同各标准的正杯吸湿法十分相似，只是将干燥剂换成了水，表征参数也和各自正杯吸湿法的相同。图5-25为JIS L 1099：2012中方法A-2的透湿杯，表5-19为正杯蒸发法各测试标准参数比对。

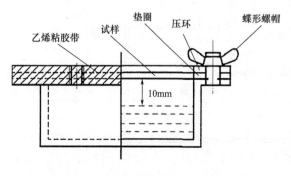

图5-25　JIS L 1099：2012中方法A-2的透湿杯示意图

表5-19　正杯蒸发法各测试标准参数比对

标准编号	环境温度和湿度	风速 /（m·s^{-1}）	水量 /mL	水与试样间距离/mm	表征参数
JIS L 1099：2012 方法A-2	（40±2）℃，（50±5）%	≤0.8	42	10	透湿率
GB/T 12704.2— 2009方法A	（a）（38±2）℃，（50±2）% （b）（23±2）℃，（50±2）% （c）（20±2）℃，（65±2）%	0.3～0.5	34	10	透湿率、透湿度、透湿系数
ASTME 96/96M— 2016	程序B：23℃ 程序D：32.2℃ 湿度：（50±2）%	0.02～0.3	—	19±6	透湿率、透湿度
BS 7209：2017	（20±2）℃，（65±2）%	0	—	10±1	透湿率、透湿指数
BS 3424部分34：方法37	（20±2）℃，（65±5）%	0	—	19±6	透湿率、透湿指数
AATCC 204—2017	（21±1）℃，（65±2）%	≤0.1	390	—	透湿量、控制样平均透湿量、单个试样对控制样的透湿百分比、平均试样对控制样的透湿百分比

同其他标准不同，BS 7209：2017除了测试面料的透湿率，还要测试参考面料的透湿率。透湿杯放在一个旋转速度不超过6m/min的测试盘上，如图5-26所示，旋转测试盘包含8个测试头，一次可安排两个样品的6个试样和2个参考面料试样。将试样安装在透湿杯上之后，开启设备，先旋转测试盘1h，待测试杯组合体达到湿平衡后称重。再将测试杯放入测试盘，继续旋转至少5h，安排第二次称重，通常安排过夜测试，即16h的测试。

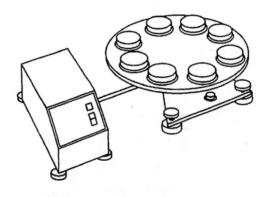

图5-26　BS 7209：2017测试原理图

由此，可根据式（5-17）和式（5-18）计算透湿率和透湿指数。

$$WVP=\frac{24M}{At} \quad (5-17)$$

式中：WVP——透湿率，g/（m^2·h）；

　　　M——两次称重的质量变化，g；

　　　t——两次称重的时间间隔，h；

　　　A——测试杯口面积，m^2。

$$I=\frac{WVP_f}{WVP_r}\times 100\% \quad (5-18)$$

式中：I——透湿指数；

$\quad$ WVP_f——测试样品的透湿率；

$\quad$ WVP_r——参考面料的透湿率。

BS 3424部分34：方法37完全参照BS 7209：2017，只是测试环境的湿度范围更广，为（65±5）%。AATCC 204—2017是利用水浴锅蒸发透湿杯的方法。透湿杯为开口玻璃杯，在透湿杯内加入（390±1）g的水，将试样附着在透湿杯上后，称重。然后将透湿杯放置于（54±2）℃水浴锅内，其中3个编号为1、2和3的控制样（AATCC透湿控制纸），4个编号为4、5、6和7的测试样，水浴锅中的水应没至透湿杯的约3/4处。计时24h，计时结束后，擦干透湿杯外壁，再次称重透湿杯。

通过两次称重，可计算出透湿杯透湿量［式（5-19）］、控制样平均透湿量［式（5-20）］、单个试样对控制样的透湿百分比［式（5-21）］和平均试样对控制样的透湿百分比［式（5-22）］。

$$T_n=O_n-F_n \quad\quad\quad (5-19)$$

$$T_{\text{controlavg}}=\frac{T_1+T_2+T_3}{3} \quad\quad\quad (5-20)$$

$$T_{4\%}=\frac{T_4}{T_{\text{controlavg}}}\times 100\% \qu\quad\quad (5-21)$$

$$T_{\text{avg}\%}=\frac{T_{4\%}+T_{5\%}+T_{6\%}+T_{7\%}}{4} \quad\quad\quad (5-22)$$

式中：T——透湿量，g；

$\quad$ n——透湿杯编号；

$\quad$ O——透湿杯的初始质量，g；

$\quad$ F——透湿杯的最终质量，g；

$T_{\text{controlavg}}$——控制样平均透湿量，g；

$\quad$ $T_\%$——单个试样对控制样的透湿百分比，%；

$T_{\text{avg}\%}$——平均试样对控制样的透湿百分比，%。

（四）倒杯蒸发法

我国标准GB/T 12704.2—2009中方法B和美国标准ASTME 96/E 96M—2016（BW）中规定了倒杯蒸发法的测试方法。透湿杯及材料与正杯蒸发法相同，将装好蒸馏水和试样的杯子倒置在实验箱的上层，称量和计算方法与正杯蒸发法也相同。该方法仅适用于防水织物，其测试示意图如图5-27所示，环境温度和湿度见表5-20。

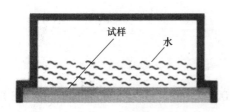

图5-27 倒杯蒸发法测试示意图

表5-20　倒杯蒸发法测试标准参数比对

标准	环境温度和湿度
GB/T 12704.2—2009中方法 B	a.（38±2）℃,（50±2）% b.（23±2）℃,（50±2）% c.（20±2）℃,（65±2）%
ASTM E96/E96M—2016	程序BW: 23℃ 湿度:（50±2）%

四、透湿量的技术要求

研究表明,当靠近皮肤的衣服内"微气候区"温度在（32±1）℃,湿度在（50±10）%时,人体才会感到舒适,此时人体处于最佳的生理状态。人体出汗是热平衡调节中的有效散热手段,不同劳动条件下人体散热量和排汗量见表5-21,其中20℃时重劳动强度的人体排汗量为2880g/（$m^2 \cdot 24h$）。

表5-21　不同劳动条件下人体热量和排汗量

运动状态	释放热量/ （$kJ \cdot m^{-2} \cdot h^{-1}$）	不同温度条件下人体排汗量/（$g \cdot m^{-2} \cdot 24h^{-1}$）		
		0℃	10℃	20℃
坐	209	290	320	430
爬	406	430	520	720
水平步行	586	580	660	1010
中劳动强度	920	1010	1330	1730
重劳动强度	1255	1930	1990	2880

中国标准也对透湿量做了技术规范,见表5-22。也有国外买家根据不同产品类型给出了透湿量的技术要求,见表5-23。

表5-22　中国标准给出的透湿量技术要求

标准编号	标准名称	透湿量技术要求/（$g \cdot m^{-2} \cdot 24h^{-1}$）	
GB/T 28464—2012	纺织品 服用涂层织物	Ⅰ 一般服用类	—
		Ⅱ 防水透湿服用类	≥4000
		Ⅲ 工作服类	≥2500
		Ⅳ 防水服用类	
GA 10—2014	消防员灭火防护服	防水透气层材料	≥5000
GA 362—2009	警服材料　防水透湿复合布	≥4700	
GA 357—2009	警服材料　聚氨酯湿法涂层雨衣布	初始	≥4000
		5次水洗后	≥4500

标准编号	标准名称	透湿量技术要求/（g·m⁻²·24h⁻¹）		
GB/T 20463—2015（ISO 8096：2005，MOD）	防水服橡胶或塑料涂覆织物 规范	A类：材料用于休闲外罩和工作服	≥560	
		B类：长时间轻度活动工作服面料或衬里材料	≥440	
		C类：长时间中度至高度活动工作服面料或衬里材料	≥480	
		D类：长时间活动户外工作服	≥480	
		E类：长时间亚度活动户外工作服	≥360	
GB/T 32614—2016	户外运动服装冲锋衣	分级	Ⅰ级	Ⅱ级
		洗前	≥5000	≥3000
		洗后	≥4000	≥2000
FZ/T 81010—2018	风衣	洗后	≥5000	
FZ/T 73016—2020	针织保暖内衣絮片型	优等品	≥5000	
		一等品	≥3000	
		合格品	≥2500	
GB/T 21295—2014	服装理化性能的技术要求	有透湿要求的成品	≥2200	
GB 19082—2009	医用一次性防护服技术要求	≥2500		
FZ/T 81023—2019	防水透湿服装	洗后	一等品	≥5000
			合格品	≥4000

表5-23 某国外买家对不同产品透湿量的技术要求

产品类型	透湿率要求/（g·m⁻²·24h⁻¹）
普通户外服装	≥800
防风透气服装	≥2000
防水透气服装	≥3000
防暴风雨透气服装	≥5000
滑雪服	≥8000

五、湿阻的测量及要求

（一）湿阻的测量

在表征纺织品透湿性时，人们易于想到直观的透湿量，而忽视纺织品自身的湿阻。湿阻是指纺织品阻碍水蒸气透过织物的能力，指试样两面水蒸气压力差与垂直通过试样单位面积蒸发热流量之比，通常用R_{et}表示。目前测试湿阻的标准有4个，见表5-24。这4个测试标准的原理和设备一样，均为蒸发热板法，这里以ISO 11092：2014为例介绍。

表5-24 纺织品湿阻测试标准

标准编号	标准名称
ISO 11092：2014	纺织品 生理舒适性 稳态条件下热阻和湿阻的测定（蒸发热板法）
ASTM F1868—2017	用蒸发热板测定服装材料热阻和湿阻的试验方法
GB/T 11048—2018	纺织品 生理舒适性 稳态条件下热阻和湿阻的测定（蒸发热板法）
JIS L 1099：2012中方法C	纺织品透湿测试方法

湿阻是在恒温恒湿箱内测试的，如图5-28所示。首先设置箱体温度和加热板（也称为测试板）温度为35℃，空气流速为1m/s，相对湿度为40%。加热板上有若干个孔连接给水系统，水可以通过孔铺满热板表面。先在加热的多孔加热板上铺一张防水透湿膜，再通过供水系统从加热板上的孔中通入适量的水，使膜与水接触。随后在膜上铺上被测试样，由于膜两侧存在湿度压力差，热板上的水气源源不断地透过膜和织物，进入箱体空气中。热板上的热量也不断被这些水气带走，为了保持热板温度恒定，供电系统需要不断对热板输入功率加热热板，进而可得出试样和膜整体的湿阻。试样的湿阻还需减去设备自身的湿阻，设备自身的湿阻可通过空板实验得出，测试过程不变，只是多孔加热板上只覆盖防水透湿膜而不覆盖测试样品。

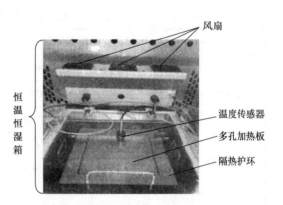

图5-28 测试试验箱

空板的湿阻计算如式（5-23）所示，试样的湿阻计算如式5-24所示。

$$R_{etO}=\frac{(P_m-P_a)\cdot A}{H-\Delta H_e} \tag{5-23}$$

式中：R_{etO}——空板（不覆盖测试样品，而只覆盖防水透湿膜）湿阻，即设备固有湿阻，$m^2\cdot Pa/W$；

P_m——当热板温度为T_m时，饱和水蒸气压力，Pa；

P_a——当气候室温度为T_a时，水蒸气压力，Pa；

A——测试板面积，m^2；

H——提供给测试板的加热功率，W；

ΔH_e——湿阻测定中加热功率的修正量，W。

$$R_{et}=\frac{(P_m-P_a)\cdot A}{H-\Delta H_e}-R_{etO} \tag{5-24}$$

式中：R_{et}——试样湿阻，$m^2\cdot Pa/W$。

（二）湿阻的技术要求

部分国外买家根据产品类型，给出了湿阻的技术要求，见表5-25。

表5-25　不同产品的湿阻技术要求

产品类型	湿阻要求/（$m^2 \cdot Pa \cdot W^{-1}$）
防水透湿夹克	<13
滑雪服	<27
钓鱼夹克、风衣和雨衣	<40

六、透湿量的测量

透湿量的测试标准见表5-26。

表5-26　纺织品透湿性检测标准

类型	标准号	标准名称
正杯吸湿法	GB/T 12704.1—2009	纺织品　织物透湿性试验方法　第1部分：吸湿法
	ASTME 96/96M—2016	材料透湿试验方法
	JIS L 1099：2012 中方法A–1	纺织品透湿性测试方法
倒杯吸湿法	ISO 15496：2018	纺织品　质量控制用织物的透湿性测量
	JIS L 1099：2012中方法B–1	纺织品透湿性测试方法
正杯蒸发法	GB/T 12704.2—2009中方法A	纺织品　织物透湿性试验方法　第2部分：蒸发法
	JIS L 1099：2012中方法A–2	纺织品透湿性：测试方法
	ASTME 96/96M—2016	材料透湿试验方法
	AATCC 204—2017	纺织品透湿性
	BS 7209：1990（2017）	服装面料的透湿性
	BS 3424部分34：方法37：1992	透湿指数（WVPI）测批方法
倒杯蒸发法	GB/T 12704.2—2009方法B	纺织品　织物透湿性试验方法　第2部分：蒸发法
	ASTME 96/96M—2016	材料透湿试验方法

思 考 题

1. 防水透湿纺织品透湿性能的测试方法有哪几种？

2. 防水透湿纺织品的测试指标有哪些？

第五节　隔热保暖纺织品测试方法与标准

穿衣的目的之一就是御寒保暖，尤其在比较寒冷的环境下，服装材料应该具备一定的保温性能。织物的保温性是织物舒适性能的指标之一，是指织物的隔热性能，即阻止热量通过的性能。评价织物保温性的指标有保温率、导热系数、克罗值等。保温率是无试样时的散热量和有试样时的散热量之差与无试样时的散热量之比的百分率。保温率的值越大，织物的保温性越好。

一个基础代谢为58W/m²的人，静坐在室温为20～21℃，相对湿度小于50%，风速不超过10cm/s的环境中感觉舒适时，所穿着服装的隔热值为1克罗值（CLD）。

导热性是材料本身传递热的性质，导热性的大小可用导热系数表示。导热系数是指1m厚的物体两侧温度差为1℃的情况下，单位时间单位面积通过的热流量。导热系数越大，织物的保温性越差。

一、实验目的与要求

通过实验，熟悉YG606D型平板式织物保温仪的结构和工作原理，掌握测试织物保温性能的方法。

二、实验仪器与试样材料

实验仪器：YG606D型平板式织物保温仪、剪刀、钢板尺。

试样材料：织物若干。

三、仪器结构与测试原理

隔热保暖纺织品的测试一般分平板法和暖体假人法。平板法适合测试平面材料的保暖性能，不适合测试整个服装成品的性能。因为测试时，需要将产品裁成规定的尺寸，会破坏整体服装的结构和保温效果。温湿度直接影响织物中纤维的性能，所以测试时的温湿度环境也会影响面料的保温性能。

YG606D型平板式织物保温仪用于检测各种织物、缝纫制品及其他保温材料的保温性能。该仪器采用微电脑控制和数据处理器，测试主机内部安装有试样板、保护板、底板，各加热板由绝缘材料隔开，外面罩有试样仓温度传感器的透明罩，仪器前部安装有控制面板和显示面板。把试样覆盖在试样板上，试样板及底板和周围的保护板均以电加热维持相同的温度，并由温度传感器将数据传递给微机以保持恒温，使试样板的热量只能向试样方向散发，由微机直接测定并计算试样的各项性能（保温率、传热系数、克罗值），无需人工计算，测试速度快。可显示贮存所有测试过程中的数据和最终统计结果，并提供查询服务。如图5-29所示为YG606D型平板式织物保温仪，其主要技术指标见表5-27。

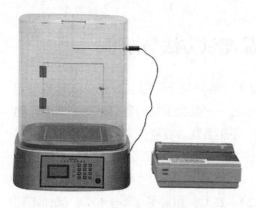

图5-29　YG606D型平板式织物保温仪

表5-27　主要技术指标

项目	技术指标
温度调节范围	20～50℃
温控精度	±0.5℃
温度示值分辨率	0.1℃
预热时间设定范围	0～99.9min
循环次数	1～9次
试样尺寸	300mm×300mm
实验板尺寸	250mm×250mm

四、检测方法与操作步骤

（一）试样准备

从实验室样品中剪取尺寸为30cm×30cm的试样三块，要求平整无折皱，并在标准大气下调湿24h，使试样达到吸湿平衡。

（二）操作步骤

（1）打开机器电源，设定实验板、保护板、底板的温度为36℃（上限36℃，下限35.9℃），至少5个加热周期，预热至少30min。

（2）选择主菜单中"测试"按键，选中空白实验项目（每天只需要做一次空白实验），按"Yes"键。仪器预热结束后自动进入空白实验，当前项目测试完毕后仪器会自动返回上一级菜单。

（3）将试样正面朝上平铺在实验板上，注意实验板四周应全部被试样覆盖。

（4）选中有样试样项目，按"Yes"键启动，仪器自动进行实验，测试完毕仪器发出连续蜂鸣响声，自动停止实验。

（5）重复步骤（3）和（4），待试样测试完毕后，自动打印实验结果。

五、检测结果

$$保温率 = \frac{W_1 - W_2}{W_1} \times 100\% \qquad (5-25)$$

式中：W_1——空白实验通过实验板所散失的热量，W；

　　　W_2——覆盖织物后，通过实验板所散失的热量，W；

现在的仪器已无须计算，而是可以自动输出保温率、传热系数和克罗值，记录3块试样的实验结果，以3块试样的算术平均值为最终结果，取4位有效数字。

━━━ 思 考 题 ━━━

1. 影响织物保温性的因素有哪些？
2. 保暖性能的测试指标有哪些？

第六节　抗菌纺织品测试方法与标准

抗菌技术应用于纺织品可以减少纺织品因微生物繁殖产生的代谢产物导致的异味，提升纺织品清洁及穿着舒适性；可以保护纺织材料本身，降低其因微生物侵蚀引起的外观变化（如：霉斑）、材料劣化（如：强度损失）等；特殊用途的抗菌纺织品应用于医疗卫生领域，可以减少病原微生物引起交叉感染的风险。抗菌纺织品的最重要的性能指标是抗菌性。

常见的纺织品抗菌效果评价指标为在规定的实验方法、水洗次数和测试菌种条件下，测得的纺织品的抑菌率。人体本身存在着一个微生物的生态平衡，因此，纺织品的抗菌性能评价应首先考虑在微生态平衡条件下，针对相应的菌种进行抗菌性能测试。

抗菌性的测试方法中，发展较早的是日本和美国。目前国际上通用的纺织品抗菌测试标准有国际标准ASTM E2149—2010、ISO 20743：2013、ISO 20645：2004，美国标准AATCC 90—2016、AATCC 100—2012、AATCC 147—2016、AATCC 174—2016，日本标准JIS L 1902：2015。国际通用的抗真菌测试标准有日本标准JIS Z 2911—1981和美国标准AATCC 30—2013。

每种纺织品抗菌测试方法都有其各自的适用范围与优缺点，但大致可分为定性测试法与定量测试法两类，以定量测试方法最为重要。

一、定性测试法

定性测试方法主要有美国AATCC Test Method 90—2011（Halo Test，晕圈法，也叫琼脂平皿法）、AATCC Test Method 124—2001（平行划线法）和JIS Z 2911—1981（抗微生物性实验法）等。定性检测原理是将抗菌样品紧贴在接种有一定量已知微生物的琼脂表面，经过一段时间接触培养，观察样品周围有无抑菌环或样品与琼脂的接触面，有无微生物生长来判断样品是否具有抗菌性能。如果有抑菌环或样品与培养基接触表面没有微生物生长，说明有抗菌性能。定性测试的特点在于测试方法简单，实验所需时间短、成本较低；对溶出性抗菌剂加工的产品效果较为明显，可以判定产品有无抗菌性能，但不能定量测试抗菌产品抗菌活性的强弱，而且定性测试相对粗略，测试重复性及稳定性相对较差。

ISO 20645—2004、AATCC 90—2011、JIS L 1902：2008、AATCC 147—2016和GB /T 20944.1—2007等，都使用了晕圈法，用于抗菌剂筛选的抗菌效力快速定性。以 AATCC 90—2011为例，在琼脂培养基上接种试验菌种，再紧贴试样，于37℃下培养24h后，用放大镜观察菌类繁殖情况和试样周围无菌区的晕圈大小，与对照样的实验情况比较。抑菌环越大，说明纺织品与抗菌剂结合得越不牢固，抗菌性、耐久性越差。当抑菌环的直径大于1mm时，抗菌纺织品的抗菌剂为溶出型；当抑菌环的直径小于1mm时，为非溶出型；当没有抑菌环，但样品接触面没有菌生长时，该纺织品也有抗菌活性，而且抗菌性能具有较好的耐久性；当没有抑菌环，而且接触面长有大量的微生物时，则样品没有抗菌活性。此法一次能处理大量的试样，具有操作较简单、耗时短、效率高的优势，对溶出型菌织物比较适用。

奎因法可用于细菌及部分真菌检测，测试简单，重现性较好，适用于吸水性好的浅色布。每次可测试多种织物且菌落易观察。对于深色布有时使用受限。FZ/T 73023—2006附录中的D6就是根据美国标准中的Quinn法改进的。将实验菌液直接滴于待检织物上，使细菌充分在织物上接触暴露一定时间，然后覆盖培养基，使剩下的菌体生长。比较抗菌样品菌量下降百分率，对其抗菌能力做出判断。使用放大镜计数菌落形成单位。

平行划线法较方便快捷，可以应用于溶出性抗菌织物抗菌能力的检测。以AATCC 147—2016的测试原理为例：将一定量的培养液（内含一定数目的金黄色葡萄球菌等细菌）滴加于盛有营养琼脂平板的培养皿中，使其在琼脂表面形成五条平行的条纹，然后将样品垂直放于这些培养液条纹上，并轻轻挤压，使其与琼脂表面紧密接触，在一定的温度下放置一定时间。此法是用与样品接触的条纹周围的抑菌区宽度来表征织物的抗菌能力。

二、定量测试法

随着市场需求的改变，企业与消费者更希望通过量化的测试结果来评定产品抗菌性能。

定量测试法的原理是把经过抗菌处理的纺织品接种测试菌液，经过一定时间的培养，抗菌纺织品抑制或杀死细胞，而没有经过抗菌处理的对照样品接种细菌后，细菌不会受到抑制或杀死。纺织品的抗菌效果根据细菌数量的减少率定量评价。定量测试方法步骤包括试样（包括对照样）制备、消毒、接种、孵育、培养，接触一定时间后对接种菌进行回收并计数。此法适用于非溶出型和溶出型抗菌整理织物。该法的优点是准确、客观，缺点是测试时间较长。

常见的定量测试抗菌性能的方法可分为吸收法和振荡法。其中吸收法主要应用于以下标准：JIS L 1902：2015《纺织品抗菌活性和功效》，AATCC 100—2012《抗菌材料抗菌整理剂的评价》，ISO 20743：2013《纺织品抗菌性能的测定》中方法A，FZ/T 73023—2006《抗菌针织品》附录中的D7，GB/T 20944.2—2007《纺织品 抗菌性能的评价 第2部分：吸收法》，AATCC 174—2016《地毯抗菌活性的评价》。振荡法主要涉及以下标准：FZ/T 73023—2006《抗菌针织品》附录中的D8，GB/T 20944.3—2008《纺织品 抗菌性能的评价 第3部分：振荡法》，ASTME 2149—2013《测定固定抗菌剂的抗菌活性在动态接触条件的标准测试方法》。

吸收法的测试原理是在一定的微生物菌悬液中，放置未经抗菌处理的织物和经抗菌处理的织物，使两种织物吸收液体，在一定的温度和湿度下放置一段时间后进行洗脱或立即洗脱；计算样品上残留的微生物数量，以达到对洗脱液微生物平板计数的目的。这种方法适用于洗涤次数少并且吸水性好的织物，也适用于溶出型抗菌织物。AATCC 100—2012中的方法是吸收法的典型代表。AATCC 100—2012中的方法测试时需将样品制备成4.8cm直径的圆片，圆片片数以吸收1mL菌液为准，将1mL特定浓度的菌悬液接种在样品上，经过18～24h的接触培养，比较"0h"与一定接触时间后样品上存活的细菌数，计算细菌减少率。AATCC 100—2012中的方法使用广泛，但也有一定局限性，比如，无法对纤维、纱线等纺织品进行测试；不同的实验条件会造成结果的差异；不足以满足抑菌性能为主的新型抗菌纺织品发展的需求等。2018年美国材料与试验协会颁布了新的抗菌纺织品检测标准ASTM E3160—2018多孔抗菌材料抗菌性能定量测试方法，采用与AATCC 100—2012中的方法相似的吸收法测试原理，在具体操作和测试条件上给出了更明确的实验条件参数，有利于减少因检测条件选择不同导致的测试结果差异。提供抑菌性能和杀菌性能的测试结果。ASTM还同时颁布了ASTM E3162—2018《抗菌纺织品洗涤测试标准》，参考AATCC　61：2013 2A的洗涤程序，是一种加速洗涤测试方法，其一个完整循环的洗涤测试相当于5次家庭洗涤。对洗涤次数要求较多的测试，该方法可大大缩短洗涤测试所用的时间；该方法还可避免样品间交叉污染或者因陪洗物造成的样品交叉污染；对测试样品量也进行了改进；此外还减少了洗涤剂残留和洗涤剂对样品的影响，有利于提高洗涤后样品抗菌测试的重现性和可靠性。

　　振荡瓶法即Shake Flask法。该法适用于非溶出型抗菌织物。取两个三角烧瓶，分别装入大量的试验菌液，将参照样与抗菌试样分别放入烧瓶中，测定振荡前活菌的浓度；然后在预先设定的温度下振荡一定时间后，测定活菌的浓度；最后计算抑菌率，用以评价抗菌织物的抗菌效果。该方法的优点是适用于大多数试样，甚至凸凹不平的织物等都能使用，对非溶出型的试样也能评价其抗菌性能。缺点一是稀释液缺少微生物增殖所需用的养分，不符合穿着条件；二是培养时间短，实验菌几乎不能增殖，与日常穿衣时间相差太大；三是振荡温度为25℃，并非微生物的最佳培养温度。

三、纺织品抗菌测试标准及测试菌种

　　纺织品抗菌标准和测试菌种见表5-28。

表5-28　抗菌标准和测试菌种

标准	菌种
AATCC 90—2016	金黄色葡萄球菌、肺炎克雷伯氏菌
AATCC 147—2016	金黄色葡萄球菌、肺炎克雷伯氏菌，可增加其他菌
AATCC 174—2016	金黄色葡萄球菌、肺炎克雷伯氏菌，可增加其他菌
AATCC 100—2012	金黄色葡萄球菌、肺炎克雷伯氏菌，可增加其他菌
ASTM E 2149—2013	大肠杆菌，可选用肺炎克雷伯氏菌
JIS L 1902：2015	金黄色葡萄球菌、肺炎克雷伯氏菌，可选择性选用铜绿假单胞菌、大肠杆菌、抗甲氧西林金黄色葡萄球菌

标准	菌种
ISO 20743：2013	金黄色葡萄球菌、肺炎克雷伯氏菌
ISO 20645：2004	金黄色葡萄球菌、肺炎克雷伯氏菌或大肠杆菌
GB/T 20944.3—2008	金黄色葡萄球菌、肺炎克雷伯氏菌或大肠杆菌、白色念珠菌
GB/T 20944.1—2007	金黄色葡萄球菌、肺炎克雷伯氏菌或大肠杆菌
GB/T 20944.2—2007	金黄色葡萄球菌、肺炎克雷伯氏菌或大肠杆菌
FZ/T 73023—2006	金黄色葡萄球菌、大肠杆菌或肺炎克雷伯氏菌、白色念珠菌

第七节　防螨纺织品测试方法与标准

螨虫属于节肢动物门体型微小的动物，一般身长0.1~0.5mm。螨虫广泛存在于家居环境中，其生长发育的最适宜温度为（25±2）℃，最适宜的相对湿度为60%~80%，在地毯、枕头、棉被、空调等处广泛分布，人体每天脱落的皮屑，足够喂饱100万只螨虫。现发现螨虫与人的健康关系非常密切，如革螨、恙螨、疥螨、蠕螨、粉螨、尘螨和蒲螨等可叮人吸血，侵害皮肤，引起"酒糟鼻"、尿路螨症、肺螨症、过敏症等疾病。螨虫本身不是过敏源，但其排泄物及其残骸等是强烈的变应源，会引起全身性应变反应，是非常常见的过敏源。过敏性体质的人接触或吸入后，会诱发过敏性鼻炎、过敏性哮喘或过敏性皮炎。螨虫严重危害人类的身体健康。随着人们生活水平的提高，对家居生活环境和个人健康的关注，越来越多的防螨纺织品进入人们的生活。防螨性能是指产品具有趋避螨虫或者抑制螨虫繁殖生长的性能。

日本最具有代表性的杀螨试验法和驱螨试验法是日本纺织检查协会提出的JSIF B 011—2001《防螨性能（驱避试验、花瓣法）试验方法》和JSIF B 012—2001《防螨性能（增殖抑制试验、混入培养基法）试验方法》。该协会还提出了JSIF B 010—2001《防螨性能（驱避试验、玻璃管法）试验方法》，上升为日本工业标准的目前有JIS L 1920：2007《纺织品抗家庭尘螨效果的试验方法》。

法国标准化协会制定了NF G39-011—2009《纺织品特性具有防螨特性的织物和聚合材料防螨性能的评价方法及特征》。美国制定了AATCC 194—2013《纺织品在长期测试条件下抗室内尘螨性能的评价》。

2008年，我国出台了行业标准FZ/T 01100—2008《纺织品　防螨性能评价》，现该标准已升格为国家标准 GB/T 24253—2009《纺织品　防螨性能的评价》。2009年，我国又制定了床上用品的防螨标准FZ/T 62012—2009《防螨床上用品》。还推出了CAS 179—2009《抗菌防螨床垫》。中国已成为世界上少数几个拥有防螨纺织品标准的国家之一。

目前，我国检测机构对纺织品防螨性能检测方法分为抑制法和驱避法。抑制法是在对照样与试样上分别放入相同数量的螨虫，然后分别放入不同的保鲜盒内，在恒温恒湿箱中培养24h。抑制法适用于不经常洗涤的产品，例如填充物（棉絮、羽绒等）和地毯等。

驱避法是将对照样与试样呈花瓣形围成一个圆，在圆心放上一定数量的螨虫后置于同一保鲜盒中，在恒温恒湿箱中培养24h。该方法适用于所有纺织产品。两种方法在原理上类似，抑制法容易在"放置相同数量的螨虫"这一步骤引入较大的误差。所以，驱避法是目前评价纺织品防螨性能的主要方法，下面以驱避法为例。

一、实验目的与要求

通过实验，熟悉我国纺织品防螨性能的评价方法和操作过程，掌握驱避率的计算方法。

二、实验仪器与试样材料

实验仪器：解剖镜或体视显微镜；直径58mm、高15mm的塑料或玻璃培养皿7个；恒温恒湿培养箱；边长约180mm的正方形或直径约180mm的圆形玻璃或塑料材质的粘板；螨虫计数工具（计数器、解剖针、毛笔）；烘箱；天平（分度值为0.001g）；有盖容器：塑料、玻璃、陶瓷或搪瓷材质，边长200～300mm，高50～100mm，容器上盖的中间有直径为（50±10）mm的通气孔，并且在通气孔上覆盖有直径为（100±10）mm的PTFE（聚四氟乙烯）膜或PTFE膜复合织物 ［透湿量大于2500g/（m^2·24h）］，用胶带将PTFE膜或PTFE膜复合织物与上盖粘为一体。

试样材料：螨虫，采用粉尘螨雌雄成螨或若螨；对照样，未经防螨整理的与实验样同材质的纺织品或纯棉织物；实验样本，测试用防螨纺织品；经过灭菌处理的螨虫用粉末状饲料，粒度直径小于0.1mm；饱和食盐水；试管；烧瓶；海绵等。

三、仪器结构与测试原理

将试样和对照样分别放在培养皿内，在规定的条件下同时与螨虫接触。经过一定的时间培养后，对试样培养皿内和对照样培养皿内存活的螨虫数量进行计数，通过计算螨虫驱避率来评价防螨的效果。

四、检测方法与操作步骤

（一）试样准备

（1）标注实验螨虫信息。螨虫来源、名称、编号、批号、贮藏日期等。

（2）取样。如果是织物，剪成直径为58mm的圆形作为一个试样。如果是羽绒、纤维、纱线，剪成10～30mm的长度，一个试样质量为（0.40±0.05）g。分别取3个测试样和3个对照样。

（3）试样预处理。将测试样和对照样试样置于（65±5）℃的干热条件下预处理10min。

（二）操作步骤

（1）如图5-30所示，将一块厚50mm、边长约200mm的海绵放入有盖的容器内，注入适量的饱和食盐水（水的高度恰好浸没海绵）。

（2）取 7 个培养皿，将 1 个培养皿放在粘板中央为中心培养皿，其余 6 个培养皿围绕中心培养皿呈花瓣状均匀放置，并在每个培养皿之间的边缘处用相同宽度的透明胶带粘住。然后将 7 个培养皿固定在粘板上。

（3）在外围的 6 个培养皿内，分别间隔地放入试样和对照样。将试样平整、均匀、紧密地铺放于培养皿的底部，并在试样的中央放入 0.05g 螨虫饲料。

（4）在中心培养皿上放入（2000±200）只存活的螨虫。

（5）将已放入实验螨虫和饲料的粘板组合件放在海绵上，盖上容器盒的上盖，置于恒温恒湿培养箱中，温度为（25±2）℃，相对湿度为（75±5）%。

（6）培养 24h 后，用解剖镜或体视显微镜观察，并采用适当的方法计数试样培养皿内和对照样培养皿内存活的螨虫成虫和若虫数。

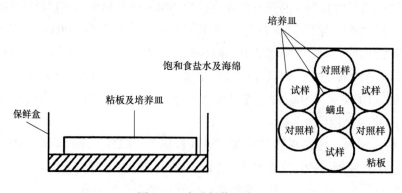

图5-30 实验操作示意图

五、检测结果

$$Q = \frac{B - T}{B} \times 100\% \qquad (5-25)$$

式中：Q——驱避率；

B——3 块对照样存活螨虫数量的平均值；

T——3 块测试样存活螨虫数量的平均值。

当计算结果为负数时，表示为"0"；当计算结果＞99%，表示为"＞99%"。防螨效果评价标准见表5-29。

表5-29 防螨效果评价标准

驱避率 Q	防螨效果
≥95%	样品具有极强的防螨效果
≥80%	样品具有较强的防螨效果
≥60%	样品具有防螨效果

（本部分技术依据：GB/T 24253—2009《纺织品 防螨性能的评价》）

思 考 题

1. 抑制法和驱避法各自的特点是什么?
2. 实验中影响最终结果的因素有哪些?

第八节　纺织品防紫外线测试方法与标准

　　紫外线（简称UV）是波长200～400nm的电磁波，肉眼不可见，人体通过紫外线的照射可以自身合成维生素D，有利于人体的生长和发育，但是过度的紫外线照射，会对人体产生危害，甚至威胁人的生命健康。纺织品的抗紫外线性能显得越来越重要。紫外线按辐射波长可分为长波紫外线UVA（320～400nm）、中波紫外线UVB（280～320nm）和短波紫外线UVC（200～280nm）。UVA占紫外线总量的95%～98%，能量较小；UVB占紫外线总量的2%～5%，能量大，能穿透人的表皮；UVC能量最大，作用最强。容易对人体造成伤害的紫外线波长段为290～400nm，因此纺织品抗紫外线性能的研究主要针对这一波段来考虑。了解纺织品服装抗紫外线性能的影响因素，对提高纺织品的紫外线防护性能十分重要。一般来说，影响纺织品抗紫外线性能的主要因素有：纤维原料、纱线结构、织物结构参数（厚度、紧密程度、组织结构）、颜色、后整理以及样品预处理状态等。

1. 防紫外线测试方法

（1）变色褪色法。利用光敏染料染色的基布，放在标准紫外光光源下，上面覆盖待测织物，开启光源，光照一段时间后，观察覆盖物下面光敏染料染色基布的颜色变化情况，颜色变化越小，说明待测织物阻隔紫外线的效果越好。该方法由于使用的光敏染料不同，有可能得到不同的测试结果，可靠性较差。

（2）紫外线强度计法。选择特定波长的紫外线照射被测织物，使用异性光敏元件制作接受元件，当受光器受到紫外线照射时，把光信号转变为电信号，通过放大传输，在紫外光强度计上以电信号或数字信号显示出来。但特定波长的紫外线与实际可能遭受的紫外线辐射是不同的，此法的设计不尽合理。

（3）分光光度计法。该方法是目前国内外采用较多的测试方法，采用紫外分光光度计作为紫外线辐射源，辐射出的紫外线波长分布于整个近紫外波段（280～400nm），可以测定不同波长下的透射比。利用积分球收集透过试样的各个方向上的辐射通量，计算紫外线透射比，透射比越小，试样抗紫外线功能越好。美国标准AATCC 183—2014、中国国家标准GB/T 18830—2009、澳大利亚标准AS/NZS 4399：2017和欧洲标准EN 13758—1：2001+A1：2006的防紫外线测试均基于此方法。

（4）紫外线强度累计法。利用紫外光照射放在紫外线强度累计仪上的织物，按给定时间照射，测定出通过织物的紫外线累计量，然后进行计算，判断试样抵御紫外线的能力。这种方法较科学合理，但其表征的是总量，因此，无法对试样抵抗不同波长和方向紫外线辐射的程度做出有针对性的判断。

2. 防紫外线织物质量评价

对于防紫外线织物质量的评价指标，现在多采用紫外线遮蔽率。紫外线屏蔽率是目前国内产品区分防紫外线效果好坏的标准。屏蔽率是以280～400nm波长范围内的透过率积分值求得的。

A级：紫外线屏蔽率大于90%；B级：紫外线屏蔽率为80%～90%；C级：紫外线屏蔽率为50%～80%。一般应选A级为宜。织物经整理后，防紫外线辐射的效果比原织物有所改进，因此除测定绝对值外，一般还可作空白实验，用以相对比较其紫外线透过的降低百分率，表示整理织物的防紫外线效果。此外，由于防紫外线整理织物主要用于制作夏天服装，与人体皮肤直接接触，因此必须加强对防紫外线整理剂的皮肤过敏实验、急性毒性实验及致畸实验等一系列安全检测，确保产品对人类安全，对环境无害。

防紫外线测试的方法标准并不是孤立的，通常还会配合产品的标识和设计要求等构成完整的产品质量体系。比如，美国标准AATCC 183—2014、ASTMD 6544—2012和ASTMD 6603—2012分别对应紫外线测试方法、测试前样品准备和标签标识要求，是三个配套使用的标准。欧洲标准EN 13758－1为紫外线测试方法，EN 13758-2为产品要求和标签标识。而澳大利亚标准则将紫外线测试方法、产品要求和标识要求统一在AS/NZS 4399—2017中。中国国家标准GB/T 18830—2009则涵盖了紫外线测试方法、产品最低防紫外线要求和标识要求。不同国家和市场，对防紫外线产品的设计要求和标识要求也不尽相同。除紫外线屏蔽率外，国内外的标准对纺织品的防紫外线性能经常使用紫外线防护系数值UPF值进行评定。UPF值越大，表明防紫外线性能越好。比如美国标准中，使用UPF值对纺织品进行防紫外线等级评定，当UPF值在15～24，则紫外线防护等级为好；当UPF值在25～39，则紫外线防护等级为非常好；当UPF≥40，则紫外线防护等级为优异。在我国GB/T 18830标准中，当产品的UPF＞40，同时平均UVA透射比$T(UVA)_{VA}<5\%$时，才可以称为"防紫外线产品"。在该产品的标签上，当40＜UPF≤50时，标为UPF 40+；当UPF＞50时，标为UPF 50+。

一、实验目的与要求

通过实验，掌握织物防紫外性能的测试方法和表征指标，熟练使用Labsphere UV-2000F纺织物防晒指数分析仪。

二、实验仪器与试样材料

实验仪器：Labsphere UV-2000F纺织物防晒指数分析仪。

试样材料：测试用织物。

三、仪器结构与测试原理

1. 仪器结构

Labsphere UV-2000F纺织品防晒指数分析仪如图5-31所示。

2. 测试原理

Labsphere（蓝菲光学）UV-2000F纺织物防晒指数分析仪如图5-31所示，仪器内的积分球采用优化的氙气闪光灯，为产品提供出色的漫射照明，获取即时光谱。新型高性能二极管阵列光谱仪与新型先进光纤相结合，光学性能在系统级别进行了优化，从而降低了杂散光，提高波长稳定性和闪光重复性。仪器波长精度为±1nm，测量区域0.67cm²，动态范围扩展高达2.7AU。仪器可在5s内测量纺织品在250~450nm紫外线波长范围内的漫透射率，自动计算光谱透射率、UPF、临界波长和UVA与UVB的比值，从而测定样品的紫外线防护能力。

图5-31　Labsphere UV-2000F纺织品防晒指数分析仪

四、检测方法与操作步骤

（一）试样准备

取4块有代表性的匀质材料试样，距布边5cm以内的织物应舍去。对于具有不同色泽或结构的非匀质材料，每种颜色和每种结构至少要实验2块试样。试样尺寸应保证充分覆盖住仪器的孔眼。调湿和实验应按照GB/T 6529—2008进行，如果实验装置未放在标准大气条件下，调湿后试样从密闭容器中取出至实验完成应不超过10min。

（二）操作步骤

（1）打开仪器电源开关和计算机。

（2）点击计算机界面中的UV-2000软件图标，进入测量选项进行设置，菜单栏选择"Instrument＞Scan options"，系统默认每次开启后要求空白测量。在数据窗口设置空白测量和每次测量的次数。当进行空白测量时，确保测试头下没有任何物体。空白测量并不是每次测试必须的，当前的空白测量基准可以使用直至一批试样测试结束。空白测量可以在每次开机后做。

（3）配置测试方法。study→method，选择测试参考的标准号。

（4）在study→information窗口，设置打印报告中的附加信息，例如样品名称、操作者、客户、备注、日期、具体时间。在右侧窗口可以进行样品的描述。

（5）默认测试5次。instrument→take blank scan（测空白值）→在测试头下方放入实验样品→instrument。按F4进行测试，保存数据为excel格式（file→export study）。

（6）选择new study，建立新的文件，重复（3）和（4）的步骤，测试新的实验样品。

五、检测结果

自动计算光谱透射率、UPF、临界波长和UVA与UVB的比值。

思 考 题

1. 分析影响测定结果的因素。
2. 试述纺织品防紫外性能的测试原理及测试指标。

第九节 纺织品抗静电测试方法与标准

静电是人们日常生活中常见的现象，大多数的纺织材料导电性很差，纺织品在生产加工和使用过程中经过摩擦往往会积聚电荷产生静电。静电使纺织品贴附皮肤或吸附空气中的灰尘并产生静电，给使用者带来不适和刺痒感。此外，静电也会对一些精密电子元件产生干扰，甚至造成敏感电子设备及系统损坏，对安全造成危害。在精密技术、生物技术、食品、卫生等许多日益发展的领域中，所使用（穿用）的纺织品、服装等产品在设计时通常要求具有抗静电性，以缓解或者消除静电带来的影响。静电性能的评定包含7个部分：静电压半衰期、电荷面密度、电荷量、电阻率、摩擦带电电压、泄露电压以及动态静电压。本实验参照GB/T 12703.1—2021《纺织品　静电性能的评定　第1部分：电晕充电法》，测定织物的静电压半衰期。

一、实验目的与要求

通过实验，掌握织物抗静电性能的测试方法，熟练使用织物感应式静电仪。

二、实验仪器与试样材料

实验仪器：YG（B）342E型织物感应式静电仪、直尺、剪刀。

试样材料：不同种类机织物。

三、仪器结构与测试原理

使试样在高压静电场中带电至稳定后断开高压电源，使其电压通过接地金属台自然衰减，测定静电压值及其衰减至初始值一半所需的时间，以此反映纺织品的静电特性。在同样测试条件下，带电量的多少与纺织品的结构和特性有关。测试所用的YG（B）342E型织物感应式静电仪结构如图5-32所示，仪器主机由电晕放电装置、探头检测器、转盘和试样夹组成，利用给定的高压电场，对织物定时放电，使织物感应静电，从而进行织物的抗静电性能检测。

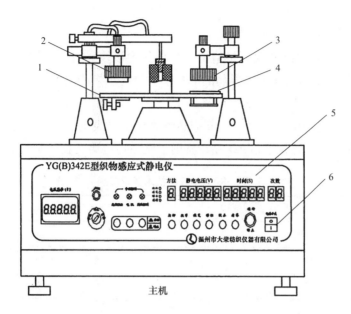

图5-32　YG（B）342E型织物感应式静电仪结构示意图

1—转盘　2—放电端子　3—静电探头　4—试样夹　5—控制面板　6—电源开关

四、检测方法与操作步骤

（一）试样准备

（1）将样品在50℃下预处理一定时间，将预烘后的样品在温度为（20±2）℃、相对湿度为（35±5）%、环境风速为0.1m/s的条件下放置24h以上，不得沾污样品。如需测试样品洗涤后的静电性能，应按规定或协商，经洗涤预处理后再进行测试。

（2）剪取45mm×45mm的试样3组，每组试样数量根据仪器中实验台数量而定，试样应有代表性。

（二）操作步骤

（1）对试样表面进行消电处理后，将试样放入上、下夹样盘之间的间隙。

（2）静电仪通电前，将仪器面板的"手动/停止/自动"转换开关置于"停止"挡。检查探头到织物表面距离是否为15mm；检查放电针尖到织物表面距离是否为20mm；检查地线是否接好；检查传感器是否运行正常。

（3）打开电源开关，将仪器面板的"手动/停止/自动"转换开关置于"自动"挡，设置高压值10kV，高压维持时间30s。

（4）按"运行"键，实验台开始转动，加压30s后高压自动断开，实验台继续旋转直至静电电压衰减至1/2以下时测试结束，仪器自动停止。

（5）按"打印"键，仪器自动打印高压断开瞬间试样静电电压（V）及其电压衰减至1/2所需要的时间，即半衰期（s）。

（6）同一块（组）试样进行2次重复实验，每组样品测试3块（组）试样。

五、检测结果

计算每（块）组试样的2次测量值的平均值作为该块（组）试样的测量值；计算3块（组）试样测量值的平均值作为该样品的测量值。最终结果静电电压修约至1V，半衰期修约至0.1s。

对于非耐久型抗静电纺织品，洗前应达到表5-30的要求；对于经多次洗涤仍保持抗静电性能的产品即耐久型抗静电纺织品，洗前、洗后均应达到表5-30的要求。

表5-30　半衰期技术要求等级要求

等级	半衰期要求
A级	≤2.0s
B级	≤5.0s
C级	≤15.0s

思 考 题

1. 静电压半衰期的数值对抗静电评价的意义是什么？
2. 哪些因素会导致测试误差？怎样减少误差？

第十节　纺织品抗阻燃性能测试

由于织物本身易燃，由纺织品引发火灾已经成为世界性问题之一。据统计，全球每年近一半的火灾是由织物燃烧引起的，因此纺织品服装安全性受到越来越多的重视。纺织品服装的阻燃性是安全性的一项主要内容，特别是儿童和老年服装。阻燃技术就是延缓和抑制燃烧的传播，降低燃烧概率，是一种从根本上抑制、消除失控燃烧的技术。许多国家对于国防军工、各种功能防护服、童装、床上用品等领域的纺织品都有阻燃功能的要求。极限氧指数法是指将被测试的阻燃纺织品放置于由氧气和氮气组成的混合气体中，将被测试的纺织品用点火器点燃后刚好能保持燃烧状态，氧气在氮、氧混合气体中具有的最低体积百分数，用LOI（limiting oxygen index）表示。

根据极限氧指数的大小，通常将纺织品分为易燃、可燃、难燃和不燃四个等级，其中极限氧指数大于35%为不燃，在26%～34%为难燃，在20%～26%为可燃，小于20%为易燃。织物阻燃性能的测试方法有很多种，本实验参照GB/T 5455—2014《纺织品　燃烧性能　垂直方向损毁长度阴燃和续燃时间的测定》，采用垂直法测试织物阻燃性能，表征指标有续燃时间、阴燃时间和损毁长度。

一、实验目的与要求

通过实验，了解垂直法测试织物阻燃性能的原理，掌握垂直织物阻燃性能测试仪结构，掌握垂直法测定织物阻燃性能的测试方法，掌握阻燃性能的表征指标。

二、实验仪器与试样材料

实验仪器：垂直燃烧实验仪、密闭容器或干燥器、直尺、剪刀。

试样材料：待测织物。

三、仪器结构与测试原理

（一）仪器结构

垂直燃烧实验仪（图5-33）由耐热及耐烟雾侵蚀的材料制成，箱的前部设有由耐热耐烟雾侵蚀的透明材料制作的观察门。箱顶有均匀排列的16个排气孔。箱两侧下部各开有6个通风孔。箱顶有支架可承挂试样夹，试样夹侧面被试样夹固定装置固定，使试样夹与前门垂直并位于试验箱中心，试样夹的底部位于点火器管口最高点之上17mm。箱底铺有耐热及耐腐蚀材料制成的板，长宽较箱底各小25mm，厚度约3mm。另在箱子中央放一块可承受熔滴或其他碎片的板或丝网。

（二）检测原理

用规定点火器产生的火焰，对垂直方向的试样底边中心点火，施加规定的点火时间后，测量试样的续燃时间、阴燃时间及损毁长度。续燃时间是指在规定的实验条件下，移开点火源后材料持续有焰燃烧的时间，以秒表示。阴燃时间是指在规定的实验条件下，当有焰燃烧终止后，或本为无焰燃烧者，移开点火源后，材料持续无焰燃烧的时间，以秒表示。损毁长度是指在规定的实验条件下，在规定方向上材料损毁部分的最大长度，以cm表示。

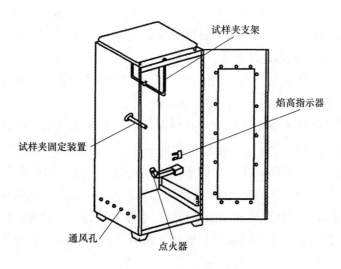

图5-33　垂直燃烧实验仪

四、检测方法与操作步骤

（一）试样准备

（1）取样位置。剪取试样时距离布边至少100mm，试样的两边分别平行于织物的经向和纬向，要求试样表面无沾污、无褶皱，不能在同一长度方向上取样。试样尺寸为300mm×89mm。

（2）选用下列条件之一对试样进行调湿或干燥。条件A和条件B所测结果不具有可比性。

条件A：试样放置在温度为20℃，相对湿度为65%的标准大气条件下进行调湿，然后将调湿后的试样放入密封容器内。经纬向试样各5块，共10块。

条件B：将试样置于（105±3）℃的烘箱内干燥（30±2）min取出，放置在干燥器中冷却，冷却时间不少于30min，经向试样3块，纬向试样2块，共5块。

实验在温度为10~30℃和相对湿度为30%~80%的大气环境中进行。

（二）操作步骤

（1）打开电源开关，此时操作面板上的电源开关指示灯亮，各显示器数码管亮，仪器处于待测试状态。

（2）打开气体供给阀，按点火键，观察火花脉冲发生器和点火器，待点火成功，松开点火键。

（3）旋转调焰旋钮，使火焰尖端调节至与焰高标尺尖端等高，使其稳定在（40±2）mm的高度，在开始第一次实验前，火焰应在此状态下稳定地燃烧至少1min，然后熄灭火焰。

（4）将试样放入试样夹中，再用4只固定夹将试样夹上下片夹紧，钩挂到箱内的悬梁中间，由两条悬臂定位叉夹住，然后关闭观察门。

（5）按启动键启动电动机，带动点火器旋转一定角度，将点火器移到试样下方，点燃试样，此时距从密封容器或干燥器中取出试样的时间必须在1min以内。火焰施加到试样上的时间即点火时间，条件A为12s，条件B为3s。到点火时间后续燃计时器自动开始计时，同时火焰自动熄灭，点火器返回原位。

（6）观察织物燃烧状态，若续燃停止，应立即按续燃锁定键，阴燃计时器自动开始计时，直到织物阴燃熄灭，应立即按阴燃锁定键。

（7）如果被测试样（熔融性纤维）在燃烧过程中有熔滴产生，则应在实验箱的箱底平铺上10mm厚的脱脂棉，并记录熔融脱落物是否引起脱脂棉的燃烧或阴燃。

（8）打开观察门，取出试样夹，卸下试样，先沿其长度方向在损毁区域最高点处对折一条直线，然后在试样的下端一侧，距底边及侧边各约6mm处，用钩挂上与试样单位面积重量相对应的重锤。织物单位面积质量与选用重锤质量的关系见表5-31。

（9）钩挂好重锤后，用手缓缓提起试样下端的另一侧让重锤悬空再放下，测量试样断开长度，即为损毁长度（精确至1mm）。

（10）清除实验箱中的烟气及碎片，再测试下一个试样。

表5-31　织物单位面积质量与选用重锤质量的关系

织物单位面积质量m_1/（g·m^{-2}）	重锤质量m_2/g	织物单位面积质量m_1/（g·m^{-2}）	重锤质量m_2/g
<101	54.5	$338 \leqslant m_1 < 650$	340.2
$101 \leqslant m_1 < 207$	113.4	$650 \leqslant$	453.6
$207 \leqslant m_1 < 338$	226.8		

五、检测结果

根据调湿条件进行计算，时间和损毁长度的计算结果应精确至0.1s和1mm。条件A分别计算经向及纬向5块试样的续燃时间、阴燃时间和损毁长度的平均值。条件B计算5块试样的续燃时间、阴燃时间和损毁长度的平均值。

思 考 题

1. 实验中应注意哪些问题？
2. 试分析实验条件对结果的影响。

第十一节　土工布孔径与孔隙率测试

土工用纺织品是指可用于土壤或其他任何土木工程中的具有渗透性的纺织材料。土工用纺织品原料来源广泛，加工方式多样，因此种类繁多。从原料来分，可分为天然纤维土工布和合成纤维土工布，前者主要包括棉纤维土工布、麻纤维土工布等，后者主要指聚酯（PET）、聚乙烯（PE）、聚丙烯（PP）土工布等；从加工工艺来分，可分为机织土工布、针织土工布、非织造土工布以及土工布复合材料几大类，其中针织土工布主要以经编土工布为主，而非织造土工布则包含了纺粘法土工布、针刺法土工布、热熔黏合法土工布等各种类型。土工织物的孔径与它的过滤性能、排水性能、保土性能、防淤堵性能等关系密切。目前，测定土工织物孔径的方法很多，主要有直接测量法、干筛法、湿筛法、动力水筛法、水银压入法、反射法、光导法、气孔法和微机图像处理法等。目前用得较普遍的是干筛法。如果将土工布用于水利工程中，则湿筛法、动力水筛法更能反映土工布实际使用时的孔径。

土工织物的孔隙大小呈一定规则分布。从挡土角度看，土工织物最大孔隙尺寸及大过某种尺寸的通道数是至关重要的。专家们各自提出不同的代表性孔径，如有效孔径、等效孔径、表观孔径等。实用中常用有效孔径O_e表示，比如O_{95}、O_{90}等。O代表通道孔径的等面积圆的直径；90表示小于该孔径的通道占总通道的90%，即大于该孔径的土粒都不能通过土工织物。

一、实验目的与要求

通过实验，掌握土工布孔径及孔隙率测试的实验原理与方法。

二、实验仪器与试样材料

实验仪器：支撑网筛（直径200mm）；标准筛振筛机，横向摇动频率为（220±10）次/min，回转半径为（12±1）mm，垂直振动频率为（150±10）次/min，振幅为（10±2）mm；天平（分度值0.01g）；秒表；细软刷子；剪刀；画笔等。

试样材料：土工布，标准颗粒材料。

将洗净烘干的颗粒材料用筛析法制备分档颗粒（表5-32）。

表5-32 标准颗粒材料分档表

单位：mm

序号	颗粒直径	序号	颗粒直径	序号	颗粒直径
1	0.05 ~ 0.071	4	0.125 ~ 0.154	7	0.25 ~ 0.28
2	0.071 ~ 0.09	5	0.154 ~ 0.18	8	0.28 ~ 0.35
3	0.09 ~ 0.125	6	0.18 ~ 0.25	9	0.35 ~ 0.45

三、仪器结构与测试原理

用土工织物试样作为筛布，将已知直径的石英砂或球形砂粒等颗粒材料放在土工织物布面上振筛，称取通过土工织物的颗粒材料重量，计算过筛率。调换不同直径的标准颗粒材料进行实验，由此绘出土工织物的孔径分布曲线，并求出有效孔径值。该法适用于针刺法和纺粘法加工的非织造土工织物、机织土工织物、针织土工织物。

四、检测方法与操作步骤

（一）试样准备

沿着样品的长度和宽度方向均匀取样，试样应在距土工织物布边10cm以上且距土工织物卷装长度的布端1m以上位置裁剪，试样数量为 $5 \times n$，n 为选取颗粒的组数，试样直径应大于筛子直径。在标准大气条件下调湿并进行实验。

（二）操作步骤

（1）将调湿试样放入支撑网筛，从已分档的颗粒材料中称取50g，均匀地撒在土工织物试样的表面。

（2）摇筛试样10min。

（3）停机，称量记录通过试样的颗粒材料重量，然后用刷子将试样表面的颗粒材料刷去。

（4）用下一组较细的颗粒材料在同一块试样上（如果是针刺非织造土工织物，要更换新的试样）重复上述操作程序，直至取得不少于3组连续分级标准颗粒的过筛率，并有一组的过筛率低于5%。

五、检测结果

$$B=\frac{m_1}{m}\times100\%\qquad(5-26)$$

式中：B——某组标准颗粒材料通过试样的过筛率；

m_1——5块试样同组粒径过筛量的平均值，g；

m——每组实验用的标准颗粒材料量，g。

以每组标准颗粒材料粒径的下限值为横坐标（对数坐标），以相应的平均过筛率作为纵坐标，绘制土工织物过筛率与孔径的分布曲线，找出曲线上纵坐标10%所对应的横坐标值即为O_{90}，找出曲线上纵坐标5%所对应的横坐标值即为O_{95}，读取两位有效数字。

思 考 题

1. 阐述实验原理并分析影响测试结果的因素。
2. 过筛率指标的含义是什么？

第十二节　土工合成材料耐静水压测试

土工合成材料的防渗性能包括耐静水压和渗透系数。土工织物的防渗作用主要体现为防止水或者有害液体等的泄漏。此类土工布以非织造布与薄膜复合材料为主，一般用沥青、树脂、橡胶等进行涂层，增加其防水性及密闭性，主要用于水利工程中的堤坝和水库防渗，以及蓄水池、游泳池等的防渗防漏。

一、实验目的与要求

通过实验，掌握土工合成材料耐静水压测试的实验原理与测试方法，熟悉耐静水压测试仪器的使用。

二、实验仪器与试样材料

实验仪器：耐静水压测试仪器。

试样材料：各类土工防渗材料，如土工膜、复合土工膜、土工防水膜材等。

三、仪器结构与测试原理

（一）仪器结构

耐静水压的测定装置（图5-34）包括进水调压装置、试样夹持及加压装置、压力测定装置等结构。进水调压装置包括水源、气源、调压阀等，调压范围至少为0~2.5MPa，分辨率为0.05MPa。装置应具有压力恒定功能，调压系统精度为±2%；试样夹持及加压装置由集水器、支撑网和多孔板组成，集水器一般为圆筒状，内腔直径为（200±5）mm，多孔板上均匀分布直径为（3±0.05）mm的小透孔，孔的中心间距6mm，试样夹持后应保证无漏水。

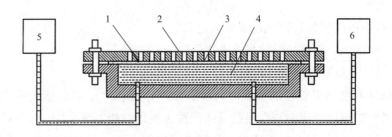

图5-34　耐静水压测定装置示意图

1—网　2—多孔板　3—试样　4—集水器　5—进水调压装置　6—压力显示器

（二）检测原理

样品置于规定装置内，对其两侧施加一定水力压差，并保持一定时间。逐级增加水力压差，直至样品出现渗水现象，记录其能承受的最大水力压差，即为样品的耐静水压；也可在要求的水力压差下观察样品是否有渗水现象，以判断其是否满足要求。

四、检测方法与操作步骤

（一）试样准备

从样品上剪取3块试样，试样应无褶皱、无污渍，尺寸应适合使用的仪器要求。

（二）操作步骤

（1）开启给水加压装置，使水缓慢地进入并充满集水器，至刚好要溢出。

（2）将试样无折皱地平放在集水器内的网上，溢出多余的水，以确保夹样器内无气泡，将多孔板盖上，均匀地夹紧试样。对于由纺织材料与膜材复合的试样，应使膜材一侧面对水面。

（3）缓慢调节进水加压装置，使夹样器内的水压上升至0.1MPa。如能估计出样品耐静水压的大致范围，也可直接将水压加到该范围的下限，开始测试。

（4）保持上述压力至少1h，观察多孔板的孔内是否有水渗出。

（5）如试样未渗水，以0.1MPa的级差逐级加压，每级均保持至少1h，直至有水渗出，表明试样渗水孔或已破裂，记录前一级压力即为该试样的耐静水压值，精确至0.1MPa。当多孔板内出现水珠时，若将其擦去后不再有水渗出，则可判断这是由试样边缘溢流所致，可继续实验；若将其擦去后仍有水渗出，则可判断是由于试样渗水造成的，实验可以终止。

（6）如只需判断试样是否达到某一规定的静水压值，可直接加压到此压力值，并保持至少1h，如没有水渗出，则判定其符合要求。

（7）按照步骤（1）至（6）测定其余试样的耐静水压值。若3个试样的测试值的差异较大（较低的2个测试值相差超过50%），应增加测试2~3个试样。

五、检测结果

以3个试样实测的耐静水压值中的最低值作为该样品的耐静水压值；若实测值超过3个，以最低的2个值的平均值计；若只有1个值较低且低于次低值的50%以上，则该值应舍弃。

思 考 题

1. 影响实验结果的因素有哪些？
2. 土工合成材料耐静水压测试的原理是什么？

参考文献

［1］朱进忠，毛慧贤，李一．纺织材料学实验［M］．2版．北京：中国纺织出版社，2008.

［2］周祯德，李红杰，陆秀琴．GB/T 14335—2008《化学纤维短纤维线密度试验方法》测试误差分析［J］．上海纺织科技，2011，10（39）：52-54.

［3］奚柏君，葛烨倩，韩潇，等．纺织服装材料实验教程［M］．北京：中国纺织出版社，2019.

［4］张辉，周永凯，等．服装功效学［M］．北京：中国纺织出版社，2015.

［5］党敏．功能性纺织产品性能评价及检测［M］．北京：中国纺织出版社，2019.

［6］陈健，高璨，高晓鸣，等．美国纺织品抗菌性能检测标准最新进展［J］．中国纤检，2019，6：94-100.

［7］梁卡，邓浩，田艳红，等．纺织品抗菌性能测试方法［J］．国际纺织导报，2015，9：54-58.

［8］张铃娟，陈思宇，李胜臻，等．防螨纺织品的检测方法［J］．印染，2021，12：57-60.

［9］刘凯琳，赵永霞，张娜．土工合成材料的发展现状及趋势展望［J］．纺织导报，2019，9：6-29.

［10］杨璧玲，罗旭平．纺织品抗紫外线性能影响因素及其测试［J］．纺织导报，2014，4：88-92.

［11］余序芬，鲍燕萍，吴兆平，等．纺织材料实验技术［M］．北京：中国纺织出版社，2004.

［12］张海霞，宗亚宁．纺织材料学试验［M］．上海：东华大学出版社，2015.

第六章 织物综合性能测试

第一节 棉本色纱线品质检验与评定

一、评判标准

棉本色纱线品质检验与评定是按照现行国家标准GB/T 398—2018的规定实施。

二、检测项目

（1）棉本色单纱技术要求包括线密度偏差率、线密度变异系数、单纱断裂强度、单纱断裂强力变异系数、条干均匀度变异系数、千米棉结（+200%）、十万米纱疵七项指标。

（2）棉本色股线技术要求包括线密度偏差率、线密度变异系数、单线断裂强度、单线断裂强力变异系数、捻度五项指标。

三、分等规定

（1）同一原料、同一工艺连续生产的同一规格的产品作为一个或若干检验批。

（2）产品质量等级分为优等品、一等品、二等品，低于二等品为等外品。

（3）棉本色纱线质量等级根据产品规格，以考核项目中最低一项进行评等。

四、实验方法

（一）线密度偏差率、线密度变异系数实验

1. 试样调湿与实验用大气条件

将试样预调湿至少4h，然后在标准大气中暴露24h；或暴露于标准大气中，连续间隔至少30min称重时，质量变化不大于0.1%。

2. 摇取试样

从已经预调湿好的管纱、筒子纱或成品绞纱上摇取一定长度试样。对管纱或无边筒子，一般缕纱测长仪的纱框回转速度取（205±10）r/min；对于成品绞纱，一般缕纱测长仪的纱框回转速度取（110±5）r/min。每缕纱摇好后，纱的头尾接头应短于1cm。如果头尾选择不打结方式，在剪断时应保持纱的头尾平齐。

3. 称重

先将天平调零，然后放入摇取的试样纱线进行称重，结果精确至0.01g并记录。

4. 烘干

将称完重的试样放入烘箱，按回潮率实验要求烘干试样至不变重量（间隔20min，质量变化不大于0.1%）。

5. 实验结果计算

（1）线密度Tt。

$$Tt = \frac{m_{nd}(1+R) \times 1000}{L} \qquad (6-1)$$

式中：m_{nd}——100m纱线的实测干燥质量，g；

R——纤维材料的公定回潮率（棉本色纱线的公定回潮率为8.5%）；

L——纱线长度，m。

（2）线密度偏差率。

$$D = \frac{m_{nd} - m_d}{m_d} \times 100\% \qquad (6-2)$$

式中：D——线密度偏差率，%；

m_{nd}——100m纱线的实测干燥质量，g；

m_d——100m纱线的标准干燥质量，g。

（3）线密度变异系数。

$$CV = \frac{\sqrt{\dfrac{\sum\limits_{i=1}^{n}(m_{ci} - \bar{m}_c)^2}{n-1}}}{\bar{m}_c} \qquad (6-3)$$

式中：CV——线密度变异系数，%；

m_{ci}——每个试样的质量，g；

n——试样的总个数，个；

$\bar{m}_c$——试样的平均质量，g。

（二）单纱（线）断裂强度及单纱（线）断裂强力变异系数实验

1. 取样

2. 对试样进行调湿和预调湿

3. 确定实验条件并设定实验要求

4. 安装试样

按规定方法将纱线安装到强力仪上。对全自动强力仪，可根据仪器的设置和实验需要，一次将全部试样安装好。

5. 进行拉伸实验

以上准备工作完成后，即可根据仪器说明书的程序启动拉伸实验，直到全部实验完毕。对于绞纱和湿态纱的拉伸实验，一般采用手动操作。在操作中要防止捻度损失。湿态纱实验要充分浸渍（30min），取出后在30s内进行试验。

6. 实验报告

（1）实验报告中应包括试样规格、实验用大气条件、取样方案、实验数量、仪器型号和技术参数、执行标准编号、实验日期与实验员等基本资料。

（2）实验结果的数据与图形报告。

（三）条干均匀度变异系数、千米棉结（+200%）实验

1. 取样

随机抽取若干组试样。

2. 实验环境条件

根据GB/T 6529—2008标准，试样应在温度（20±2）℃、相对湿度（65±2）%的条件下平衡24h；对大而紧的卷装，则应延长到48h。试样应在吸湿状态下保持调湿平衡。如果实验室不具备上述条件时，可在温度18～28℃、相对湿度50%～75%的条件下调湿平衡和实验，但必须保持温湿度稳定。

3. 设置主要实验参数

实验长度、测试速度、纱疵灵敏度、预加张力、试样类型。

4. 进行实验

按照上述要求设置好实验要求的参数后，按照条干均匀度仪的操作说明进行实验。

5. 实验报告

条干均匀度仪测试的结果会以数字与图形方式显示出来，并且会表明试样的条干不匀情况，说明存在不匀的情况和产生的原因。

（四）十万米纱疵实验

1. 取样

每次实验随机抽取6～12个筒子或能满足测试长度要求的若干个细纱管作为试样，同时一组试样长度不小于十万米。

2. 安装纱疵分级仪的络筒机

（1）安装纱疵分级仪的络筒机应使试样在一定的速度和张力下退绕，并重新绕成筒子，在运行中不使试样产生变形损伤或意外伸长。

（2）防叠变速装置不能安装在络筒机上，为了使络筒机尽可能地保持恒速卷绕，所用锥形筒管的锥度要小于6°，以保证纱疵长度测试的准确性。

3. 调湿和预调湿

试样的调湿应按GB 6529—2008中的二级标准大气，即温度为（20±2）℃、相对湿度（65±3）%的条件下平衡24h以上。在试样调湿和实验过程中温度与湿度应保持恒定，直到实验结束，其他与上述条干均匀度实验相同。

4. 设置实验参数

通过纱疵分级仪的操作系统，设定试样的线密度、络纱的线速度及试样的初设材料值等数据（棉本色纱线的初始材料值为7.5）以及预加张力的大小。

5. 实验结果

通常折算成十万米长纱线上的各级纱疵数，表示纱疵分级的测试结果，以便能互相对比。

（五）捻度实验

1. 测试原理

在一定的张力下，夹持一定长度试样的两端，旋转试样一端，退去试样捻度，直到被测试样构成单元平行状。根据退去试样捻度所需的转数，即可求得纱线捻度。

2. 试样长度

棉纱的隔距长度为10或25mm。

3. 结果计算

$$T_s = \frac{x}{l} \times 1000 \qquad\qquad （6-4）$$

式中：T_s——试样捻度，捻/m；

　　　x——试样捻回数；

　　　l——试样的初始长度，mm。

（六）检验规则

（1）本色纱线的验收项目质量等级按各自产品标准（或协议）要求评定，如各考核项目的质量指标均合格，则该批产品质量合格。如有一个考核项目的质量指标不合格，则该批产品质量不合格。

（2）经过热定捻的纱线（定捻温度在40℃及以上），其单纱（线）断裂强度按规定的指标减少5%交接验收。

（3）在筒子纱线成包净重检验中，测试回潮率时，遇到电热烘箱与筒子测湿仪不一致时，以电热烘箱测得的回潮率为准。

（4）烧毛纱线线密度偏差率范围按相应标准规定的绝对值加0.5评定品等。

（5）成包净重的检验以公定回潮率时的重量为准，当实际回潮率超过或低于公定回潮率时，应折算成公定回潮率时的重量，具体检验方法按FZ/T 10007—2018附录A执行。筒子纱线（定重）成包净重允许偏差为-0.2%及以内，绞纱线、筒子纱线（定长）成包净重（去除特克斯系列差异对重量的影响后）允许偏差为-0.5%及以内。

（6）纱疵验收按FZ/T 10007—2018附录B执行。

（7）纱线成形外观检验按双方协议执行。

（8）标志、包装按FZ/T 10008—2018执行。

思　考　题

1. 对试样进行检测时，如何进行调湿和预调湿？

2. 什么是纱线捻度？表示加捻程度的指标有哪些？

第二节　棉织物品质检验与评定

一、评判标准

棉本色织物品质检验与评定按照现行国家标准GB/T 406—2018的规定实施。

二、检测项目

棉本色织物检测要求分为内在质量和外观质量两个方面。其中，内在质量包括织物组织、幅宽偏差率、密度偏差率、断裂强力偏差率、单位面积无浆干燥质量偏差率、棉结杂质疵点格率、棉结疵点格率七项，而外观质量只有布面疵点这一项。

三、分等规定

（1）棉本色织物的品等分为优等品、一等品和二等品，低于二等品为等外品。

（2）本色织物的评等以匹为单位，织物组织、幅宽偏差率、布面疵点按匹评等，密度偏差率、单位面积无浆干燥质量偏差率、断裂强力偏差率、棉结杂质疵点格率、棉结疵点格率按批评等，以内在质量和外观质量中最低一项品等为该匹布的品等。

（3）成包后棉本色布的长度按双方协议规定执行。

四、实验方法

（一）幅宽、长度测定

按GB/T 4666—2009执行。

（二）密度测定

按GB/T 4668—1995执行。

（三）单位面积无浆干燥质量偏差率

1. 退浆实验方法

（1）沿试样幅宽方向裁剪10cm宽整幅的布条（四边各拉去数根纱以免脱落），称得布条的质量（退浆布条的退浆前质量），精确至0.01g。

（2）将布条在沸水中预处理10min。

（3）按照配比（布条的退浆前质量∶硫酸工作液∶蒸馏水＝1g ∶0.7mL ∶35mL），在玻璃烧杯中依次加入蒸馏水和硫酸工作液，放在电炉上煮沸，然后放入布条继续煮沸至40min（可在煮沸15min时，补充适量沸水至原液面）。

（4）滤纸过滤，取出布条及松散纱线和毛羽，用热水漂洗3～4次，除去余水，做退浆结果检查（滴稀碘液，若有蓝色或紫色产生，表示浆未退净，应继续退浆，方法同前），至退净为止。

（5）将洗清的布条及松散纱线和毛羽除去余水移入烘箱烘至恒量，然后将其移入干燥器中冷却至室温，称得布条退浆后干燥质量，精确至0.01g。

2. 结果计算

（1）单位面积无浆干燥质量。

$$m_1 = \frac{m_2 \times 10^6 \times g_2}{L_S \times W_S \times g_1} \qquad (6\text{-}5)$$

式中：m_1——单位面积无浆干燥质量，g/m^2；

$\quad\quad m_2$——试样的烘前质量，g；

$\quad\quad g_1$——布条退浆前质量，g；

$\quad\quad g_2$——布条退浆后干燥质量，g；

$\quad\quad W_S$——试样的宽度，mm；

$\quad\quad L_S$——试样的长度，mm。

（2）单位面积无浆干燥质量偏差率。

$$G = \frac{m_1 - m}{m} \times 100\% \qquad (6\text{-}6)$$

式中：G——单位面积无浆干燥质量偏差率，%；

$\quad\quad m$——单位面积无浆干燥质量标称值，g/m^2；

$\quad\quad m_1$——单位面积无浆干燥质量实测值，g/m^2。

（四）断裂强力测定

按GB/T 3923.1—2013执行，断裂强力偏差率按式（6-7）计算。

$$F = \frac{Q_1 - Q}{Q} \times 100\% \qquad (6\text{-}7)$$

式中：F——断裂强力偏差率，%；

$\quad\quad Q_1$——断裂强力实测值，N；

$\quad\quad Q$——断裂强力设计值，N。

（五）棉结杂质疵点格率、棉结疵点格率检测

1. 检验仪器

日光灯、操作台、玻璃板。

2. 取样要求

（1）从每批坯布中随机抽取检验布样，取样数量不少于总匹数的0.5%，最少抽取布样不得少于3匹。

（2）每批坯布3匹及以下时，必须全数检验。

（3）监督抽样质量。仲裁、合同协议等对抽样方案另有规定的，按相关规定执行。

3. 检验步骤

（1）使布样松弛在常规的室温中，以检验正面为准。

（2）将布样平整放在斜面板上，开启照明灯。

（3）将玻璃板置于布样上，每匹布样检验不同折幅、不同经向位置四处（检验位置应在距布的头尾至少5m，距布边至少5cm的范围内）。

（4）在玻璃板上用不同标记点数棉结、杂质。

（5）在玻璃板上清点布样表面的棉结、杂质所占格数。

4. 结果计算

（1）棉结杂质疵点格率。

$$P_1 = \frac{D}{n \times 4 \times 225} \times 100\% \tag{6-8}$$

式中：P_1——棉结杂质疵点格率，%；

    D——棉结、杂质疵点格总数，个；

    n——取样匹数。

（2）棉结疵点格率。

$$P_n = \frac{N}{n \times 4 \times 225} \times 100\% \tag{6-9}$$

式中：P_n——棉结杂质疵点格率，%；

    N——棉结疵点格总数，个。

（六）外观质量检验

按现行标准GB/T 17759—2018执行。

（七）检验规则

按现行标准FZ/T 10004—2018执行。

（八）标志、包装、运输和贮存

（1）标志和包装按现行标准FZ/T 10009—2018执行。

（2）运输和贮存。产品在运输过程中应避免包装破损、产品受潮。产品应贮存在干燥、清洁的环境中，确保产品不发生霉变等变质现象。

思 考 题

1. 棉织物检测和棉本色纱线检测有何不同？

2. 检验棉织物时为什么要退浆？

第三节　毛织品品质检验与评定

一、检验要求

毛织品检验要求分为安全性要求、实物质量、内在质量和外观质量。

（1）毛织品基本安全技术要求应符合国家标准GB 18401—2010的规定。

（2）实物质量分为呢面、手感和光泽三项。

（3）内在质量分为幅宽偏差、平方米质量允差、静态尺寸变化率、起球、断裂强力、撕破强力、汽蒸尺寸变化率、脱缝程度、纤维含量、落水变形（仅精梳毛织品）、含油脂率（仅粗梳毛织品）等物理指标和染色牢度。

（4）外观质量分为局部性疵点和散布性疵点两项分别予以结辫和评等。精梳毛织品和粗梳毛织品的外观疵点结辫、评等要求分别见GB/T 26382—2011和GB/T 26378—2011的相关规定。

二、等级评定

毛织品的质量等级分为优等品、一等品和二等品，低于二等品的降为等外品。毛织品的品等以匹为单位，按实物质量、内在质量和外观质量三项检验结果评定等级，并以其中最低一项评定等级。三项中最低品等有两项及以上同时降为二等品的产品，则直接降为等外品。

正式生产的不同规格产品，要分别用优等品和一等品封样。对于来样加工，生产方需根据来样方规定建立封样，并经双方确认，检验时逐匹对照封样评定等级。符合优等品封样者是优等品；符合或基本符合一等品封样者是一等品；显著差于一等品封样者是二等品；严重差于一等品封样者是等外品。

1. 精梳毛织品

精梳毛织品物理指标和染色牢度的评等要求分别见表6-1和表6-2。

表6-1　精梳毛织品物理指标要求

项目		限度	优等品	一等品	二等品
幅宽偏差/cm		≤	2	2	5
平方米质量允差/%		—	−4.0 ~ +4.0	−5.0 ~ +7.0	−14.0 ~ +10.0
静态尺寸变化率/%		≥	−2.5	−3.0	−4.0
起球/级	光面	≥	4	3 ~ 4	3 ~ 4
	绒面		3 ~ 4	3	3
撕破强力/N	一般精梳毛织品	≥	15.0	10.0	10.0
	8.3tex × 2 × 8.3tex × 2及单纬纱 ≥14.6tex		12.0	10.0	10.0
断裂强力/N	7.3tex × 2 × 7.3tex × 2及单纬纱 ≥16.7tex	≥	147	147	147
	其他		196	196	196
汽蒸尺寸变化率/%		—	−1.0 ~ +1.5	−1.0 ~ +1.5	
落水变形/级		≥	4	3	3
脱缝程度/mm		≤	6.0	6.0	8.0
纤维含量/%		—	−3.0 ~ +3.0	−3.0 ~ +3.0	−3.0 ~ +3.0

注　1.双层织物连接线的纤维含量不考核。
　　2.休闲类服装面料的脱缝程度为10mm。

表6-2　精梳毛织品染色牢度指标要求

项目		限度	优等品	一等品	二等品
耐光色牢度	≤1/12标准深度（中浅色）	≥	4	3	2
	＞1/12标准深度（深色）		4	4	3
耐水色牢度	色泽变化	≥	4	3-4	3
	毛布沾色		4	3	3
	其他贴衬织物沾色		4	3	3
耐汗渍色牢度	色泽变化	≥	4	3-4	3
	毛布沾色		4	3-4	3
	其他贴衬织物沾色		4	3-4	3
耐熨烫色牢度	色泽变化	≥	4	4	3-4
	棉布沾色		4	3-4	3
耐摩擦色牢度	干摩擦	≥	4	3-4	3
	湿摩擦		3-4	3	2-3
耐洗色牢度	色泽变化	≥	4	3-4	3-4
	毛布沾色		4	4	3
	其他贴衬织物沾色		4	3-4	3
耐干洗色牢度	色泽变化	≥	4	4	3-4
	溶剂变化		4	4	3-4
降等方法	优等品、一等品只能有1个项目低半级优等品；有1个项目低一级或有2个项目低半级者降为二等品；凡低于二等品者降为三等品。				

注　1. 个别色号评定按照双方另行协议执行。

2. 使用1/12深度卡鉴定面料中的"中浅色"或"深色"。

2. 粗梳毛织品

粗梳毛织品物理指标和染色牢度的评等要求分别见表6-3和表6-4。

表6-3　粗梳毛织品物理指标要求

项目	限度	优等品	一等品	二等品
幅宽偏差/cm	≤	2	3	5
平方米质量允差/%	—	–4.0 ~ +4.0	–5.0 ~ +7.0	–14.0 ~ +10.0
静态尺寸变化率/%	≥	–3.0	–3.0	–4.0
起球/级	≥	3 ~ 4	3	3
撕破强力/N	≥	15.0	10.0	—
断裂强力/N	≥	157	157	157
汽蒸尺寸变化率/%	—	–1.0 ~ +1.5	—	—

项目	限度	优等品	一等品	二等品
含油脂率/%	≤	1.5	31.5	1.7
脱缝程度/mm	≤	6.0	6.0	8.0
纤维含量/%	—	按GB/T 29862—2013		

注　1.双层织物连接线的纤维含量不考核。

　　2.休闲类服装面料的脱缝程度为10mm。

表6-4　粗梳毛织品染色牢度指标要求

项目		限度	优等品	一等品	二等品
耐光色牢度	≤1/12标准深度（中浅色）	≥	4	3	2
	>1/12标准深度（深色）		4	4	3
耐水色牢度	色泽变化	≥	4	3-4	3
	毛布沾色		3-4	3	3
	其他贴衬织物沾色		3-4	3	3
耐汗渍色牢度	色泽变化	≥	4	3-4	3
	毛布沾色		4	3-4	3
	其他贴衬织物沾色		4	3-4	3
耐熨烫色牢度	色泽变化	≥	4	4	3-4
	棉布沾色		4	3-4	3
耐摩擦色牢度	干摩擦	≥	4	3-4（3深色）	3
	湿摩擦		3-4	3	2-3
耐干洗色牢度	色泽变化	≥	4	4	3-4
	溶剂变化		4	4	3-4
降等方法	优等品、一等品只能有1个项目低半级优等品；有1个项目低一级或有2个项目低半级者降为二等品；凡低于二等品者降为三等品				

注　1.个别色号评定按照双方另行协议执行。

　　2.使用1/12深度卡鉴定面料中的"中浅色"或"深色"。

三、检验方法

1. 平方米质量允差实验

按FZ/T 20008—2018《毛织物单位面积质量的测定》执行。

2. 幅宽实验

按GB/T 4666—2009《纺织品　织物长度和幅宽的测定》执行。幅宽偏差为实际测量的幅宽值和幅宽设定值之差，单位为厘米（cm）。

3. 纤维含量实验

按GB/T 2910—2009《纺织品　定量化学分析》、FZ/T 01026—2017《纺织品　定量化

学分析多组分纤维混合物》、GB/T 16988—2013《特种动物纤维与绵羊毛混合物含量的测定》和GB/T 40275—2021《纺织品 双组分复合纤维定量分析方法 熔融显微法》执行，按照公定回潮率计算，公定回潮率按GB 9994—2018《纺织材料公定回潮率》执行。

4. 静态尺寸变化率实验

按FZ/T 20009—2015《毛织物尺寸变化的测定 静态浸水法》执行。

5. 起毛起球实验

按GB/T 4802.1—2008《纺织品 织物起毛起球性能的测定 第1部分：圆轨迹法》执行。精梳毛织品（绒面）起球次数是400次，并以精梳毛织品起球样照评定等级；粗梳毛织品按粗梳毛织品起球样照评定等级。

6. 撕破强力实验

按GB/T 3917.2—2009《纺织品 织物撕破性能 第2部分：裤形试样（单缝）撕破强力的测定》执行。

7. 断裂强力实验

按GB/T 3923.1—2013《纺织品 织物拉伸性能 第1部分：断裂强力和断裂伸长率的测定（条样法）》执行。

8. 落水变形实验（仅供精梳毛织品参考）

（1）仪器。量杯、浸渍盆、温度计、合成洗涤剂、灯光评级箱和落水变形标准评级样照等。

（2）操作方法。

① 剪裁2块25cm×25cm的试样。溶液配制：每1000mL水中加入4g合成洗剂，浴比为1∶30。

② 温度为（25±2）℃的溶液浸渍盆内放入试样，浸渍时间10min（一次实验同时浸入试样不多于6块）。然后用双手抓其相邻两角，逐个提出液面。

③ 温度20～30℃的清水中放入试样，用手抓其两角，在水中上下摆动，纬、经向各反复操作5次。逐个提出液面，并在清水中过清一次。

④ 试样在滴水状态下，用夹子抓住试样经向两角。在室温下，将样品悬挂晾干，至其质量与原质量相差±2%时，平置在恒温恒湿室内处理6h以上。

⑤ 经6h后，用熨斗熨烫样品时，不能让熨斗在样品上来回熨烫，将熨斗直接压在面料上即可，熨斗温度为（150±2）℃。

⑥ 试样在（20±2）℃、相对湿度为（65±3）%的环境下平衡4h后，对照落水变形标准样照在评级箱内进行评级。

9. 汽蒸尺寸变化率实验

按FZ/T 20021—2012《织物经气蒸后尺寸变化实验方法》执行。

10. 脱缝程度实验

按FZ/T 20019—2006《毛机织物脱缝程度实验方法》执行。

11. 耐水色牢度实验

按GB/T 5713—2013《纺织品 色牢度实验 耐水色牢度》执行。

12. 耐汗渍色牢度实验

按GB/T 3922—2013《纺织品 色牢度试验耐汗渍色牢度》执行。

13. 耐光色牢度实验

按GB/T 8427—2008《纺织品 色牢度实验 耐人造光色牢度：氙弧》中的方法3执行。

14. 水洗尺寸变化率实验（仅供精梳毛织品参考）

按FZ/T 70009—2021《毛针织产品经机洗后的松弛及毡化收缩实验方法》执行。

15. 耐干洗色牢度实验

按GB/T 5711—2015《纺织品 色牢度实验 耐干洗色牢度》执行。

16. 耐摩擦色牢度实验

按GB/T 3920—2008《纺织品 色牢度实验 耐摩擦色牢度》执行。

17. 耐熨烫色牢度实验

按GB/T 6152《纺织品 色牢度实验 耐热压色牢度》执行。不同纤维的规定实验温度是：纯毛、黏胶纤维、涤纶、丝（180±2）℃；腈纶（150±2）℃；锦纶、维纶（120±2）℃；麻（200±2）℃。混纺和交织织物的规定实验温度采用其中一种组分的试验温度（混纺比例小于10%的不考虑）。

18. 耐洗色牢度实验（仅精梳毛织品考核）

手洗类产品按GB/T 12490—2007《纺织品 色牢度试验 耐家庭和商业洗涤色牢度》（实验条件A1S，不加钢珠）执行；可机洗类产品按GB/T 12490—2007（实验条件B1S，不加钢珠）执行。

19. 含油脂率实验（仅供粗梳毛织品参考）

按FZ/T 20002—2015《毛纺织品含油脂率的测定》执行。

四、实验结果记录与等级评定

根据精梳、粗梳毛织品的评定内容和方法的规定，对相关项目进行检验、记录以及评定等级。

思 考 题

1. 精梳毛织品和粗梳毛织品的评定方法有何差异？
2. 简述毛织品检验评定的几种类型。

第四节　针织物品质检验与评定

一、检验要求

根据针织成品布评等内容和评等方法的规定，对相关项目进行检验并做出判断。针织成品布分外观质量和内在质量要求。

二、评定等级

针织物质量分为优等品、一等品、合格品，低于合格品为等外品。

1. 外观质量

外观质量要求见表6-5。局部性疵点中的线状疵点为一根纱线、一个针柱或宽度在1mm及以内的疵点，反之为条块状疵点。条块状疵点以直向最大长度加横向最大长度计量，具体分类见表6-6。散布性疵点是指不易量计、难以数清的分散性疵点及通匹疵点。轻微散布性疵点是指不影响总体效果的散布性疵点。疵点程度描述："轻微"是指疵点在直观上不明显，不影响总体效果，通过仔细辨认才可看到；"显著"是指破损性疵点和明显影响总体效果的疵点。

表6-5　外观质量规定

疵点名称	允许疵点		
局部性疵点/（只·m^{-1}）	优等品	一等品	合格品
	≤0.25	≤0.30	≤0.40
散布性疵点	不允许	轻微	
纹路歪斜/%	≤5.0	≤6.0	≤7.0
幅宽偏差/%	±2.0	±2.5	±3.0
与标样色差/级	3-4	3	
同匹色差/级	4-5	4	
同批色差/级	4	3-4	

表6-6　局部性疵点的分类

疵点名称		疵点特征
线状疵点	轻微	不明显，疵点宽度小于1mm
	明显	较明显，疵点宽度小于1mm
	显著	明显，影响织物，疵点宽度小于1mm
条块状疵点	轻微	不明显，疵点宽度大于1mm
	明显	较明显，疵点宽度大于1mm
	显著	明显，影响织物，疵点宽度大于1mm

2. 内在质量

内在质量要求见表6-7。弹子顶破强力、水洗尺寸变化率和染色牢度指标，依照用途执行其成衣标准相应等级，合格品按一等品执行，用途不明确或无成衣标准，执行本规定。

表6-7　内在质量规定

项目		优等品	一等品	合格品
纤维含量偏差/%	混纺	± 3.0		
	交织	± 5.0		
平方米干燥重量偏差/%		± 4.0	± 5.0	
弹子顶破强力/N		≥180	≥150	
水洗尺寸变化率/%	棉、麻及黏胶纤维含量50%及以上　直向	−5.0 ~ +1.0	−7.0 ~ +1.0	
	横向	−7.0 ~ +1.0	−9.0 ~ +1.0	
	棉、麻及黏胶纤维含量50%及以下　直向	−4.0 ~ +1.0	−5.0 ~ +1.0	
	横向	−5.0 ~ +1.0	−6.0 ~ +1.0	
染色牢度≥/级	耐洗　变色	4	3	
	沾色	3	3	
	耐汗渍　变色	4	3	
	沾色	3	3	
	耐摩擦　干摩	4	3	
	湿摩	3	2–3	

外观质量中散布性疵点、局部性疵点、纹路歪斜、幅宽偏差、与标样色差和同匹色差分品种、规格、色别以米计算不符品等率，不符品等率和同批色差都合格，判该批产品合格，合格品的不符品等率在5%及以内。水洗尺寸变化率用三块试样的平均值作为实验结果。同一染色牢度的两个沾色取最低值作为实验结果。内在质量分品种、规格、色别判定，各项指标均合格者，判该批产品合格。针织成品布以匹为单位，按内在质量和外观质量最低一项评等，分为优等品、一等品、合格品。

针织成品布的规格写为：纱线线密度×平方米干燥重量 幅宽，其中线密度用tex表示，多规格纱线交织，按其所占比例从大到小排列，中间用乘号（×）相连；平方米干燥重量用g表示；幅宽指单层幅宽，用cm表示。

三、检验方法

外观质量按交货批分品种、规格、色别随机抽样1% ~ 3%，但不少于200m。交货批小于200m，全部检验。内在质量以品种、规格、色别随机抽样，水洗尺寸变化率实验从3匹中取700mm全幅三块，其他指标的实验取300mm全幅一块。从同批面料中取样，距布头至少1.5m以上，所取试样不应有影响实验结果的疵点。实验室的温度为（20±2）℃，相对湿度为（65±3）%。实验前将试样展开平放24h。划样时将试样放在平整的台面上，抚平折痕及不整齐处，但不能拉伸。

（一）外观质量检测

1. 外观质量检测条件

采用验布机检验，非仲裁检验也可在40W日光灯下80cm处的平台上检验或正常背光下检验。疵点以正面为准。若验布机上检验，应将其正面放在与垂直线呈15°～45°的验布机台面上，验布机内和上面的罩中分别安装2只40W和4只40W日光灯，验布机速度为16～18m/min。

2. 允许疵点计算方法

（1）局部性疵点按匹计算。每匹布允许局部性疵点总数（只）=每米允许疵点数（只/m）×匹长（m）。

距布头30cm以内不计疵点，一匹可以开剪一次，最短一段不低于5m。集中性局部疵点，40cm最多计1只，但40cm内存在9只及以上疵点（织物仅含1根宽0.5cm内直向长疵点者除外）者，一匹只可以出现2次，超过者顺降一等。

（2）散布性疵点、幅宽偏差、纹路歪斜、与标样色差和同匹色差整匹降等。

（3）纹路歪斜按GB/T 14801—2009测量。横向以幅宽为限，直向以1m为限。

（4）幅宽按GB/T 4666—2009执行。非仲裁检验，可将全幅展开，在每匹的中间和距离两端至少3m处测量三处的宽度（精确至0.1cm），求其算术平均值，修约至一位小数。

（二）内在质量检验

1. 纤维含量检验

参照GB/T 2910.1—2009《纺织品　定量化学分析》。纤维含量偏差是纤维含量绝对百分比；当一种纤维的含量≤10%时，其含量应大于其标准值的70%；当纤维含量标识是"100%"或"纯"时，其纤维含量为100%。

2. 平方米干燥重量检验

平方米干燥重量检验分为方样法和圆样法两种。

（1）方样法。尺寸为10cm×10cm的试样5块。

（2）圆样法。半径为5.64cm的圆形试样5块或10块，将试样放入105～110℃烘箱中，恒重后称重，然后计算其每平方米干燥质量。

3. 弹子顶破强力检验

弹子顶破强力检验的测试标准、检测方法和操作步骤见第四章第七节"织物顶破性能测试"。

4. 水洗尺寸变化率检验

（1）机械缩水实验。适用于单面、双面弹力针织产品。按GB/T 8629—2017执行，采用5A洗涤程序。

（2）手工缩水实验。适用于绒类针织产品。其操作步骤如下：

将成品试样投入试液中，轻揉3次使其充分浸透，在试液中保持30min并搓洗15次，然后将试样取出，稍加挤干。在35～45℃温水中搓洗1次，再在冷水中搓洗3次，每次浴比不少于1∶25，每次出水略加挤干，最后1次出水，自上向下（上衣先领部、再下摆、后袖子；绒裤先腰围、再中腿、后裤口）逐步拧干至含水量约为缩前重量的20%（试液配方：纯碱2g/L，肥皂4g/L）。

用悬挂法晾干，晾竿直径为2~3cm。上衣用竿穿过两袖，使胸围挂肩处保持平直，并从下端用手将两片分开理平。裤子对折搭晾，使横裆部位在晾竿上并轻轻理平。晾干后的试样平摊在平台上，轻轻拍平折痕，进行测量。

（3）缩水前后的测量部位。上衣取身长和胸围作为直向和横向的测量部位，其中身长以前后左右四处的平均值作为计算依据；裤子以裤长与裤宽作为直向和横向的测量部位，其中裤长以左右两处平均值作为计算依据。以上部位需在缩水前测量时做出标记，以便缩水后测量。

5. 耐洗色牢度实验

直接色按照GB/T 3921—2008执行，间接色按照GB/T 3921.3—2008执行。

6. 耐汗渍色牢度实验

按照GB/T 3922—2013执行，其检测方法和操作步骤见相关章节内容。

7. 耐摩擦色牢度实验

按照GB/T 3920—2008执行，其检测方法和操作步骤见相关章节内容。

四、实验结果记录与等级评定

根据针织品的评定内容和方法的规定，对相关项目进行检验、记录以及评定等级。要求在报告中分析影响测试准确性的因素，尤其是测试纹路歪斜、水洗尺寸变化率等影响因素。

思 考 题

1. 针织品检验方法有哪几种类型？
2. 简述针织物评等的要点。

第五节　化纤长丝品质检验与评定

一、实验目的与要求

通过实验，了解常用的几种化纤长丝，如黏胶长丝、涤纶牵伸丝、涤纶弹力丝的质量指标和技术要求，掌握化纤长丝品质评定的主要内容和不同品种的化纤长丝分等的区别以及共同点。

二、实验仪器与试样材料

实验仪器：CRE型单纱强力仪、缕纱测长器、捻度实验机、黑绒板或黑色玻璃板、分析天平、烘箱、纱线条长度线条干均匀度仪（或摇黑板机、黑板、纱线条干均匀度标准样照等）、纱疵仪及规定的灯光设备。

试样材料：化纤长丝。

三、仪器结构与测试原理

目前，化纤长丝的品种主要包括黏胶长丝、涤纶长丝、锦纶长丝、丙纶长丝等。其中85%的合成长丝被加工成变形丝，如弹力丝、网络丝、空气变形丝等。化纤长丝的品种和用途不同，质量评价内容也不同。根据化纤长丝评定的项目，分别测定相应的指标，并计算相关指标的偏差，按各等级要求评定等级。最后以检验批中最低的一项作为该批化纤长丝的等级。

四、测试方法与操作步骤

（一）黏胶长丝

1. 技术要求

黏胶长丝按照力学性能、染化性能和外观疵点评等，分为优等品、一等品和合格品。其技术要求见表6-8。

表6-8　黏胶长丝的技术要求

项目		等别		
		优等品	一等品	合格品
力学性能及染色性能	干断裂强度/（cN/dtex^{-1}）	≥1.85	≥1.75	≥1.65
	湿断裂强度/（cN/dtex^{-1}）	≥0.85	≥0.80	≥0.75
	干断裂伸长率/%	17.0～24.0	16.0～25.0	15.5～26.0
	干断裂伸长变异系数/%	≤6.00	≤8.00	≤10.00
	线密度偏差/%	≤±2.0	≤±2.5	≤±3.0
	线密度变异系数/%	≤2.00	≤3.00	≤3.50
	捻度变异系数/%	≤13.00	≤16.00	≤19.00
	单丝根数偏差/%	≤1.0	≤2.0	≤3.0
	残硫量/（mg/100g^{-1}）	≤10.0	≤12.0	≤14.0
	染色均匀度（灰卡）/级	≥4	3～4	≥3
外观疵点（筒状丝）	色泽（对照标样）	轻微不匀	轻微不匀	稍不匀
	毛丝/（个·万米$^{-1}$）	0.5	1	3
	结头/（个·万米$^{-1}$）	1	1.5	2.5
	污染	无	无	较明显
	成形	好	较好	较差
	跳丝/（个·筒$^{-1}$）	0	0	≤2

2. 试样准备

进行力学性能和染色性能各项目检验时，实验室取样时要遵循按GB/T 6502—2008的规定。外观检验为全数检验。在进行外观疵点检验时，应采取逐筒取样。每个实验室样品要在标准大气条件下调湿24h（生产厂在正常条件下允许调湿1h，但当试样的回潮率大于15%时，应调湿24h），然后摇取试样。将实验室样品剥去表层丝而后用测长器对其摇取三缕长丝，放在50℃烘箱内烘至低于公定回潮率（生产厂可在70℃的烘箱内烘30min），然后在标准大气条件下对其进行调湿2～6h，其中选取两缕测定其线密度，另一缕供测定单丝根数、干断裂强度、干断裂伸长率和湿断裂强度。

3. 检验方法

对化纤长丝进行强伸度测试、线密度测试、捻度测试、单丝根数测试。单丝根数测试是从每个实验室样品中取两个试样，放在黑绒板或黑色玻璃板上压好，利用挑针数出根数，然后计算根数偏差；残硫量测试按FZ/T 50014—2008执行，对黏胶长丝中残硫量采取直接碘量法进行分析；染色均匀度测试按FZ/T 50015—2009执行，将黏胶长丝试样（丝筒）放置在单喂纱系统圆形织袜机上依次织成袜筒，并在规定条件下对其进行染色，用灰色样卡进行对照，目测评定试样的染色均匀度等级。外观疵点需要供需双方进行协商或按GB/T 13758—2008中附录A进行。

（二）涤纶牵伸丝

1. 技术要求

根据力学性能和染色性能指标，按照单丝线密度的大小将其分成两组，分别将涤纶牵伸丝分为优等品（AA级）、一等品（A级）、合格品（B级）三个等级，低于合格品为等外品（C级）。表6-9中11项力学性能和染色性能指标均为规定的考核项目。外观项目与指标要求供需双方根据后道产品的要求协商确定，并将其纳入商业合同。产品的综合等级，以检验批中力学性能和染色性能及外观指标中最低项的等级，定为该产品的等级。

表6-9　涤纶牵伸丝力学性能和染色性能指标

项目	0.3dtex＜Tt≤1.0dtex			1.0dtex＜Tt≤5.6dtex		
	优等品（AA级）	一等品（A级）	合格品（B级）	优等品（AA级）	一等品（A级）	合格品（B级）
线密度偏差率/%	±2.0	±2.5	±3.5	±1.5	±2.0	±3.0
线密度CV值/%	≤1.50	≤2.00	≤3.00	≤1.00	≤1.30	≤1.80
断裂强度	≥3.5	≥3.3	≥3.0	≥3.8	≥3.5	≥3.1
断裂强度CV值/%	≤7.00	≤9.00	≤11.00	≤5.00	≤8.00	≤11.00
断裂伸长率/%	$M_1 \pm 4.0$	$M_1 \pm 6.0$	$M_1 \pm 8.0$	$M_1 \pm 3.0$	$M_1 \pm 5.0$	$M_1 \pm 7.0$
断裂伸长CV值/%	≤15.0	≤18.0	≤20.0	≤8.0	≤15.0	≤17.0
沸水收缩率/%	$M_2 \pm 0.8$	$M_2 \pm 1.0$	$M_2 \pm 1.5$	$M_2 \pm 0.8$	$M_2 \pm 1.0$	$M_2 \pm 1.5$
染色均匀度/级	4	4	3-4	4-5	4	3-4

项目	0.3dtex＜Tt≤1.0dtex			1.0dtex＜Tt≤5.6dtex		
	优等品 （AA级）	一等品 （A级）	合格品 （B级）	优等品 （AA级）	一等品 （A级）	合格品 （B级）
含油率/%	$M_3 \pm 0.2$	$M_3 \pm 0.3$	$M_3 \pm 0.3$	$M_3 \pm 0.2$	$M_3 \pm 0.3$	$M_3 \pm 0.3$
网络度/（个·m^{-1}）	$M_4 \pm 4$	$M_4 \pm 6$	$M_4 \pm 8$	$M_4 \pm 4$	$M_4 \pm 6$	$M_4 \pm 8$
筒重/kg	定重或定长	≥1.0	—	定重或 定长	≥1.5	—

注　M_1为断裂伸长率中心值，M_2为沸水收缩率中心值，M_3为含油率中心值，M_4为网络度中心值（应在8个/m以上），均由供需双方协商确定，一旦确定不得任意变更。

2. 试样准备

力学性能和染色性能测试各项目的实验室样品取样时应按GB/T 6502—2008的规定操作，其中染色均匀度和筒重测试采取逐筒取样的方法。外观检验为全数检验，应逐筒取样。

3. 检验方法

（1）力学性能和染色性能指标。线密度测试按照GB/T 14343—2008《化学纤维　长丝线密度试验方法》进行；断裂强力及断裂伸长测试按照GB/T 14344—2008《化学纤维　长丝拉伸性能试验方法》进行；沸水收缩率测试按照GB/T 6505—2008《化学纤维　长丝热收缩率测试方法》进行；含油率测试按照GB/T 6504—2008《化学纤维　含油率试验方法》进行。染色均匀度测试按照GB/T 6508—2015《涤纶长丝染色均匀度试验方法》中的织袜染色法（方法A）进行操作。在单喂纱系统圆形织袜机上，将涤纶长丝试样（丝筒）放置在单喂纱系统圆形织袜机上依次织成袜筒，并在规定条件下对其进行染色，用灰色样卡进行对照，目测评定试样的染色均匀度等级。

网络度是每米丝条加规定负荷后，具有一定牢度的未散开的网络结数。网络度测试按FZ/T 50001—2016《合成纤维　长丝网络度试验方法》执行。该标准规定了三种实验方法，方法A：手工移针法；方法B：手工重锤法；方法C：仪器移针法。当试样为牵伸丝时，其中方法A和方法C较为适用，当实验结果具有异议时，采用方法A。方法A与方法C的实验原理是，在规定长度的丝条上缓缓移动加有规定解脱力负荷的针钩，每次在遇到网络结时钩即停止移动，以此来进行网络结数的计数。

（2）外观检验。利用照度表对其工作点的照度进行测定。检验过程中在普通分级台上进行时，手握筒管两端，使其转动一周，对筒子的两个端面和一个柱表面进行观察；检验过程中在自动检验台上进行时，检验台会自动旋转筒管，利用反光镜对筒子的两个端面和一个柱表面进行观察。对每个被检筒管进行外观检验并记录。

（三）涤纶低弹丝

1. 技术要求

根据力学性能和染色性能指标（表6-10），按照单丝线密度的大小将其分成四组，分别将涤纶低弹丝分为优等品（AA级）、一等品（A级）、合格品（B级）三个等级，低于合格品为等外品（C级）。外观项目与指标要求供需双方根据后道产品的要求协商确定，并将其纳入商业合同。产品的综合等级，以检验批中力学性能和染色性能及外观指标中最低项的等级，定为该产品的等级。

表6-10　涤纶低弹丝的力学性能和染色性能指标

项目	0.3dtex≤Tt<0.5dtex			0.5dtex≤Tt<1.0dtex		
	优等品	一等品	合格品	优等品	一等品	合格品
线密度偏差率/%	≤±2.5	≤±3.0	≤±3.5	≤±2.5	≤±3.0	≤±3.5
线密度CV值/%	≤1.80	≤2..40	≤2.80	≤1.40	≤1.80	≤2.40
断裂强度（cN·tex^{-1}）	≥3.2	≥3.0	≥2.8	≥3.3	≥3.0	≥2.8
断裂强度CV值/%	≤8.00	≤10.0	≤13.0	≤7.00	≤9.00	≤12.0
断裂伸长率/%	$M_1±3.0$	$M_1±5.0$	$M_1±8.0$	$M_1±3.0$	$M_1±5.0$	$M_1±8.0$
断裂伸长CV值/%	≤10.0	≤13.0	≤16.0	≤10.00	≤12.0	≤16.0
卷曲收缩率/%	$M_2±5.0$	$M_2±7.0$	$M_2±8.0$	$M_2±4.0$	$M_2±5.0$	$M_2±7.0$
卷曲收缩率CV值/%	≤9.00	≤15.0	≤20.0	≤9.00	≤15.0	≤20.0
卷曲稳定度/%	≥70.0	≥60.0	≥50.0	≥70.0	≥60.0	≥50.0
沸水收缩率/%	$M_3±0.5$	$M_3±0.8$	$M_3±1.2$	$M_3±0.6$	$M_3±0.8$	$M_3±1.2$
染色均匀度/级	≥4	≥4	≥3	≥4	≥4	≥3
含油度/%	$M_4±1.0$	$M_4±1.2$	$M_4±1.4$	$M_4±1.0$	$M_4±1.2$	$M_4±1.4$
网络度/（个·m^{-1}）	$M_5±20$	$M_5±25$	$M_5±30$	$M_5±20$	$M_5±25$	$M_5±30$
筒重/kg	定长或定重	≥0.8	—	定长或定重	≥1.0	—
项目	1.0dtex≤Tt<1.7dtex			1.7dtex≤Tt<5.6dtex		
	优等品	一等品	合格品	优等品	一等品	合格品
线密度偏差率/%	≤±2.5	≤±3.0	≤±3.5	≤±2.5	≤±3.0	≤±3.5
线密度CV值/%	≤1.00	≤1.60	≤2.00	≤0.90	≤1.50	≤1.90
断裂强度/（cN·tex^{-1}）	≥3.3	≥2.9	≥2.8	≥3.3	≥3.0	≥2.6
断裂强度CV值/%	≤6.00	≤10.0	≤14.0	≤6.00	≤9.00	≤13.0
断裂伸长率/%	$M_1±3.0$	$M_1±5.0$	$M_1±7.0$	$M_1±3.0$	$M_1±5.0$	$M_1±7.0$
断裂伸长CV值/%	≤10.0	≤14.0	≤18.0	≤9.00	≤13.0	≤17.0
卷曲收缩率/%	$M_2±3.0$	$M_2±4.0$	$M_2±5.0$	$M_2±3.0$	$M_2±4.0$	$M_2±5.0$
卷曲收缩率CV值/%	≤7.00	≤14.0	≤16.0	≤7.00	≤15.0	≤17.0
卷曲稳定度/%	≥78.0	≥70.0	≥65.0	≥78.0	≥70.0	≥65.0
沸水收缩率/%	$M_3±0.5$	$M_3±0.8$	$M_3±0.9$	$M_3±0.5$	$M_3±0.8$	$M_3±0.9$
染色均匀度/级	4	4	3	4	4	3
含油度/%	$M_4±0.8$	$M_4±1.0$	$M_4±1.2$	$M_4±0.8$	$M_4±1.0$	$M_4±1.2$
网络度/（个·m^{-1}）	$M_5±10$	$M_5±15$	$M_5±20$	$M_5±10$	$M_5±15$	$M_5±20$
筒重/kg	定长或定重	≥1.0	—	定长或定重	≥1.2	—

注　M_1为断裂伸长率中心值，M_2为沸水收缩率中心值，M_3为含油率中心值，M_4为网络度中心值（应在8个/m以上），均由供需双方协商确定，一旦确定不得任意变更。

五、实验结果与评等

根据对不同化纤长丝的技术要求，需要对其进行逐项的计算与检验，得到各项指标后，需要对照技术要求与评定规则进行评定，最后评定出化纤长丝的等级。

思 考 题

1. 黏胶长丝如何进行质量检验？
2. 涤纶牵伸丝和涤纶低弹丝质量评等的依据有何异同？

第六节　纺织品混纺比定量分析

一、概述

随着化纤、化纤与棉、麻、丝、毛等天然纤维混纺交织及各种化纤与混纺纺织产品的不断发展，混纺交织的目的是发挥纤维的各种优良性能，相互补充，满足多种用途的要求，扩大品种，降低成本。因此，了解和掌握纤维的种类以及纤维混纺产品中混纺比的确定具有重要意义。

本节重点介绍二组分纤维混纺产品的定量化学分析方法、羊绒/绵羊毛混纺产品的显微投影定量分析方法、棉麻混纺产品的定量分析方法。

二、二组分纤维混纺纱定量化学分析方法

（一）原理

对混纺产品中的纤维进行定性鉴定后，选择合适的溶剂溶解其中一组分，对另一组分的不溶性纤维进行洗涤、干燥和称量，并计算各组分纤维的质量百分比。

（二）取样

取样应具有代表性，且样品数量应足以进行试验。对于织物样品，应包括织物中不同类型的纱线。

样品数量：至少取2种纱线或织物样品，每个样品的质量至少为1g。平行实验结果的差值不得超过1%，否则应重新测试。

（三）样品的预处理

1. 目的

为了去除混纺产品中的非纤维物质，如油、蜡、一些水溶性物质和其他天然生物体，以及纺织过程中添加的油剂、浆料、树脂或特殊整理剂，从而防止这些非纤维性物质在化学分析过程中部分或全部溶解，并在溶解纤维的重量中计算，从而造成测试误差。

2. 方法

（1）一般预处理方法。取样品约5g，用石油醚和水萃取，去除非纤维物质，如油脂、

蜡及其他水溶性物质。将样品置于索氏提取器中，用石油醚萃取1h，每小时至少6个循环。然后取出样品，待样品中的石油醚挥发后，将其浸泡在冷水中，浸泡1h（取决于样品的要求）。将样品在100mL的（65±5）℃温水中浸泡1h（经常搅拌）。然后取出，挤压并抽吸（或离心脱水）干燥。

（2）特殊预处理方法。试样上的水不溶性浆料、树脂及某些天然纤维素上的非纤维物质，如不能用石油醚和水萃取掉，可采用国际标准ISO 5090所规定的实验方法除去。对于染色纤维中的染料，可视为纤维的一部分，不必去除。

（四）试样制备

从预处理样品中至少取2个样品，每个样品至少1g，并将纱线样品切割成1cm长；将织物样品分解成纱线，然后剪短；毛毡织物应切成细条或块状。

（五）试剂配制

例1：棉等纤维素纤维与涤纶混纺产品的含量分析 [75%（质量分数）硫酸法]。

① 75%硫酸溶液配制。将1000mL浓硫酸（密度1.84g/mL）慢慢倒入570mL水中。硫酸浓度为73%～77%（质量分数）。

② 稀氨水溶液配制。将80mL浓氨水（浓度为0.880g/mL）用水稀释至1L。

例2：蛋白质纤维（如羊毛与其他纤维混纺）的含量分析（碱性次氯酸钠法）。

① 次氯酸钠溶液配制。向约1mol/L次氯酸钠溶液中加入氢氧化钠，使其含量为（5±0.5）g/L，用碘量法校准，使其浓度为0.9～1.1mol/L。标定方法：用移液管将2mL次氯酸钠溶液移入碘瓶中，加入100～150mL水、20～25mL的10%无色碘化钾溶液和10～15mL的10%硫酸溶液，立即用0.1mol/L硫代硫酸钠溶液滴定，溶液呈淡黄色时加入淀粉指示剂，继续滴定，直到溶液的蓝色消失。

则次氯酸钠溶液的浓度C_1（mol/L）为：

$$C_1 = \frac{C_2 V_2}{V_1} \tag{6-9}$$

式中：C_2——硫代硫酸钠溶液浓度，mol/L；

V_2——耗用硫代硫酸钠溶液体积，mol/L；

V_1——吸取次氯酸钠溶液体积，mL。

② 稀乙酸溶液配制。将5mL冰乙酸用水稀释至1L。

只列以上两个范例，其他混纺产品请参见标准GB/T 2901—1997中二组分纤维混纺产品定量化学分析方法、GB/T 2911—1997中三组分纤维混纺产品定量分析方法、FZ/T 01026—2017中四组分纤维定量化学分析方法。

（六）化学溶解分析

1. 试样烘干称重

成品棉/涤纶产品样品放入干重瓶后，瓶盖放在其旁边的（105±3）℃的烘干机中（连续两次重量差不超过0.1%），快速关闭瓶盖，移到烘干机中冷却至正常温度（通常不低于30min）。从烘干机中取出，在2min内完成称重，结果精确至0.0002g。

2. 各组分试样的溶解和分离

例1：对于棉/聚酯样品，将干重样品置于三角瓶中，每克样品添加200mL的75%（质量分数）硫酸溶液，盖上盖子，摇动烧瓶以润湿样品，然后将烧瓶保持在（50±5）℃下1h，并每10min摇晃一次。用已知干重的玻璃砂坩埚过滤（将不溶性纤维移入玻璃砂坩埚），并用少量硫酸溶液清洗烧瓶，真空吸排。然后向玻璃砂坩埚内注入75%的硫酸溶液（质量分数），重力排液，或放置1min，真空吸排。用冷水连续冲洗数次，然后用稀释两次的氨水清洗，再用冷水彻底清洗。每次均通过重力排出液体，然后进行抽吸。最后，干燥并称重玻璃砂坩埚和不溶性纤维。

例2：对于羊毛/其他纤维样品，将干重称重样品放入烧杯中，向每克样品中添加100mL次氯酸钠溶液，用力搅拌以润湿样品，并在（25±2）℃下连续搅拌30min，然后在已知质量的玻璃砂坩埚中，用少量次氯酸钠溶液清洗烧杯中的不溶性纤维，真空抽吸和排放，再用水清洗，用稀醋酸中和，最后用水连续清洗不溶性纤维。每次清洗后，通过重力排放液体，然后通过真空抽吸排放液体。将玻璃砂坩埚与不溶性纤维一起放入烘箱中干燥（将盖子放在旁边干燥），盖上盖子，快速移动到干燥器中，冷却至常温，从干燥器中取出，在2min内称重完毕，精确到0.0002g。在干燥、冷却和称重操作过程中，不要直接接触样品、称重瓶、玻璃砂坩埚等。

（七）实验结果计算

1. 净干含量百分率

$$P_1 = \frac{m_1 d}{m_0} \times 100\% \qquad (6-10)$$

$$P_2 = (1 - P_1) \times 100\% \qquad (6-11)$$

式中：P_1——剩余的不溶纤维的净干含量百分率，%；

P_2——溶解纤维的净干含量百分率，%；

m_1——剩余的不溶纤维干燥质量，g；

m_0——预处理后的试样干燥质量，g；

d——不溶纤维质量变化的修正系数。

例1中涤纶的d值为1.00；例2中棉的d值为1.03，其他纤维的d值为1.00。d值可按式（6-12）求得：

$$d = \frac{m_0}{m_1} \qquad (6-12)$$

式中：m_0——已知不溶的纤维干燥质量，g；

m_1——剩下的不溶纤维的干燥质量，g。

当不溶纤维质量损失时，$d>1$；质量增加时，$d<1$。

2. 考虑公定回潮率的纤维含量百分率

$$P_m = \frac{P_1(1+W_1)}{P_1(1+W_1) + P_2(1+W_2)} \times 100\% \qquad (6-13)$$

$$P_{\mathrm{m}} = (1 - P_{\mathrm{m}}) \times 100\% \qquad (6\text{-}14)$$

式中：P_{m}——不溶纤维在公定回潮率时的含量百分率，%；

　　　P_{n}——溶解纤维在公定回潮率时的含量百分率，%；

　　　P_{1}——不溶纤维净干燥质量百分率，%；

　　　P_{2}——溶解纤维净干燥质量百分率，%；

　　　W_{1}——不溶解纤维的公定回潮率，%；

　　　W_{2}——溶解纤维的公定回潮率，%。

3. 考虑公定回潮率和预处理中纤维损失的纤维含量百分率

$$P_{\mathrm{A}} = \frac{P_{1}(1 + W_{1} + b_{1})}{P_{1}(1 + W_{1} + b_{1}) + P_{2}(1 + W_{2} + b_{2})} \times 100\% \qquad (6\text{-}15)$$

$$P_{\mathrm{B}} = (1 - P_{\mathrm{A}}) \times 100\% \qquad (6\text{-}16)$$

式中：P_{A}——不溶纤维结合公定回潮率和预处理损失的含量百分率，%；

　　　P_{B}——溶解纤维结合公定回潮率和预处理损失的含量百分率，%；

　　　P_{1}——不溶纤维净干燥质量百分率，%；

　　　P_{2}——溶解纤维净干燥质量百分率，%；

　　　W_{1}——不溶解纤维的公定回潮率，%；

　　　W_{2}——溶解纤维的公定回潮率，%；

　　　b_{1}——预处理中不溶纤维的重量损失和/不溶纤维中非纤维物质的去除率，%；

　　　b_{2}——预处理中溶解纤维的重量损失率和/溶解纤维中非纤维物质的去除率，%。

b_{1}、b_{2}——须用相应的纯纤维实际测得。

三、羊绒/绵羊毛混纺产品显微投影定量分析方法

（一）原理

根据羊绒和羊毛的鳞片结构特点，在投影显微镜下鉴定后，测量其直径，记录其数量，并结合纤维密度，通过相关公式计算其在混合物中的质量百分比。

（二）大气条件

测试的温度和相对湿度应为二级大气标准，温度为（20±2）℃，相对湿度为（65±3）%。

（三）取样与制样

样品应从相同类型和批号中选择。

1. 散纤维试样

根据包装总数的50%，采用多点法抽取约50g试样，分为试样和制备试样两部分。

将扁平纤维试样放在实验台上，用镊子在不同部位（不少于20点）取出约200mg纤维，混合后分成三个试样。每个样品整理成束，生长分布图根据纤维长度排列。沿着图的底线将其分成20mm为一组。每组取一小束等量的纤维，并将其平行放置在玻片上，添加适量液体石蜡并盖上盖玻片。每个样品中测量的纤维数量不得少于1500根。

2. 纱线试样

从10个卷轴或绞纱的中心切割至少150段长度为20cm的纱线，并将其分成2个样品。分别作为测试样品和备用样品。

将纱线试样均匀分为3份，用哈氏合金切片机切割成约0.4mm的纤维碎片，并将其全部放在玻片上，不得丢失（注意每根纱线只能切割一次，不得重复切割）。滴适量液体石蜡油为介质，用镊子将纤维均匀分布在介质内，然后盖上盖玻片（覆盖盖玻片时，首先去除多余的介质混合物，确保覆盖盖玻片后不会有介质挤出，以避免纤维损失）。每个样品中测量的纤维数量不得少于1500根。

3. 机织物试样

距布边10cm处呈梯形剪取3块5cm×10cm的试样，标记经度和纬度，然后沿样品经度的一半切割，分为两部分，分别作为测试样品和备用样品。

从机织物样品中取出经纱和纬纱，分别称重。取纱段至少150根，按纱线试样制备的方法制片。每个样品中测量的纤维数量不得少于1500根。

4. 针织物试样

将针织物拆成纱线，截取20cm长的纱段至少150根。然后从中心切割纱线，将其分成两部分，分别作为测试样品和备用样品。

应按照纱线样品的制备方法进行取样。每个样品中测量的纤维数量不得少于1500根。

5. 深色试样

在显微镜下很难清楚区分深色样品的鳞片结构特征，因此有必要进行褪色处理，方法如下：采用平平加试剂，试样与试剂比例为1∶1，浴比为1∶200，在烧杯中用蒸馏水在30~40℃下溶解试剂，煮沸样品并保持煮沸30min。在此期间，如果水蒸发过多，则添加少量蒸馏水。然后用冷水清洗样品，并将其作为测试样品干燥。其他样品制备方法与之前相同。

（四）测量

将待测样品放置在投影仪台上，使盖玻片朝上。通过粗调和精调，使纤维图像清晰，工作台在水平和垂直方向上的移动范围为0.5mm。测量散纤维试样时，载物台只需水平移动，观察进入屏幕视野的纤维鳞片特征，鉴别其种类，再按分组测量法，用模型尺测量各类纤维直径，并分别记录各种纤维的数量，每个载玻片上至少有1500根纤维。

若纤维根数已数够1500根，而载玻片只移动到中间，则必须继续计数到边缘，然后才能停止。如果混合物中上述纤维含量的比例较低，且无法满足测量直径所需的纤维数量，则测量载玻片上的所有纤维。当山羊绒的直径大于30pm（皮米）的根数占样品被检根数的3%，可忽略不计。

山羊绒与绵羊毛的特征如下：

山羊绒：鳞片边缘光滑，类似环状包覆于毛干，覆盖间距比羊毛大。鳞片密度为60~80个/mm，鳞片较薄，开张角较小，横截面多为规则的圆形。

绵羊毛：细羊毛的鳞片多为环状，每个鳞片形成一个环套，套在毛干周围，一个鳞片的根部被另一个鳞片的梢部覆盖。粗毛多呈瓦状和龟裂状。细羊毛的鳞片密度为80～100个/mm，粗毛在50个/mm左右。鳞片厚度为0.5～1μm，开张角较大。截面多为椭圆形。

（五）实验结果计算

1. 平均直径

$$\bar{d} = A + \frac{\sum (F \times a)}{\sum F} \times I \tag{6-17}$$

$$S = \sqrt{\frac{\sum (F \times a^2)}{\sum F} - \frac{\sum (F \times a)^2}{\sum F}} \times I \tag{6-18}$$

$$CV = \frac{S}{d} \times 100\% \tag{6-19}$$

式中：$\bar{d}$——纤维平均直径，μm；

　　　A——假定平均直径，μm；

　　　F——纤维直径测量根数；

　　　a——相对假定算术平均数之差，$a = \frac{d_i - \bar{d}}{I}$；

　　　I——组距为2.5μm；

　　　S——标准差，μm；

　　　CV——变异系数，%。

实验结果计算至小数点后3位，修约至小数点后2位。

2. 各组分纤维质量百分率

$$P_i = \frac{N_i(d_i^2 + S_i^2)\rho_i}{\sum [N_i(d_i^2 + S_i^2)\rho_i]} \times 100\% \tag{6-20}$$

式中：P_i——某组分纤维质量百分率，%；

　　　N_i——某组分纤维的计数根数；

　　　d_i——某组分纤维平均直径，μm；

　　　S_i——某组分纤维平均直径标准差，μm；

　　　ρ_i——某组分纤维的密度，g/cm³。

实验结果以两个试样计算结果的平均值表示，若两次计算结果的差异大于3%，应测量第3个试样，最终结果取3个试样结果的平均值。

实验结果计算至小数点后2位，修约至小数点后1位。

3. 机织物中某组分纤维质量百分率

$$P_i = \frac{P_{iT} \times W_T + P_{iW} \times G_W}{G_T \times G_W} \times 100\% \tag{6-21}$$

式中： P_i——机织物某组分纤维质量百分率，%；

P_{iT}——某组分纤维在机织物经纱中的质量百分率，%；

P_{iW}——某组分纤维在机织物纬纱中的质量百分率，%；

G_T——机织物试样中经纱的质量，g；

G_W——机织物试样中纬纱的质量，g。

四、棉麻混纺产品定量分析方法

本方法适用于棉麻混纺（苎麻、亚麻、罗布麻、大麻等）的天然色纱线和天然色织物的含量分析和测定。棉和大麻纤维属于天然纤维素纤维，因此混合含量的测定不适合化学溶解分析法，大都采用显微放大投影，通过人工识别并测定其直径或截面积，使用相关公式计算各成分的质量百分比。然而，由于棉和大麻纤维的横截面不是圆形的，用显微投影法测得的直径只是投影直径。虽然在计算公式中已考虑到形状修正系数 μ，由于纤维的成熟度不同，纤维从根部到梢部的部位不同，其 K 值也各不相同；又由于麻纤维脱胶的影响导致测量值不够精准。即便如此，纺织科研工作者仍尝试探索各种方法来提高测试精度。目前常用方法有3种：纵向直径—根数法；截面积法；截面积—根数法。

（一）纵向直径—根数法

1. 原理

将棉麻混纺纱切成小块，制成载玻片样品，并分别测量每组分的纵向投影直径和根数，根据有关公式计算出各组分的质量百分率。

2. 试样制备

（1）随机抽取纱管（绞或小筒）25～30个。每个纱管从离纱端约1m处开始剪取2m左右的纱样2份，备作平行实验用。

（2）如果产品是织物，则抽样数量为总匹数的0.3%，但不得少于3匹。在每匹布的两端各25cm处开始，分别剪取2m全幅样品共2块。然后在剪取的2块布样上，按照经、纬纱支数和经、纬密度的比例，分别抽取经纬纱各2份，所抽取的每份经纬纱总根数在25～30根。

如果本色布上有浆液，抽取的纱线样品应用蒸馏水煮沸0.5h，然后浸渍2～3h干燥，清洗干燥备用。如果是色纱或色布，在制备样品前必须褪色。

3. 实验步骤

（1）制作载玻片试样。将2份试样分别制作成2块试验用载玻片，一块用于测量纤维直径，另一块用于计数纤维根数，其中一个样品的载玻片用于平行测试。

① 制作纤维计数载玻片的方法。整理和整理纱线样品。在哈氏合金切片机中，从纱线末端切下一定距离，并用足够数量的软卫生纸填充，以便夹紧。用刀片切割切片机两侧暴露的纱线样品，并调整螺钉精度，使切割的纤维长度约为0.4m（仅一次）。然后将切好的粉末纤维直接移到载玻片上，滴下少量石蜡油，用细针搅拌后完全混合，将其分离成单根纤维，左右均匀展开，然后盖住载玻片。用卫生纸轻轻按压盖玻片，用一块石蜡油布填

充盖玻片。应特别注意，不能使纤维随石蜡油挤出来。挤出的石蜡油必须吸干，并用滤纸清洁。计数载玻片上的纤维根数应该在300根以上。

② 制作载玻片测量纤维直径的方法。在制作纤维计数碎片时，从切割的25个纱线样品中随机选取8个以上的纱线样品，用同样的方法制作玻片测量纤维直径，各组分纤维至少在400根。

（2）计数各组分纤维根数。将制好的纤维计数载玻片放在显微投影仪的载物台上，盖玻片朝物镜，从玻片上角的视野开始，观察和识别纤维（根据棉、麻纤维的纵向结构和表面特征），用2只计数器分别计数棉和麻的根数。当载玻片沿水平方向移动测量完一个行程后，以载玻片与盖玻片接缝处石蜡油形成的痕迹为标志，将玻片垂直向下移动一个视野，然后沿水平方向以相反方向缓慢移动，识别并计数纤维数量，直到行程结束。重复上述步骤，直到玻片上的所有纤维都被计数。总计数必须大于3000根。如果还不够，需要另外制作纤维计数载玻片。

（3）测量各组分纤维的直径。校准显微投影仪放大倍数为500倍，将测量直径载玻片置于载物台上。测量中，载玻片的移动路线与计数根数时相同。测量过程中必须仔细聚焦，使在观察每根纤维的纵向边缘时观察得更加清晰。然后用锲形尺测量每根纤维平均直径并分别计数。如果视野中不能清晰地观察纤维边缘，或无法鉴别纤维种类，或测量处纤维重合等，则不得进行测量。每组分纤维至少测量400根，如果纤维的测量值小于400根，则就需要另外制作载玻片。

4. 结果计算

$$P_1 = \frac{n_1 d_1^2 \cdot \gamma_1 k_1}{n_1 d_1^2 \cdot \gamma_1 k_1 + n_1 d_2^2 \cdot \gamma_2 k_2} \times 100\% \tag{6-22}$$

$$P_2 = (1 - P_1) \times 100\% \tag{6-23}$$

式中：P_1、P_2——纤维1和纤维2含量的质量百分率，%；

n_1、n_2——纤维1和纤维2计数所得的根数；

d_1、d_2——纤维1和纤维2的平均直径，mm；

γ_1、γ_2——纤维1和纤维2的密度，g/cm^2；

k_1、k_2——纤维1和纤维2的形状修正系数。

γ_1、γ_2、k_1、k_2见表6-11，资料来源于商检标准（SCIBK 0210—1994）。

表6-11 棉/麻纤维的密度与形状修正系数

纤维名称	密度/（$g \cdot cm^{-3}$）	形状修正系数
棉	1.55	0.2939
苎麻	1.51	0.2652
亚麻	1.50	0.42
大麻	1.48	0.35
罗布麻	1.50	0.39

平行实验的结果差异不得超过3%，否则应重试。最后结果取平行实验结果的平均值。

（二）截面积法

1. 原理

将棉麻混纺纱试样制成横截面切片，用数字图像处理专用软件或描图—称重法测量两种纤维的截面积。根据相关公式计算各成分的质量百分比。

2. 试样制备

（1）根据相关标准，必须随机抽取2个一定数量的纱线样品，其中一个必须用于平行测试。或参考"山羊绒与绵羊毛混合物含量测定"的取样方法。

（2）用哈氏合金切片机或其他类型的切片机制作纱线样品的横截面样品。不要拆开纱线中的纤维。获得的纤维横截面必须薄且均匀，以便在显微镜下获得清晰的横截面轮廓（从多个样品中选择效果最佳的样品）。如果纱线样本数量较少，可加入适量有色羊毛进行切片。

3. 实验步骤

（1）校准显微投影仪的放大倍数为500倍。

（2）将准备好的横截面玻片放在载物台上，从左上角的视野开始调焦，直至纤维截面边缘清晰，用匀质描图纸描下截面形态（包括中腔），做好识别标记。

（3）根据上述操作步骤中提到的位移路径和行距，描完片中两组分所有纤维的横截面（不清晰或无法识别者除外）。

（4）仔细剪取描下的纤维截面（必须切割中心空腔），分别称出各组分纤维截面的总质量。

（5）剪取1cm²的上述匀质描图纸，再对其称重，就可得到匀质纸的单位面积质量（mg/mm²）。

4. 结果计算

（1）分别计算各组分纤维的截面积之和（S）。

$$S = \frac{剪下的纤维截面质量之和}{匀质纸的单位面积质量} \qquad (6-24)$$

（2）分别计算各组分的质量百分率。

$$P_1 = \frac{S_1\gamma_1}{S_1\gamma_1 + S_2\gamma_2} \times 100\% \qquad (6-25)$$

$$P_2 = (1-P_1) \times 100\% \qquad (6-26)$$

式中：P_1、P_2——纤维1和纤维2的质量百分率，%；

S_1、S_2——纤维1与纤维2的截面积之和，mm²；

γ_1、γ_2——纤维1和纤维2的密度，g/cm³。

（三）截面积—根数法

1. 原理

将棉麻混纺纱试样分别制成纤维截面计数载玻片和纤维根数计数载玻片，然后用显微投影仪分别测出各组分纤维的截面积之和及各组分的根数，根据相关公式计算每种含量的质量百分比。

2. 试样制备

（1）参考"纵向直径—根数法"中的样品取样和制备方法，制作计数载玻片试样。

（2）从制作计数载玻片时留下的样品中随机抽取6～8根纱线样品，参考"截面积法"中的样品制备方法制作纤维横截面玻片。

3. 实验方法

（1）对各组分纤维根数进行计数，参考"纵向直径—根数法"。

（2）对各组分纤维的截面积进行测量，参考"截面积法"。

4. 结果计算

$$P_1 = \frac{\dfrac{S_1}{n_1} n_1' r_1}{\dfrac{S_1}{n_1} n_1' r_1 + \dfrac{S_2}{n_2} n_2' r_2} \times 100\% \tag{6-27}$$

$$P_2 = (1 - P_1) \times 100\% \tag{6-28}$$

式中：P_1、P_2——纤维1和纤维2的质量百分率，%；

S_1、S_2——纤维1和纤维2的截面积之和，mm^2；

γ_1、γ_2——纤维1和纤维2的密度，g/cm^3；

n_1、n_2——纤维1和纤维2被测截面的根数；

n_1'、n_2'——纤维1和纤维2纵向计数的根数。

［本实验技术依据：GB/T 10629—2009《纺织品　用于化学试验的实验室样品和试样的准备》，GB/T 2910.1—2009《纺织品　定量化学分析　第1部分：试验通则》，GB/T 2910.11—2009《纺织品　定量化学分析　第11部分：纤维素纤维与聚酯纤维的混合物（硫酸法）》，GB/T 2910.6—2009《纺织品　定量化学分析　第6部分：黏胶纤维、某些铜氨纤维、莫代尔纤维或莱赛尔纤维与棉的混合物（甲酸/氯化锌法）》］。

思 考 题

1. 哪些因素会影响实验结果？

2. 在混纺产品的定量化学分析方法中，为什么要规定试样预处理方法？试剂的浓度、温度和试样的溶解时间对分析结果是否有影响？

第七节　织物综合来样分析

织物来样是指由客户提供的供企业进行仿样设计和生产的产品。由于织物所采用的组织结构、纱线的原料及线密度等各不相同，为确保能生产出令客户满意的产品，要清楚地掌握来样织物的相关上机参数，这就要求我们对其进行检测分析，把这种检测手段称为织物来样综合分析。织物来样综合分析为产品的仿样、创新生产提供了理论基础。

织物来样分析应该完成的任务，首先是要确定织物的类型和用途，不同类型的织物具有不同的用途，所以明确织物的大类在后续的仿制设计加工中起着至关重要的作用。其次是要进行织物结构测试。机织物来样分析步骤如下。

一、取样

对织物进行分析，所取的样品须能准确地反映织物的各类性能。取样的大小、位置均与分析结果的准确程度有着密不可分的联系。

在整匹织物中取样时，一般规定样品到布边的距离至少为5cm，样品到织物两端的距离在不同种类的织物上要求不一致。对于棉织物来说，取样位置到织物两端距离不小于1.5~3m。取样大小应在保证分析资料正确的前提下，尽量减小试样的大小，一般取15cm×15cm。

二、织物类别与用途鉴别

在完成取样后，根据取样判断织物的风格大类，大致确定产品的名称和主要用途，如棉织物、毛织物、丝织物、化纤织物等，对样品分析做到有的放矢。

三、织物正反面鉴别

织物的正反面一般是根据布面特征加以判断，表面毛羽贴附少而短、纹路清晰的一面为织物正面。

对于平纹织物，正面平整光亮，色彩均匀。斜纹类织物，单面斜纹的正面纹路与反面纹路相比较为清晰；双面斜纹的织物正反面纹路都比较明显，无较大差别。缎纹织物的正面平整光洁，光泽鲜亮，反面则相对黯淡。条格织物和配色模纹织物，其格子或条纹正面比反面明显均匀、整齐。提花织物，提出纱线长度较短、较紧，且花纹又较清晰的一面为正面。多数织物的正反面有明显的区别，但也有部分织物的正反面较为相似，这时如果有布边，也可根据布边的整齐程度来判断正反面。

四、测定织物的经纬向密度

织物的密度是指单位长度内纱线的排列根数，根据方向的不同，可分为经密和纬密。经纬向密度是指10cm内经纬纱的排列根数。

对于大部分机织物来说，经纬向密度通常采用移动式织物密度镜根据GB/T 4669—2008《纺织品　机织物单位长度质量和单位面积质量测定》直接测量，先测出5cm内织物经向或纬向的纱线根数，再折算成10cm长度内的纱线根数，该方法适用于所有机织物。对于低特高密织物难以直接用密度镜数清纱线根数，通常采用拆纱分析法。

五、测定织物的重量

织物的单位面积重量与纤维种类、纱线的线密度、织物的厚度及紧密程度等密切相关。一般在样品的无褶皱处裁取一定数量（5块）大小为15cm×15cm的试样，令试样在标准大气下调湿后再从中裁取10cm×10cm的方形试样，标出织物的经纬向。分离出经纱和纬纱，分别称重计算试样单位面积经纱、纬纱和织物的质量。该法不仅可测得织物的平方米重量，而且可同时给出织物中经纱和纬纱的质量比例。

六、判断织物的组织结构

织物是通过不同的结构方式组成的，织物组织结构的分析要在了解各织物组织的风格特点基础上进行。分析时，先确定织物的经纬向，对于有布边的织物来说，与布边平行的是经纱，或者根据织物密度判断经纬纱线。单层且密度不大的织物可以直接将照布镜放在织物上，观察织物组织，画出一个组织循环内经纬纱交织情况；对于复杂组织，可以采用拆纱分析法，取15cm×15cm试样，确定拆纱系统，逐根拆开密度大的纱线系统，观察孔隙，记录纱线交织情况，画出一个组织循环内经纬纱交织情况。

七、测定纱线的织缩率

织缩率是织物工艺设计参数之一，由于纱线形成织物，经纬纱在织物中交错屈曲，使织物长度和织造所用纱线长度之间存在差异，这种现象称为织缩。

织缩率的测定应根据GB/T 29256.3—2012《纺织品　机织物结构分析方法　第3部分：织物中纱线织缩的测定》执行。沿样品经向（纬向）取不少于100mm试样，用手指轻轻将经（纬）纱拨出，用夹钳夹住其中一端避免其退捻，另一端纱线用同样方法夹住，使两只夹钳分开，逐渐达到选定张力，令纱线缓缓拉直而不伸长，测量其伸直长度，如此经纬纱各测10个数据，求平均值，根据上述定义计算出织缩率。这种方法简单易行，但精确度较差，在测定时应注意抽拔纱线时不能使纱线发生退捻或加捻，也不能用力过度使纱线发生意外伸长。

八、测算纱线的线密度

纱线的线密度是描述纱线粗细程度的重要指标，通常根据GB/T 4743—2009《纺织品　卷装纱绞纱法线密度的测定》执行。按规定的试样长度及卷绕张力摇取绞纱，结头应短于1cm。在标准大气条件下进行调湿，测量调湿纱线的线密度，代入公式计算得经纬纱线密度。

九、测定纱线的捻度和捻向

加捻是使纱条的两个截面产生相对回转，这时纱条中原来平行于纱轴的纤维倾斜成螺旋线。对短纤维来说，加捻主要是为了提高纱线的强度。而对长丝来说，加捻既可以提高纱线的强度，又可使纱线结构更紧密，增强横向抗破坏能力。纱线捻度是一个重要的参数,影响纱线的强力、弹性、光泽等一系列性能。

捻度是指纱线沿一定长度内的捻回数。目前通常采用直接计数法和退捻加捻法测得。

1. 直接计数法

根据GB/T 2543.1—2015《纺织品 纱线捻度的测定 第1部分:直接计数法》执行。利用捻度测试仪,在一定张力下,夹住已知长度纱线的两端,一端固定,另一端按退捻方向绕轴向回转,直至纱线内纤维和纱线轴向平行为止,退去的捻回数即为该纱线试样长度内的捻回数。

2. 退捻加捻法

根据GB/T 2543.2—2001《纺织品 纱线捻度的测定 第2部分:退捻加捻法》执行。在一定张力下,试样进行退捻再反向加捻,直到试样达到其初始长度的过程。利用捻度测试仪,夹住已知纱线长度的两端,一端固定,另一端按退捻方向绕轴向回转,测量经退捻和反向加捻后回复到起始长度时的捻回数,该捻回数即为纱线试样长度内的捻回数的两倍。

捻向是指纱线加捻后,单纱中的纤维或股线中单纱呈现的倾斜方向。它分Z捻和S捻两种。拆下长约100mm的纱线,使其处于竖直位置,观察捻回螺线的倾斜方向,与字母"S"中间部分一致的称为S捻;与字母"Z"中间部分一致的称为Z捻。

十、纤维种类的鉴别

纺织品中纤维种类的鉴别是采用物理或化学方法检测纺织品中未知纤维的外观形态和内在特征,并与已知纤维的外观形态和内在特征进行比较,先确定大类,再区分品种,最后进行定性验证的分析过程。纤维鉴别通常需要综合运用多种方法才能进行准确的判断。

1. 手感目测法

手感目测法主要是用手触摸,眼睛观察来判断纤维的手感强度、含杂度、长度、整齐度、拉伸性能等鉴别纤维类别,适用于松散状纤维。该方法简便易得,但需要测试人员有一定经验。常用纺织纤维的手感目测比较见表6-12。

表6-12 纤维手感目测比较表

纤维种类	棉	麻	丝	毛
手感	柔软	粗硬	柔软、光滑、有冷感	弹性好
长度	较短	长	很长而纤细	长且有卷曲
含杂度	碎片、软籽、硬籽	枝叶、麻屑	清洁、发亮	草屑、汗渍、油脂

2. 显微镜观察法

显微镜观察法是利用显微镜观察纺织品中未知纤维的纵向和横向截面形态特征,判断试样中纤维是一种还是多种,进而对照已知纤维的标准显微照片,鉴别未知纤维的种类。这种方法比较简单,可区分天然纤维和化学纤维。各种纤维的纵横向形态特征见表6-13。

表6-13　常见纤维纵横向形态特征比较

纤维种类	纵向形态	截面形态
棉	有天然转曲	腰圆形，有中腔
羊毛	表面有鳞片	圆形或接近圆形
桑蚕丝	平滑	不规则三角形
苎麻	有横节竖纹	腰圆形，有中腔及裂缝
黏胶纤维	有沟槽	锯齿形，有皮芯层
醋酯纤维	有1~2根沟槽	三叶形或不规则锯齿形
腈纶	平滑或有1~2根沟槽	圆形或哑铃形
涤纶、丙纶、锦纶	平滑	圆形

3. 燃烧法

燃烧法是利用纤维的化学组成不同，将纤维靠近酒精灯，根据纤维靠近火焰、在火焰中、离开火焰时的状态，散发的气味，灰烬（残渣）的性状鉴别纤维。各种纤维的燃烧状态见表6-14。

表6-14　常见纤维燃烧状态比较

纤维名称	靠近火焰	在火焰中	离开火焰	残渣形态	气味
棉、麻、黏胶纤维	不熔，不缩	迅速燃烧	继续燃烧	少量灰白色烟	烧纸味
羊毛、蚕丝	收缩	逐渐燃烧	不易延烧	松脆黑灰	烧毛发味
涤纶	收缩，熔融	先熔后烧，有液滴滴下	能延烧	玻璃状黑褐色硬球	特殊芳香味
锦纶	收缩，熔融	先熔后烧，有液滴滴下	能延烧	玻璃状黑褐色硬球	氨臭味
腈纶	收缩，熔融，发焦	熔融燃烧，有发光小火花	继续燃烧	松脆黑色硬块	有辣味
维纶	收缩，微熔	燃烧	继续燃烧	松脆黑色硬块	有特殊甜味
丙纶	缓慢收缩	熔融燃烧	继续燃烧	硬黄黑色球	轻微沥青味
氯纶	收缩	熔融燃烧，有大量黑烟	不能燃烧	松脆黑色硬块	氨化氢臭味

4. 溶解法

溶解法是鉴别各种纤维最为有效的方法之一，原理是利用不同化学试剂对试样中的少量纤维在不同温度下的溶解特性来定性鉴别纤维种类。该法既可以鉴别纯纺织物，也可以对交织、混纺织物中的纤维进行定量分析。

对单一成分的纤维，可将待鉴别的纤维放入试管中，注入某种溶剂，用玻璃棒搅动，观察纤维的溶解情况。在用溶解法鉴别纤维时，应严格控制溶剂的浓度和加热温度，并注意纤维的溶解速度。使用溶解法需要准确了解各种纤维化学特性，检验程序也比较复杂。

织物来样分析是纺织品工艺设计与生产的重要环节，起着决定性的作用。为了进行生产、创新或仿制产品，就必须掌握织物组织结构和织物上机技术条件等资料，为此就要在分析前规划好分析的项目和先后顺序，以便得到准确的结果。

思 考 题

1. 织物来样分析应从哪几个方面进行？
2. 纺织纤维的鉴别方法有哪些？

参考文献

［1］于伟东. 纺织材料学［M］. 北京：中国纺织出版社，2006.

［2］奚柏君. 纺织服装材料实验教程［M］. 北京：中国纺织出版社，2019.

［3］张萍. 织物检测与性能［M］. 北京：中国纺织出版社，2018.

［4］万融，刑声远. 服用纺织品质量分析与检测［M］. 北京：中国纺织出版社，2006.

［5］朱进忠. 纺织材料学实验［M］. 2版. 北京：中国纺织出版社，2008.

［6］刘恒琦. 纱线质量与检测［M］. 北京：中国纺织出版社，2008.

［7］瞿才新. 纺织检测技术［M］. 北京：中国纺织出版社，2011.

［8］余序芬. 纺织材料实验技术［M］. 北京：中国纺织出版社，2004.

［9］张海霞，宗亚宁. 纺织材料学实验［M］. 上海：东华大学出版社有限公司，2021.

［10］张志清，王建平. 色织物的仿样设计与生产［J］. 江苏纺织，2009（1）：44-46.

［11］郭黎霞. 浅谈牛仔织物的来样分析［J］. 上海纺织科技，2007（3）：20-21.

［12］曹钰. 精纺羊毛织物仿样设计［J］. 毛纺科技，2004（11）：37-40.

［13］刘恒琦. 纱线质量与检测［M］. 北京：中国纺织出版社，2008.

［14］李莉. 蚕丝被丝绵品质检验判定的分析与研究［J］. 现代纺织技术，2019，27（3）：50-52.

［15］孔凡明，庄海涛. 浅谈纺织品中的纤维质量检验研究［J］. 当代化工研究，2021（15）：41-42.

［16］付春红，高金红，孙世元，等. 羊毛和亚麻或苎麻混纺织物定量化学分析研究［J］. 天津纺织科技，2022（1）：36-39.

［17］应乐斌. 混纺织物不同纤维的图像识别与定量分析［D］. 杭州：浙江大学，2012.

第七章 纺织材料大型测试系统

第一节 AFIS单纤维测试系统

一、实验目的与要求

通过实验，了解AFIS单纤维测试系统的测试原理，了解仪器结构及测试过程，熟悉仪器的操作方法和所测试各项指标的意义。

二、实验仪器与试样材料

实验仪器：AFIS单纤维测试仪。

试样材料：以棉纤维条若干。

三、仪器结构与测试原理

（一）仪器结构

乌斯特公司的AFIS单纤维测试系统是模块化结构，有分析棉结数量和大小的N模块，测试纤维长度、成熟度和直径的L&M模块，确定异物、微尘和杂质颗粒数量与大小的T模块。AFIS基本单元可以仅与一个组件或者多个组件结合构成多种配置形式的测试系统。整台仪器测试由计算机控制。AFIS单纤维测试系统的结构如图7-1所示，其单纤维分离器的结构如图7-2所示。

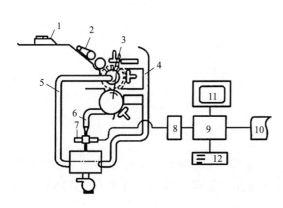

图7-1 AFIS单纤维测试仪结构示意图

1—电子天平 2—输送装置 3—针辊 4—除杂质管道
5—除微尘管道 6—纤维和棉结加速喷管 7—光敏元件
8—电信号测量 9—微机 10—打印机 11—监视器 12—键盘

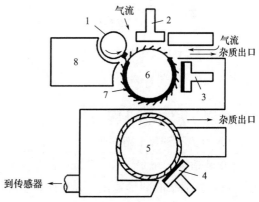

图7-2 AFIS测试仪单纤维分离器示意图

1—喂入罗拉 2—第一梳理板 3—第二梳理板 4—第三梳理板
5—第二针辊 6—多孔针辊 7—套筒 8—喂入板

（二）测试原理

AFIS（advanced fiber information system）单纤维测试系统，能快速方便地测试原

棉、棉条和粗纱中的纤维长度、细度、短绒、棉结、杂质及成熟度等各项指标，有效地鉴定梳棉机、精梳机、并条机、粗纱机制品的质量变化，分析优选原棉、设备和生产工艺。

仪器将试样开松、梳理，利用气流将微尘、杂质和纤维三者分离。首先进入多孔针辊导气孔中的气流，使较重的杂质在第一道逆向导流槽中与纤维和微尘分开，并排出系统之外，较轻的纤维和微尘在导流槽气流的作用下返回针辊。微尘在离心力作用下被分离，并被抛入多孔针辊由套筒限制的区域内。纤维经过第一和第二固定梳理板梳理后被直接送入第二针辊，由第二逆向导流槽去除残余的杂质，经过第三固定梳理板梳理后被气流输出系统之外。三种互相分离的成分有不同的气流轨迹，可用光电或其他方法进行测量。

单根纤维和棉结被高速气流从第二个针辊上剥取下来，并通过一加速喷管被送至光电传感器，如图7-3所示。当单根纤维在其中通过时，引起光散射，散射光和纤维的长度、成熟度、直径有关。测量散射光，并将其转换为电压信号，再转换为如图7-4所示的特性波形。纤维产生矩形波，棉结产生三角形波，棉结三角形波的波幅数倍于纤维矩形波的波幅。借助计算机就可以得到棉结和杂质尺寸、数目、纤维长度、直径等分布。

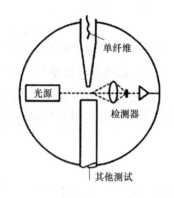

图7-3　AFIS仪纤维传感器流程图

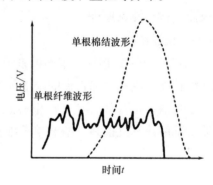

图7-4　AFIS仪纤维和棉结波形

四、检测方法与操作步骤

（一）AFIS-N（组件）

测试指标：每个试样（0.5g）的棉结数、每克式样的棉结数、试样中棉结大小的平均值（μm）。棉结的图形输出：从0.1mm至2mm分成20个等级，根据棉结的大小和数目，用频率分布图表示。

（二）AFIS N-L&M（L+M组件）

长度的测试指标：平均长度、平均长度变异系数（%）、短绒率（%）（长度小于12.7mm）、由长至短累计25%纤维的长度（上四分位长度）、由长至短累计1%纤维的长度、由长至短累计2.5%纤维的长度，单位为毫米或者英寸。纤维长度的图形输出：以纤维根数和质量为权重的频率分布图和纤维排列图表示，从2mm至60mm分成30组，组距为2mm。

　　棉纤维成熟度和细度的测试指标：成熟度比及其变异系数、纤维直径及其变异系数、未成熟纤维百分率（IFC）及其变异系数。纤维直径图形输出：从2μm至60μm分成30组，组距为2μm，以纤维根数为权的频率分布图表示。经实验，批与批之间未成熟纤维百分率平均值的差异比较小，而每批内部的变异却很大。如一批棉花抽取21包，包与包之间差异较大，最低的为7.2%，最高的为14.2%。为了使混配棉更为合理，相邻两批IFC平均值之间差异不得大于0.5%，相邻两批各自内部的IFC变异系数不得大于2%。

$$IFC = \frac{\theta < 0.25的纤维根数}{测试纤维的总根数} \times 100\% \qquad (7-1)$$

式中：IFC——未成熟纤维百分率，%；

　　　　θ——胞壁增厚比，即胞壁充塞的面积与相同周长的圆面积之比。

　　AFIS认定$\theta < 0.25$为不成熟纤维，$\theta = 0.25 \sim 0.5$为薄壁纤维，$\theta = 0.5 \sim 1.0$为成熟纤维。

（三）AFIS N-T（T组件）

　　测试指标：杂质大小的平均值（μm）、每克试样中杂质数目、每克试样中微尘数目、每克试样中杂质和微尘的总数目及杂质和微尘质量百分率。杂质疵点的大小从50μm至300μm、组距为10μm分组，以个数—频率分布图表示。

　　（参考说明：实验依据AFIS单纤维测试系统使用说明书）

思 考 题

1. AFIS单纤维测试系统由哪些模块组成？
2. AFIS单纤维测试系统单纤维分离器的作用是什么？

第二节　XJ28快速棉纤维性能测试仪

一、实验目的与要求

　　通过实验，了解XJ28快速棉纤维性能测试仪的测试原理，熟悉仪器的操作方法，并掌握利用棉纤维性能测试仪测试棉纤维长度、强度、马克隆值、色泽及杂质等各项指标的具体步骤，掌握各项测试指标的概念及意义。

二、实验仪器与试样材料

　　实验仪器：XJ28快速棉纤维性能测试仪、天平、马克隆值校准棉样。

　　试样材料：若干棉纤维试样。

三、仪器结构与测试原理

（一）仪器结构

　　XJ128快速棉纤维性能测试仪由长强主机（包括长度/强度模块和电控箱）、色征主机

（包括马克隆模块和色泽/杂质模块）、主处理机、显示器、键盘、鼠标、打印机、电子天平、条形码读取器及附属电缆组成，其结构如图7-5所示。

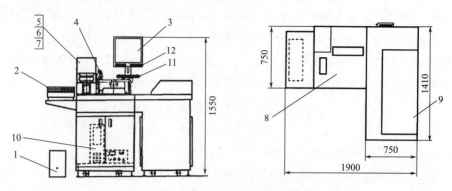

图7-5　XJ128快速棉纤维性能测试仪结构示意图

1—不间断电源　2—彩色喷墨打印机　3—液晶显示器　4—条形码读取器　5—电子天平　6—螺钉M4×6
7—电子天平罩　8—色征主机　9—长强主机　10—主处理器　11—鼠标和键盘　12—扬声器

（二）测试指标

1. 长度测量

采用照影仪法根据照影仪曲线计算出棉纤维的平均长度L_m、上半部平均长度L_{uhm}、长度整齐度指数U_i，并可输出照影仪曲线。根据照影仪曲线和经验公式可估算出短纤维指数SFI。

2. 强度测量

采用CRE等速拉伸方式，3.18mm隔距，束纤维拉伸方法，根据拉断一定量纤维所需要的力计算出比强度Str，根据拉断距离计算出伸长率Elg，并可输出拉伸曲线。

3. 马克隆值测量

采用一次压缩气流法，根据气压差计算出棉纤维的马克隆值Mic，并根据质量的不同予以修正，根据马克隆值和比强度估算出成熟度指数Mat。

4. 色泽测量

采用45/0照明方式，光线以棉样表面法线呈45°角的方向入射至棉样表面，在法线上测量棉样表面反射光，分析得到的光谱成分，计算出反射率Rd和黄色深度$+b$，根据美国或者中国色泽等级标准输出色泽等CG（色泽等级指标）。

5. 杂质测量

利用CCD摄像、图像处理和软件分析方法，计算出棉花表面杂质粒数TC、杂质面积百分率TA、杂质等级TG。杂质粒数TC为面积大于$0.065mm^2$的杂质在被测区域的数目，杂质面积百分率TA为杂质所占阴影面积与被测量面积的百分比。

四、检测方法与操作步骤

（一）试样准备

将棉样（标准温湿度条件下为12～16g）双手对捏撕成两半（质量基本一致），放在仪器平台上，将样品四周用双手抓一抓，去除周边多余部分，然后双手各抓一样品放入取样筒测试窗口（下平面与样筒取样板相贴）。在测试中，如果出现取样量偏大或偏小，应及时增加或减少棉样。每次放入的样品取样次数不得超过两次，最好在每次测试结束后双手抓起棉样重新放入。

（二）操作步骤

1. 开机

长按UPS稳压电源的"ON"按钮，听到"嘀"一声后即可打开主电源。然后打开长度强度主机前门，启动电控箱220V电源开关，打开色征主机前门。启动计算机，再打开色征主机、显示器、电子天平、打印机电源开关，即可开启XJ128测试仪。点击桌面上的"XJ128快速棉纤维性能测试仪"快捷按钮，即可启动XJ128快速棉纤维性能测试仪。

2. 参数设置

参数设置菜单可以进行参数项的设置选择、参数值的输入、批量限值的设置、重测允差的设置、范围限制的设置，以及查看或者打印长度/强度校准参数、马克隆校准参数、马达参数、校准历史状态。

点击主菜单上的"参数设置"按钮，即可进入参数设置；点击参数设置菜单上的"返回"按钮，即可退出参数设置。

3. 仪器校准

每次开机后、测试前都要对仪器进行校准。仪器校准采用自动校准模式，点击主菜单上的"校准"。长度/强度模块用长度/强度校准棉花进行校准，马克隆值模块用校准塞和马克隆值校准棉花进行校准，颜色杂质模块用杂质校准瓷板进行校准。点击"返回"按钮，即可退出仪器校准。

4. 测试

在主菜单上点击"模块测试"按钮，即可进入模块测试菜单界面。在模块测试菜单，可选择"长度/强度模块""马克隆模块""色泽/杂质模块"三个模块进行测试。点击"返回"按钮，即可返回上级菜单。在每一个模块测试完成后，屏幕会显示测试数据及其统计结果，并可进行打印，同时测试数据自动存储至测试结果文件中。

（1）长度/强度测试。在模块测试菜单，点击"长度/强度模块"按钮，即可进入长度/强度模块测试菜单。

① 输入样品编号，选择马克隆数据，选择长度/强度数据选项，选择短纤维标准，选择测试模块。

② 在长度/强度模块测试菜单，点击"开始"按钮，即可进入测试。

③ 在两个取样筒中放入被测棉样，按压长强主机台面上的测试按钮。

④ 取样器门自动合上，梳夹取样、棉样梳理、长度测量、强度测量等自动完成，梳夹返回原始位置，取样器门自动打开。

⑤ 一次测试结束后，数据显示在屏幕上。

⑥ 循环进行②~⑤操作，直到测试完成。

⑦ 点击"完毕"按钮即可结束测试。点击"显示数据"或者"显示曲线"按钮，可以使测试结果在数据和曲线间切换。在显示数据界面，点击相应的按钮，可以显示或打印四种测试结果：左梳夹数据、右梳夹数据、左右梳夹数据、全部数据；在显示曲线界面，点击"上一个曲线"或"下一个曲线"按钮，可以进行测试结果曲线的显示及打印，包括照影仪曲线、拉伸曲线等。

⑧ 点击"返回"按钮，即可退出长度/强度模块测试。

注意：长度/强度测试时，长度和短弱棉样的测试次序不能颠倒，先测短弱棉样，然后根据提示再测长强棉样。

（2）马克隆值测试。在模块测试菜单，点击"马克隆模块"按钮，即可进入马克隆模块测试菜单。

① 输入样品编号，选择测试模块，设置文件名。

② 在马克隆模块测试菜单，点击"开始"按钮，进入马克隆模块测试。

③ 在电子天平上称取适量（设置范围内）的样品，马克隆气流打开，样品质量显示在屏幕上。

④ 把称好的样品放入马克隆测试筒，合上马克隆门。

⑤ 马克隆气缸自动运行，完成测试动作和信号检测，马克隆门自动打开。

⑥ 一次测试结束，数据显示在屏幕上。

⑦ 循环进行②~⑥操作，直到测试完成。

⑧ 点击"完成"按钮即可结束测试，并进行测试数据的统计、保存。

⑨ 点击"返回"按钮，即可退出马克隆模块测试。

注意：马克隆值测试时，高、低马克隆值棉样的校准次序不能颠倒，先测试低马克隆值，根据提示再测试高马克隆值；棉样放入马克隆测试筒时应当松散，不得捻成团。

（3）色泽/杂质测试。在模块测试菜单，点击"色泽/杂质模块"按钮，即可进入色泽/杂质模块测试菜单。

① 输入样品编码，色泽压板托盘运动（否/否、是/是、是/否），棉花类型（中国、美国），选择测试模块，设置文件名。

② 在色泽/杂质测试菜单，点击"开始"按钮，进入色泽/杂质模块测试。

③ 把样品放在测试窗口，若选择托盘运动，则把样品放入托盘内。

④ 按压色征主机台面上的测试按钮。

⑤ 测试动作和信号检测自动完成。

⑥ 一次测试结束，数据显示在屏幕上。

⑦ 循环进行②~⑥操作，直到测试完成。

⑧ 点击"完毕"按钮即可结束测试，并进行测试数据的统计、保存。

⑨ 点击"返回"按钮，即可退出色泽/杂质模块测试。

注意：色泽/杂质测试时，色板的次序不能颠倒；色板或者杂质板必须覆盖整个测试窗口；进行棉样测试时，棉样的厚度不得小于40mm，且分布均匀。

5. 关机

点击主菜单上的"退出"按钮，即可退出XJ128快速棉纤维性能测试仪。依次关掉计算机、色征主机、电控箱、显示器、电子天平、打印机电源开关，再长按USP稳压电源的"OFF"按钮，听到"滴"一声后关闭UPS电源，即可关闭XJ128快速棉纤维性能测试仪。

注意：关闭色征主机时，先按压色征主机电控箱面板上的"上升/下降"按钮，等到电流下降至小于"0.1"时，再关闭220V电源开关。

五、检测结果

测试结束后，仪器自动显示棉纤维的平均长度、上半部平均长度、整齐度指数、短纤维指数、比强度、伸长率、最大断裂负荷、马克隆值、成熟度指数、色泽等级、杂质粒数、杂质等级等指标。

（参考说明：本实验依据XJ128快速棉纤维性能测试仪使用说明）

思 考 题

1. XJ128快速棉纤维性能测试仪可以测试棉纤维的哪些指标？

2. XJ128快速棉纤维性能测试仪由哪些基本模块组成？每个模块的测试原理是什么？

第三节 USTER 5型纱条均匀度仪

一、实验目的与要求

通过实验，了解USTER 5型纱条均匀度仪测试纱线条干均匀度的原理，熟悉USTER 5型纱条均匀度仪的操作方法和各项测试指标的概念。

二、实验仪器与试样材料

实验仪器：USTER 5型纱条均匀度仪。

试样材料：条子、粗纱及细纱等若干。

三、仪器结构与测试原理

（一）仪器结构

USTER 5型纱条均匀度仪包括纱架、检测器、控制仪、纱疵仪、频谱仪及记录仪等。其结构如图7-6所示。

图7-6 USTER 5型纱条均匀度仪

1—纱架 2—测试单元 3—控制台 4—LED监视器
5—打印机 6—控制单元 7—废物箱

（二）测试原理

USTER 5型纱条均匀度仪是利用非电量转换原理对纱条均匀度进行测定的。仪器中电容器电容量的变化随其中电介质的不同而不同。当相同的电介质通过电容器时，其电容量的变化与介质线密度呈比例变化。因此，当比空气介电常数大的纱条以一定速度连续通过电容器时，则电容量增加，此时纱条线密度变化将转换为电容量变化。

四、检测方法与操作步骤

（一）试样准备

待测的条子、纱线等在标准温湿度条件下平衡24h，使纱线张力器朝向USTER 5型纱条均匀度仪，将纱架定位在测试单元后方。卷装必须按照顺序放在纱架后方，对于气流纺纱等大型卷装，必须间隔使用纱架，以避免纱线卡住。然后，利用穿纱钩，将各个卷装的纱线拉过纱线张力器。将要测试的第一个卷装的纱线拉到换纱器模块后方的第一个导纱轮。要固定第一个纱线夹中的测试原料，须从后边的导纱轮上拉出纱线，引入换纱器滑块上的导向中，并略微拉出纱线夹，纱线端部应该突出到纱线夹之外最大1cm。

（二）操作步骤

1. 开机

打开USTER 5型纱条均匀度仪时需将拨动开关置于位置"｜"，打印机和监视器也必须同时打开。屏幕显示"USTERTESTER 5"徽标，所有需要的软件均进行初始化并启动。在所有软件应用程序均连接后，系统将进行自检。为确保设备正常运行，必须确认检测已经"完成"。在主菜单栏上的按钮高亮显示后，设备准备运行。

注意：在打开设备后到开始测量前，需要经过下述等待时间，以便机器预热。

（1）从冷态开机，需要等待最长30min；

（2）仪器复位后，需要等待时间约为10min；

（3）仪器重新启动后，需要等待2～3min。

2. 参数设置

使用测试作业编辑器，完成各项测试的所有设置，主要包括要测试的原料ID（名称）和特性、实验室操作员的姓名和注释、报表的类型和显示方式、试样编号、设备相关数据、测试模式等。测试作业设置可以作为一个测试程序保存，并且可以再次调出。其设置步骤如下：

（1）使用键盘上的"F2"功能键，或者工具栏上的对应按钮切换到测试作业编辑器显示。

（2）选择存储有试样的目录。

（3）在"特性数据"选项中输入要求的试样ID数据，设置为"原料分类"定义测试程序，设置默认测试条件；"名义支数"设置为"自动"时，仪器会自动选择正确的测试槽，测试槽与纤维细度的选择见表7-1。

表7-1　测试槽规矩及对应的纱条细度

测试槽号	1	2	3	4
公制支数（Nm）/公支	0.083 ~ 0.83	0.83 ~ 6.25	6.25 ~ 48	48 ~ 1000
棉英制支数（N_{ec}）/英支	0.049 ~ 0.49	0.49 ~ 0.37	3.7 ~ 29.5	29.5 ~ 5900
线密度/tex	1200 ~ 12000	130 ~ 1200	21 ~ 160	1 ~ 21

（4）在"报表"选项卡中选择所需要的报表，并显示在显示器上。

（5）设置测试单元中的测试条件，首先选择"测试槽"，其次选择"不匀率曲线分辨率"，对于常规测试，推荐采用"标准"或"低"设置。"高"设置仅用于特殊分析。存储高分辨不匀率曲线的内存要求是标准分辨率曲线的2倍。不匀率曲线分辨率见表7-2。

表7-2　不匀率曲线的标准设置　　　　　　单位：mm

不均匀曲线分辨率	低	标准	高
曲线点的数目，20m/min测试速度	5.42	1.35	0.68
曲线点的数目，25m/min测试速度	5.42	1.35	0.68
曲线点的数目，50m/min测试速度	10.8	2.71	1.35
曲线点的数目，100m/min测试速度	21.7	5.42	2.71
曲线点的数目，200m/min测试速度	43.3	10.8	5.42
曲线点的数目，400m/min测试速度	86.7	21.7	10.8
曲线点的数目，800m/min测试速度	173.4	43.3	21.7

3. 测试

（1）测试作业准备好后，可以立即开始测试。将试样放在测试槽外，使用"测试控制"菜单上的"启动测试作业"命令，或者点击工具栏"启动"按钮，启动准备好的测试作业。

（2）测试作业队列操作：在测试作业准备好后，使用"测试控制"菜单中的"测试控制"命令，先将测试作业添加并存储在测试作业队列中，再启动测试。整个试样的测试以全自动方式进行。

（3）使用"测试菜单"中的"停止测试"命令，将立即停止正在执行的测试。

（4）在测试开始和测试过程中发生的故障，会在监视器屏幕上通过消息框显示，按照消息所述指导继续进行测试。

4. 关机

使用"测试控制"菜单中的"关机"命令，或者"晚安"工具栏按钮来关闭USTER 5型纱条均匀度仪。

注意：不要在短时间内频繁开关仪器，以免损坏仪器。

五、实验结果计算与修约

利用记录仪将实验结果打印在记录图纸上。波谱图及不匀曲线图的分析，需要有一张纺制试样的机器传动图及详细的工艺参数，根据有疵病的波长，结合传动图及工艺参数，推算出产生疵点的部件。

（参考说明：实验依据USTER 5型纱条均匀度仪使用说明书）

思 考 题

1. 乌斯特纱条均匀度仪测试的纱条不匀与黑板条干不均有何异同？
2. 已知细纱由双皮圈细纱机纺制而成，在细纱波谱图上，有一波长为7.5cm的机械波，试分析该机械波产生的原因。

第四节 CT3000条干均匀度测试分析仪

一、实验目的与要求

通过实验，了解CT3000条干均匀度测试分析仪测试纱线条干均匀度的原理，熟悉CT3000条干均匀度测试分析仪的操作方法和各项测试指标的概念。

二、实验仪器与试样材料

实验仪器：CT3000条干均匀度测试分析仪。

试样材料：棉条、粗纱、细纱若干。

三、仪器结构与测试原理

（一）仪器结构

CT3000条干均匀度测试分析仪主要由检测分机（包括毛羽检测单元、光电检测单元和电容单元）、主处理机（包括键盘、鼠标）、显示器、打印机、供纱架及粗纱架等组成，其结构如图7-7所示。

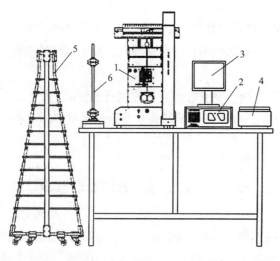

图7-7　CT3000条干均匀度测试分析仪结构示意图

1—检测分机　2—主处理机　3—显示器
4—打印机　5—供纱架　6—粗纱架

（二）实验原理

试样以一定的速度受罗拉牵引，通过毛羽检测单元、直径检测单元、电容检测槽，依次将纱线的毛羽信息、直径变化、线密度不匀转化为相应的电信号，各个信号经过相应处理，经AD采样后送至主处理机系统，实时计算质量变异系数CV_m、质量不匀率U_m、毛羽值H、直径D、直径变异系数CV_D和各档疵点值。单次测试完成后，依次计算毛羽和线密度的波谱图、变异—长度曲线、线密度—频率和偏移率—门限图等指标。批次测试完成后，计算批次统计值，并存盘、打印等。

四、检测方法与操作步骤

（一）试样准备

待测试的棉条、纱线等在标准温湿度条件下平衡24h，然后将试样分别置于供纱架上，并通过导纱环引入夹纱器。测试细纱时仪器会按照所设置的参数自动完成引纱、喂纱等操作。在全自动测试过程中，引纱操作是自动完成的。当采用手动测试时，可将纱线置于移纱架在初始位置时的"0"位进行手动测试。

（二）操作步骤

1. 开机

开机时，首先接通压缩空气，再接通电源插座开关，并依次接通检测分机电源开关、打印机、显示器电源开关，然后接通主处理机电源开关。

注意：开机前先通压缩空气，开机预热0.5h后方可正常使用。

2. 参数设置

打开主处理机电源，计算机进行系统自检后，启动Windows操作系统，显示版权信息，然后自动进入CT3000条干均匀度测试分析仪的监控软件。在主菜单下用鼠标左键单击"参数设置"，进入参数设置功能。主要的参数设置包括：材料名、试样类型（分为棉型和毛型，材料的平均纤维长度小于40mm，选择棉型，否则为毛型）、试样号数（指当前测试纱线的细度，单位为tex）、纤维长度、纱线品种、竹节纱、测试速度（测试纱线毛羽时，只能选择800m/min、400m/min和200m/min）、测试时间、量程设置、测试次数、张力设置、不匀曲线刻度、测试槽号（测试毛羽时，只能用3号和4号槽）等。

3. 测试

（1）细纱的测量。当参数设置好以后，开始进行测试。用鼠标左键单击按钮"启动/停止"或在键盘上按下"F9"，启动测试。如果测试的是细纱，仪器将自动完成测试。

注意：细纱测试时，必须及时清理废纱，否则废纱可能堵塞排纱管，引起罗拉缠纱，使机器发生故障。

（2）粗纱和棉条的测量。启动测试后，如果测试的是粗纱或者棉条，系统首先弹出提示信息"请从测试槽中取出测试试样，按'Enter'键继续"。此时，用户从测试槽中取出测试试样，确保测试槽中为空后选择"确认"键，系统将关闭提示信息框，并弹出调零提示对话框，自动调零。调零准确后，用户牵引纱线通过检测槽，按回车键启动罗拉，待速度稳定后自动进行首管调匀值，完成均值调整后自动进入测试状态。

① 粗纱的测量。用固定夹夹紧纱管，松开锁紧旋钮，调节锁紧盘旋转角度，使纱管旋转阻尼合适。将粗纱架置于合适的位置，并调节指形张力器，使粗纱紧贴导向轮根部运行，可以避免粗纱在测量区前后蹿动。调节指形张力器可以增加粗纱的张力，使之在运行中平稳无抖动。调节张力使粗纱呈现一定的张力，但不能太大，否则容易拉断，也

不能太小，否则测试时容易抖动，一般以上下指形柱接触到粗纱为宜。调整检测槽上下导向轮的位置，使粗纱通过2号槽时贴着左边的极板运行，并使粗纱进出2号槽时所形成的角度相同（左进左出）。测量粗纱时选择较低速度，罗拉启动为软启动。吸纱口处放置一个斜面盒，可使粗纱滑落到下面，也可以放置斜面盒，使粗纱通过吸纱口落到后面。

②棉条的测量。首先旋动粗纱架底座上的锁紧旋钮，将竖杆锁定，再将导杆锁定在竖杆上。将粗纱架置于合适位置，并调节指形张力器，使棉条穿过导杆时紧贴导向轮根部运行，避免棉条在测量区前后蹿动。调节指形张力器使棉条张力合适，使之在运行中平稳无抖动。调整检测槽上下导向轮的位置，使棉条通过1号槽时贴着左边极板运行，并使棉条进出1号槽时所形成的角度相同（左进左出）。测量棉条时罗拉启动为软启动。细纱口放置一个斜面盒，可使棉条滑落到下面。

（3）结果显示与打印。测试界面的上部为测试数据，每秒钟刷新一次。下部为不匀曲线图，红色为纱条瞬态不匀的记录值，便于记录短片段不匀和粗节、细节，绿色线为经过不同等效切割长度积分后的不匀变化，便于记录长片段不匀。

4. 退出系统和关机

用鼠标左键单击"退出系统"按钮关闭系统。退出系统后，关闭主处理机电源开关，再关闭显示器、打印机电源开关、检测分机开关，然后关闭电源插座开关，最后关闭压缩空气。

注意：在关闭主处理机电源前，一定要选择"退出系统"，等主处理机上出现相应的提示信息时才能关闭主处理机电源。在Windows系统中直接关电源易造成系统损坏。在测试过程中，检测分机如有意外或出错情况而被关机后，应在当前界面退出本批次测试后再开机。为了更好地延长机器的使用寿命，24h内应关机一次，关断时间至少为1h。

五、检测结果

利用记录仪将实验结果打印在记录图纸上。波谱图及不匀曲线图的分析，需要有一张纺制试样的机器传动图及详细的工艺参数，根据有疵病的波长，结合传动图及工艺参数推算出发生疵点的部件。

（参考说明：实验依据CT3000条干均匀度测试分析仪使用说明书）

思 考 题

1. CT3000条干均匀度测试分析仪可以测试纱线的哪些指标？
2. CT3000条干均匀度测试分析仪的测试原理是什么？与USTER 5型纱条均匀度仪有何异同？

第五节　KES织物风格仪

一、实验目的与要求

通过实验，了解KES织物风格仪的主要结构和评定织物风格的原理，掌握织物的拉伸、剪切、弯曲、压缩、摩擦、粗糙度的测试方法。

二、实验仪器与试样材料

实验仪器：KES织物风格仪。

试样材料：不同风格的织物若干。

三、仪器结构与测试原理

（一）仪器结构

KES织物风格仪由四台实验主机组成，分别为KES–FB1拉伸剪切实验仪、KES–FB2纯弯曲实验仪、KES–FB3压缩性实验仪、KES–FB4表面性能实验仪，并配备有计算机、打印机等。

（二）测试原理

KES织物风格仪可以测定织物的拉伸、剪切、弯曲、压缩、摩擦、粗糙度6项基本力学性能，共考核16个指标。根据这些性能指标可综合评价织物的手感特征，如变形弹性、挺括性、丰满性、蓬松性、滑爽性及匀整性等。

四、检测方法与操作步骤

（一）试样准备

按产品标准规定的取样方法取样，样品表面应平整，且无明显疵点，每匹剪取长度不少于80cm。在距布边10cm内，按阶梯形排列方式取样。试样分经向和纬向，试样的实验方向应平行于经纱（或纬纱），各条试样内不应含有相同的经纱（或纬纱）。裁取经纬向试样各一块，尺寸为200mm×200mm。如果是坯布等性能离散较大的织物，每一品种应在不同的部位分别裁取经纬向试样各三块。要求试样平整并拆去边纱，以防止纤维屑、纱线掉入仪器中。

（二）操作步骤

由于经过拉伸测试的织物试样变化很大，因此，同一块织物试样按照下列顺序测试：表面性能→弯曲→压缩→剪切→拉伸，即最后测试拉伸性能。测试前，应打开仪器电源预热30min。

1. KES–FB1 拉伸剪切实验仪

（1）沿织物经向，用手指将试样垂直推入夹具中，待指示灯亮时说明试样已放置好。

（2）先做剪切实验。按压剪切"Shear"按钮，并按压测试"Measure"按钮，

"Measure"灯亮。

（3）夹具自动夹紧试样后，"Measure"灯闪烁。

（4）采用对应的计算机软件，开始对试样的剪切性能进行测试，计算机记录试样在正剪切及其回复过程、负剪切及其回复过程中的剪切力—剪切角关系曲线。实验完成后，保存实验结果。

（5）待夹具自动开启后，再测试该试样纬向的剪切性能。

（6）待剪切性能测试完成后，测试该试样经向的拉伸性能。在一般情况下，按压"Tensile Standard"按钮后，再按压"Measure"。

（8）采用对应的计算机软件，开始对试样的拉伸性能进行测试，计算机记录试样在拉伸及其回复过程中的应力—应变关系曲线。实验结束后，保存实验结果。

（9）以同样的方法测试试样纬向的拉伸性能。

2. KES-FB2 纯弯曲实验仪

（1）将试样按照从薄到厚或从厚到薄的顺序进行测试。

（2）沿织物经向，用手指将试样垂直推入夹具中，待指示灯亮时说明试样已放置好。

（3）按压"Measure"按钮，"Measure"灯亮。

（4）夹具自动夹紧试样后，"Measure"灯闪烁。

（5）采用对应的计算机软件，开始对试样的纯弯曲性能进行测试，计算机记录试样在表弯曲及其回复过程、里弯曲及其回复过程中的弯矩—曲率关系曲线。实验完成后，保存实验结果。

（6）待夹具自动开启后，以同样方法测试该试样纬向的纯弯曲性能。

3. KES-FB3 压缩实验仪

（1）将试样按照从薄到厚或从厚到薄的顺序进行测试。

（2）将试样置于测试台上，待指示灯亮时说明试样已放置好。

（3）按压"Measure"按钮，"Measure"灯亮。

（4）当压头初始位置调好后，"Measure"灯闪烁。

（5）采用对应的计算机软件，开始对试样的压缩性能进行测试，计算机记录试样在压缩及其回复过程中的压力—厚度关系曲线［标准测试最大压力为50gf/cm²（0.5N）］。测试完成后，保存实验结果。

（6）同一块试样测试三个位置，当第一个位置测试完成后，试样台水平移动20mm，到达第二个测试点。

（7）三个测试位置完成后，试样台回到初始位置。

4. KES-FB4 表面实验仪

（1）用手指将试样垂直推入测试台，待指示灯亮时说明试样已放置好。

（2）按压"Measure"按钮，"Measure"灯亮。

（3）测试摩擦的金属指纹触头与测试厚度的单根琴钢丝触头自动下降，调好初始位置后，"Measure"灯闪烁。

（4）采用对应的计算机软件，开始对试样的表面性能进行测试，计算机记录试样在2cm长度内来回运动时的摩擦系数—厚度变化曲线。测试完成后，保存实验结果。

（5）同一块试样需要测试三个位置，当第一个位置测试完成后，触头自动抬起，运动到试样的第二个测试位置。

（6）三个测试位置完成后，夹具回到初始位置，并自动打开，释放布样。

（7）以同样方法测试织物另一个方向的表面性能。

注意：保存测试结果时，AUTO测试系统自动计算软件要求同一块试样的文件名一致。测试过程中，应避免水及其他异物进入仪器，同时不能对机器有任何振动干扰。在自动测试过程中，如想停止测试，按压"Measure"键；如遇噪声、烟雾等紧急情况，应迅速切断电源。

五、检测结果

测试出织物的16个力学性能指标以后，利用多元回归方法，建立16个力学指标与织物基本风格值HV的回归方程式：

$$HV=C_0+\sum_{i=1}^{16} C_i X_i \qquad (7-2)$$

式中：HV——基本风格值；

　　　i——力学指标的序号；

　C_0、C_i——回归系数，C_i反映第i项指标对基本风格值的影响程度；

　　　X_i——经标准化处理后的各项指标平均值。

综合风格值THV的评定，可以在基本风格值得到后，根据综合风格值得回归方程获得：

$$THV=Z_0+\sum_{j=1}^{k} Z_j \qquad (7-3)$$

$$Z_j=Z_{j1}\frac{Y_j-\overline{Y}_j}{\sigma_{j1}} + Z_{j2}\frac{Y_j^2-\overline{Y}_j^2}{\sigma_{j2}} \qquad (7-4)$$

式中：Y_j——所测织物的基本风格值；

$\overline{Y}_j$、$\overline{Y}_j^2$——建立回归方程时标准试样的基本风格值的平均值及平均值平方的平均值；

σ_{j1}、σ_{j2}——建立回归方程时标准试样的基本风格值的标准偏差及其基本风格值平方的标准偏差；

Z_{j1}、Z_{j2}——常数（对既定用途织物）。

思 考 题

1. KES织物风格仪评定织物风格的原理是什么？

2. KES织物风格仪由哪几种实验主机组成？可测试织物的哪些性能？

第六节　FAST织物风格测试系统

一、实验目的及要求

通过实验，了解FAST织物风格测试系统评定织物风格的原理和测试指标，掌握织物压缩、弯曲、拉伸、剪切和尺寸稳定性的测试方法。

二、实验仪器与试样材料

实验仪器：FAST织物风格测试系统。

试样材料：若干不同风格的织物。

三、仪器结构与测试原理

（一）仪器结构

FAST织物风格测试系统包括三台仪器和一种实验方法，即FAST-1压缩仪、FAST-2弯曲仪、FAST-3拉伸仪和FAST-4尺寸稳定性实验方法。FAST-1、FAST-2、FAST-3可以瞬时并自动记录实验结果，FAST-4则需要手工记录结果。将结果标绘在控制图形中，即"织物指纹印"，以表明被测试织物的性能。图形通过FAST数字探测及分析程序直接与计算机连接，自动记录并打印，也可手工绘制。

（二）测试原理

FAST织物风格测试系统可测定织物的压缩、弯曲、拉伸、剪切四项基本力学性能和尺寸稳定性，共考核8个指标，根据这些性能指标评价织物的外观、手感，预测织物的可缝性、成形性。

四、检测方法与操作步骤

（一）FAST-1压缩仪

（1）剪取15cm×15cm试样三块，或用大试样测量三个不同部分（压缩的测量面积为100cm^2）。

（2）通过增减测量杯内的质量来改变对织物的压力，测定织物在轻负荷（1.96cN/cm^2）和重负荷（98.1cN/cm^2）条件下的厚度T_2和T_{100}，由这两个厚度之差计算织物表面厚度T_S。织物厚度以千分尺的分辨精度显示。

（3）织物试样气蒸30s或在水中（水温20℃，时间30min为宜）处理后，测量轻负荷和重负荷下的厚度，可计算松弛表面厚度STR。

（二）FAST-2弯曲仪

（1）剪取200mm×50mm的试样，经向、纬向各五块，分别做好标记。

（2）将条形试样平放在仪器的测量平面上，然后缓慢向前推移，使试样一端逐渐脱离平面支托而呈悬臂状，受试样本身重力作用，当试样一端下弯到θ（41.5°），与斜面相接触时，隔断光路，此时试样伸出支托面的长度即为弯曲长度L。测量织物每平方米质量W后，据此可计算出弯曲刚度B，作为织物抗弯性的指标。

（三）FAST-3拉伸仪

（1）先裁取经、纬向试样各五块，再以45°经纬斜向裁取试样五块，试样尺寸均为300mm×50mm。

（2）采取杠杆加压原理，通过改变平衡杠杆上的砝码，测定织物经、纬向在5cN/cm、20cN/cm、100cN/cm负荷下的伸长率E_5、E_{20}、E_{100}。

（3）试样以45°经纬斜向剪取，测定织物斜向在5cN/cm负荷下的伸长率EB_5，伸长测量的分辨率为0.1%。斜向伸长EB_5通过计算可转换成织物剪切刚度G。

（4）由织物的伸长性与弯曲刚度可计算成形性F，它是一个与缝纫折皱有关的参数。

（四）FAST-4尺寸稳定性实验方法

（1）裁取300mm×300mm的织物试样一块。

（2）将仪器样板放在织物试样上，在样板四个角的定位孔下对织物试样做标记。

（3）用坐标定位系统中的鼠标器对织物试样上的四点标记进行测量，得到试样经、纬向原始干燥长度L_1。

（4）在25～30℃含有0.1%非离子洗涤剂的水中浸渍织物试样30min，然后将其移至平台上，压去水分，用步骤（2）的方法测出试样经、纬向的湿态长度L_2。

（5）将湿态试样烘干，用步骤（2）的方法测出试样经、纬向的干态松弛长度L_3。

五、检测结果

1. 织物表面厚度 T_S

$$T_S = T_2 - T_{100} \tag{7-5}$$

式中：T_2——测定织物在轻负荷（1.96cN/cm²）条件下的厚度，mm；

T_{100}——测定织物在重负荷（98.1cN/cm²）条件下的厚度，mm。

2. 织物弯曲刚度

FAST-3拉伸仪会自动显示并打印输出E_5、E_{20}、E_{100}和EB_5，织物剪切刚度$G\{cN[cm\cdot(°)]\}$按照下面公式计算：

$$G = 123/EB_5 \tag{7-6}$$

式中：E_5——测定织物经、纬向在5cN/cm负荷下的伸长率，%；

E_{20}——测定织物经、纬向在20cN/cm负荷下的伸长率，%；

E_{100}——测定织物经、纬向在100cN/cm负荷下的伸长率，%；

EB_5——试样以45°经纬斜向剪取，测定织物斜向在5cN/cm负荷下的伸长率，%。

3. 织物缩水率 R_S 和湿膨胀率 H_E

$$R_S = \frac{L_1 - L_3}{L_1} \times 100\% \tag{7-7}$$

$$H_{E} = \frac{L_2 - L_3}{L_3} \times 100\% \qquad (7-8)$$

式中：L_1——织物试样的原始干态长度（经向或纬向），mm；

      L_2——织物试样的湿态长度（经向或纬向），mm；

      L_3——织物试样经浸渍缩水后的干态长度（经向或纬向），mm。

思 考 题

1. FAST织物风格测试系统评定织物风格的原理是什么？
2. FAST织物风格测试系统由哪几种仪器组成？可测试织物的哪些性能？

参考文献

[1] 张海霞，宗亚宁. 纺织材料学实验 [M]. 上海：东华大学出版社，2015.

[2] 曹继，孙鹏子. AFIS与aQura测试参数稳定性的对比研究 [J]. 纺织学报，2010，13（7）：31-34.

[3] 刘允光. AFIS单纤维测试仪在梳理质量控制中的应用 [J]. 棉纺织技术，2017，(1)：4-7.

[4] 宫简简，赵杰文，夏鑫. 基于FAST织物风格仪的防水织物服用性能研究 [J]. 毛纺科技，2020，(8)：90-94.

[5] 李智勇，周惠敏，夏鑫，等. 含氟聚氨酯/聚氨酯纳米纤维膜复合织物的制备及其防水透湿性能 [J]. 纺织学报，2016，(10)：83-88.

[6] 乔卉，杨建忠，张方超. 低支松结构精纺毛织风格的客观评价与比较 [J]. 毛纺科技，2013，(9)：62-64.

[7] 李智勇，邵一卿，孙窈，等. 含氟聚氨酯的合成及其静电纺膜复合织物的防酸透湿性能 [J]. 纺织学报，2017，(10)：7-12.

[8] 任家智，宋冰，冯清国，等. 基于KES-FB型织物风格仪的精梳织物风格分析 [J]. 棉纺织技术，2020，(12)：26-29.

[9] 王美芹，张帆，孙宏，等. 基于KES系统的再生丝麻纤维纱与毛/涤混纺纱交织精纺面料风格分析 [J]. 毛纺科技，2016，(7)：8-11.

[10] 张缓缓，赵妍，景军锋，等. 基于亚像素边缘检测的纱线条干均匀度测量 [J]. 纺织学报，2020，(5)：45-49.

[11] 孙振华，邢晓露，马建伟. 基于KES织物风格仪测试系统的棉/大麻混纺针织物性能评价 [J]. 毛纺科技，2019，(6)：25-28.